中国生态文明建设发展报告2021

China Ecological Civilization Construction Progress Report 2021

樊阳程　吴明红　张连伟　著

图书在版编目(CIP)数据

中国生态文明建设发展报告. 2021/樊阳程,吴明红,张连伟著. —北京:北京大学出版社,2022.12

ISBN 978-7-301-33685-4

Ⅰ. ①中… Ⅱ. ①樊… ②吴… ③张… Ⅲ. ①生态环境建设—研究报告—中国—2021 Ⅳ. ①X321.2

中国国家版本馆 CIP 数据核字(2023)第 018196 号

书　　名	中国生态文明建设发展报告 2021 ZHONGGUO SHENGTAI WENMING JIANSHE FAZHAN BAOGAO 2021
著作责任者	樊阳程　吴明红　张连伟　著
责任编辑	黄　炜　王斯宇
标准书号	ISBN 978-7-301-33685-4
出版发行	北京大学出版社
地　　址	北京市海淀区成府路 205 号　100871
网　　址	http://www.pup.cn　　新浪微博:@北京大学出版社
电子信箱	zpup@pup.cn
电　　话	邮购部 010-62752015　发行部 010-62750672　编辑部 010-62764976
印 刷 者	天津中印联印务有限公司
经 销 者	新华书店
	730 毫米×980 毫米　16 开本　14.5 印张　267 千字 2022 年 12 月第 1 版　2022 年 12 月第 1 次印刷
定　　价	45.00 元

本书为教育部哲学科学发展报告项目
“中国生态文明建设报告(13JBG003)”研究成果，
同时受到科技部科技基础性工作专项
“中国森林典籍志书资料整编”(2014FY120500)资助

本书课题组

组　　长

严　耕

组　　员

樊阳程　吴明红　张连伟　刘　阳　李　杨
陈婷婷　陈　慧　刘贝贝　于仕兴　周书屹
钱　雁

目　录

第一部分　生态文明建设发展评价报告

第二部分 绿色生产建设发展评价报告

第三部分 绿色生活建设发展评价报告

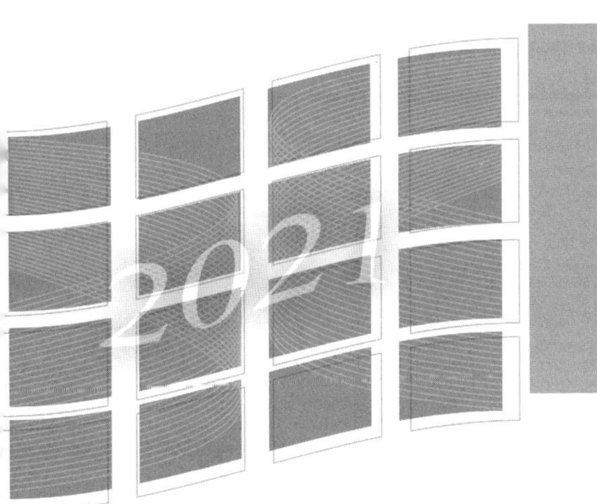

第一部分 生态文明建设发展评价报告

第一章　中国生态文明建设发展年度评价报告

生态文明建设是中华民族永续发展的根本大计。进入新时代以来，我国把生态文明建设作为统筹推进“五位一体”总体布局和协调推进“四个全面”战略布局的重要内容，开展了一系列根本性、开创性和长远性的工作，推动全国生态文明建设稳步发展。课题组发布生态文明发展指数 ECPI 2021（Ecological Civilization Progress Index），综合量化考察全国及各省份生态文明建设发展状况，展开建设发展类型分析、驱动分析和国际比较。分析显示，我国生态文明建设各方面发展并不均衡，生态保护、环境改善、社会进步三个方面稳步提升，而协同发展出现波动。我国的生态文明建设仍处于压力叠加、攻坚克难的关键时期。

一、全国建设发展速度放缓，建设仍需负重前行

近年来，随着我国生态环境治理体系不断完善，全国生态文明整体水平保持连年上升的良好势态，2016—2017 年生态文明建设发展速度为 2.23%。但整体发展速度较上一年度有回落趋势。与 2015—2016 年相较，2016—2017 年全国生态文明建设发展速度进步率为－1.10%（见表 1-1），这表明中国生态文明建设发展速度有所放缓。虽然增速退步幅度较小，但人民群众对美好生态、环境的越来越高的期待和要求，促使我们必须去思考其发展减速的原因和挖掘其具体减速指标所指向的领域。

表 1-1　2016—2017 年全国生态文明建设发展速度进步率　（单位：%）

	发展速度进步率	生态保护	环境改善	社会进步	协同发展
全国	－1.10	0.25	1.08	0.70	－6.41

（一）经济社会发展与生态环境保护协同不足导致生态文明建设发展放缓

进一步分析各考察领域进步态势，有利于探求整体进步背后的深层含义。2016—2017 年，在生态文明建设发展评价分析的四个二级指标中，生态保护、环境改善、社会进步发展速度都呈小幅进步，但经济社会发展与生态环境保护协同发展推进速度有所回落（见图 1-1）。

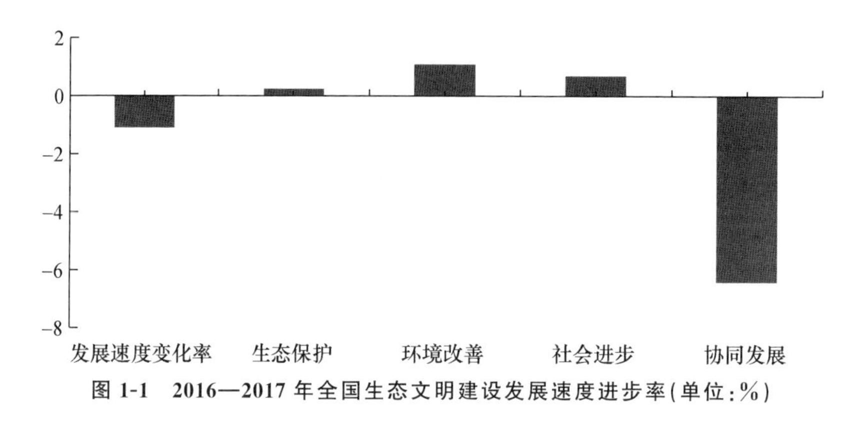

图 1-1　2016—2017 年全国生态文明建设发展速度进步率(单位:%)

生态系统与自然环境和自然资源是“一体两用”的关系,生态系统是“本体”,自然环境和自然资源是人类对生态系统的两种使用形式。从 20 世纪 80 年代开始,我国就先后把环境保护、节约资源确立为基本国策,但生态系统保育仍需得到更多重视。2016—2017 年,生态保护领域的进步幅度较低,是受到全国自然保护区面积减少 1.75%的影响。

我国生态基础较脆弱,生态承载能力不足成为我国环境质量彻底改善和资源可持续供给的根本制约。由于经济社会发展对资源需求持续增长,部分自然保护区作为资源的富集区,已不再是人类经济活动的禁区,自然保护区内违规开发、侵占的现象屡禁不止,保护区面积萎缩以及碎片化、孤岛化问题严重,导致我国生物多样性下降的总趋势还未得到根本遏制。[①] 此外,随着我国退耕还林、天然林资源保护等系列重大生态保护与建设工程实施,森林面积大幅增加,第九次森林资源清查,我国森林覆盖率达到 22.96%,但仍远低于同期全球平均水平(30.72%)。截至 2018 年底,全国农业用地占土地面积的比例高达 56.22%,远超过世界平均水平(37.43%),自然生态空间被大量挤占。自然湿地也存在面积缩减、功能减退、保护空缺较多等问题。水土流失以及矿业开采占用损坏土地面积数量较大。

资源开发利用模式不尽合理,协同发展能力不足是我国现阶段生态文明建设面临的主要矛盾。合理开发利用自然资源,提高资源利用效率,实现清洁化使用,一方面有利于减少一次资源开发,缓解生态系统的资源供给压力;另一方面资源开发利用过程的优化也有利于从源头上减少环境污染物产生,能够立竿见影取得成效。但是,现阶段我国经济增长与资源消耗、污染排放尚未彻底脱钩。[②] 长期以

① 李干杰.新形势下如何做好我国生物多样性保护工作[N].光明日报,2015-04-23(07).

② 王金南.科学把握生态文明建设的新形势[J].求是,2018(13):47—48.

来，我国经济发展模式相对粗放，能源消费总量不断攀升，能源消费结构中煤炭所占比重较高，资源综合循环利用能力不足，资源能源利用效率远低于世界平均水平，大量资源能源消耗后产生的污染物排放量较大，导致协同发展能力不足，生态环境承载负荷较重。要实现改善生态环境质量的目标，污染物减排是直接手段，而源头则在于资源能源的使用方式是否合理。

我国资源合理利用领域取得积极进展，但资源能源消耗和污染物排放的绝对量仍在高位运行。一方面，能源消费总量增长趋缓，能源消费结构不断优化，资源能源利用效率持续提升，主要污染物排放量大幅削减。另一方面，生态环境承载负荷过重，资源利用改进的贡献更多被消耗于缓解生态环境恶化，还未真正转变成生态环境改善的直接动力。因此，民众对环境质量改善的获得感不强，与日益增长的优美生态环境需要还有较大差距。全国 53.4%的地级以上城市环境空气质量超标，地表水体质量有所改善，但地下水水质状况持续恶化，国家级地下水水质监测点中Ⅰ～Ⅲ类水质监测点比例仅占 14.4%，要实现生态环境根本好转的目标还任重道远。另外，为保障粮食安全，我国农业生产中农药、化肥使用量长期维持在较高的水平，单位播种面积化肥施用强度已远超过国际安全警戒线标准(225千克/公顷)，而主要粮食作物的化肥、农药利用率均在 40%以下，利用效率偏低，对土壤污染、水污染防治形成了潜在威胁。

(二) 省域生态文明建设发展形势差异较大

省级层面，各省(自治区、直辖市)(以下简称“省份”)执行生态文明建设国家战略取得的成效差异显著。整体生态文明进步幅度最大的 3 个省分别是河南、贵州和四川，生态文明进步幅度最小的 3 个省份是广西、内蒙古和黑龙江(见表 1-2)。河南得益于协同发展能力增强，环境质量有所改善；贵州是由于生态基础较好，经济社会发展进入快车道；四川整体生态文明进步源于经济社会快速发展，且协同发展能力有所提升。广西生态保护面临严峻挑战，农业面源污染形势严峻；内蒙古和黑龙江都面临着经济发展方式转型的压力，迫切需要探索绿色、低碳的发展道路。

从各省份整体生态文明建设发展速度来看，近六成省份生态文明建设处于加速发展中，部分省份生态文明建设发展速度变动幅度较大(见图 1-2)。2016—2017 年各省份生态文明整体进步态势显示，全国有 22 个省份生态文明建设发展处于增速阶段，9 个省份处于减速阶段。各地区之间的差异较大，生态文明建设发展速度进步率最高的为云南(8.22%)，最低的为江西(－120.52%)，二者相差达128.74%。

表 1-2　2017 年各省份生态文明发展指数(ECPI)　　(单位:分)

排名	省份	ECPI	排名	省份	ECPI
1	河南	90.24	17	湖南	84.66
2	贵州	88.74	18	上海	84.25
3	四川	88.53	19	陕西	84.13
4	山东	88.31	20	重庆	83.82
5	西藏	88.26	21	福建	83.80
6	湖北	88.20	22	北京	83.56
7	青海	87.74	23	浙江	83.54
8	云南	87.17	24	海南	83.52
9	宁夏	86.74	25	广东	83.39
10	新疆	86.35	26	安徽	83.38
11	江西	86.10	27	天津	82.78
12	甘肃	86.01	28	吉林	82.57
13	河北	85.88	29	广西	82.22
14	江苏	85.38	30	内蒙古	81.87
15	山西	85.03	31	黑龙江	81.71
16	辽宁	84.83			

注:香港、澳门、台湾数据未统计,下同。

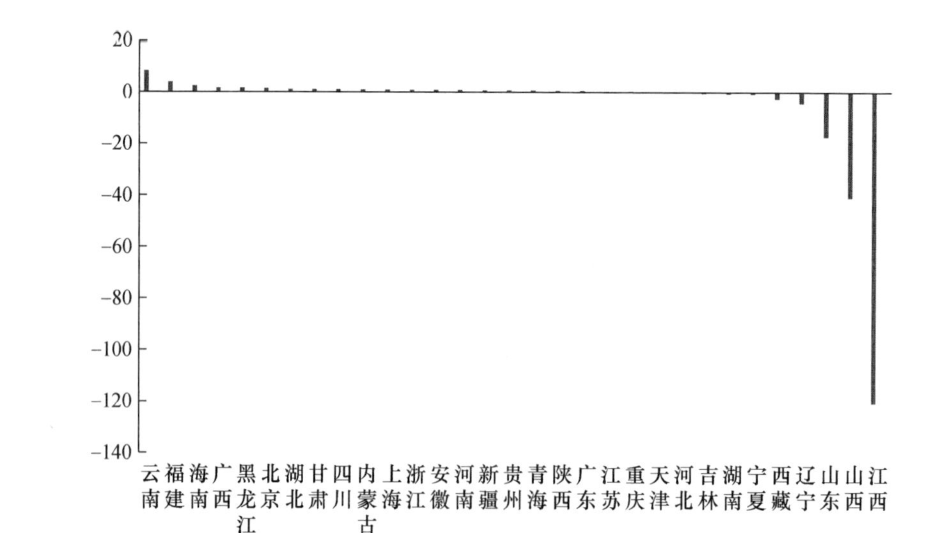

图 1-2　2016—2017 年各省份生态文明总发展速度进步率(单位:%)

云南、福建、海南三省生态文明建设发展速度增长超过 2%,而山东、山西、江西三省生态文明建设发展速度下降 10%以上。云南和海南生态文明加速发展得益于当地经济社会与生态环境保护协同发展能力增强，环境质量进一步改善；福建则是环境质量加速改善。山东生态文明建设发展速度回落，是由于协同发展能力下降；山西生态文明建设发展速度降低，是受到环境质量改善遇到瓶颈的影响；江西生态文明建设发展速度下降，主要是生态保护面临严峻挑战所导致。

1. 生态保护成为部分省份生态文明建设的短板

2017年，各省份生态保护发展指数排名见表1-3。宁夏和湖北生态保护发展指数排名靠前，得益于生态修复力度较大，造林面积快速增长；山东在退耕还林、还草方面持续发力，也推动生态保护取得显著成效。浙江、安徽、黑龙江等省份生态保护发展指数排名靠后，是由于这些省份生态基础相对较好，生态保护提升难度较大，而且安徽和黑龙江的自然保护区面积减少，生物多样性保护正面临严峻挑战。

表1-3　2017年各省份生态保护发展指数　（单位：分）

排名	省份	生态保护发展指数	排名	省份	生态保护发展指数
1	宁夏	97.25	16	内蒙古	84.25
2	山东	95.58	18	江西	83.75
3	湖北	91.92	19	上海	83.58
4	贵州	90.42	20	海南	83.25
5	山西	89.75	21	新疆	82.58
6	河北	89.08	21	广西	82.58
7	河南	88.75	23	天津	81.75
8	福建	87.25	24	甘肃	81.42
9	广东	87.25	25	北京	81.08
10	江苏	86.58	26	湖南	80.75
11	四川	86.25	27	重庆	79.42
12	吉林	86.25	28	西藏	77.92
13	云南	85.58	29	浙江	77.92
14	辽宁	84.92	30	安徽	77.75
15	陕西	84.92	31	黑龙江	76.92
16	青海	84.25			

2016—2017年各省份生态保护发展速度变化分析显示，全国有24个省份生态保护发展呈现加速态势，7个省份生态保护进步速度回落（见图1-3）。生态保护发展速度提升幅度最大的是海南，为2.15%；山东和江西生态保护发展速度大幅度下滑。

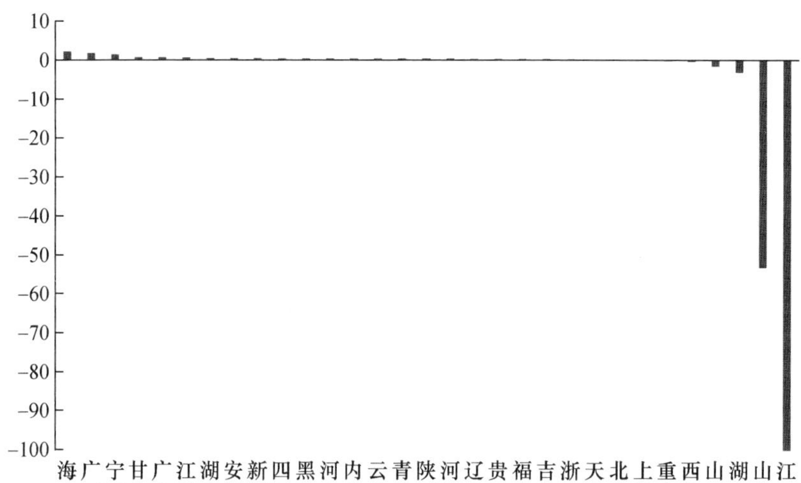

图 1-3　2016—2017 年各省份生态保护发展速度进步率(单位:%)

海南的生态保护进步增速最大(2.15%),主要源于草原生态系统得到保护和加强,整体生态活力不断增强;广西生态保护发展速度提升幅度较大,主要得益于生态修复力度加强,自然保护区面积大幅增长。江西生态保护发展速度下降,主要是由于本年度自然保护区面积减少。新时代以来我国广东、新疆、四川等 19 个省份的自然保护区面积出现了不同程度的减少。

2. 环境改善取得积极进展,但突出环境风险问题依然存在

各省份 2017 年环境改善发展指数分析结果显示,辽宁、河南环境改善发展指数排名靠前,主要由于水体环境污染治理力度加强,主要河流水质有明显改善,但河南农村人居环境整治力度未能延续,可能增加农村环境污染风险;天津地表主要河流水质开始改善,但作为大气环境污染防治重点区域,空气质量改善乏力,后续任务较为艰巨。环境改善发展指数排名靠后的省份中,山西作为我国重要的能源基地,生态环境承载负荷较重,大气环境、水体环境仍在持续恶化;陕西、广东和福建农业生产中化肥、农药施用强度不断增加,农村面源污染风险加大,对环境质量改善形成较大威胁(见表 1-4)。

表 1-4　2017 年各省份环境改善发展指数　（单位：分）

排名	省份	环境改善发展指数	排名	省份	环境改善发展指数
1	辽宁	96.58	17	安徽	84.74
2	天津	94.21	18	广西	84.74
3	河南	93.42	19	湖南	83.95
4	黑龙江	92.89	20	浙江	83.95
5	湖北	90.79	21	吉林	83.95
6	甘肃	90.79	22	云南	83.42
7	上海	90.53	23	北京	83.16
8	江苏	89.47	24	海南	82.63
9	西藏	88.16	25	宁夏	82.37
10	山东	87.63	26	重庆	80.79
11	青海	87.11	27	内蒙古	80.26
12	河北	87.11	28	山西	77.89
13	四川	86.32	29	陕西	77.89
14	贵州	85.79	30	广东	77.63
15	新疆	85.53	31	福建	77.11
16	江西	85.26			

2016—2017 年，各省份环境改善速度变化分析显示，全国有 20 个省份环境质量加速改善，另外 11 个省份环境改善速度减缓（见图 1-4）。环境改善速度提高最快的省份是福建，提高幅度超过 10%；山西环境改善速度下滑幅度最大。

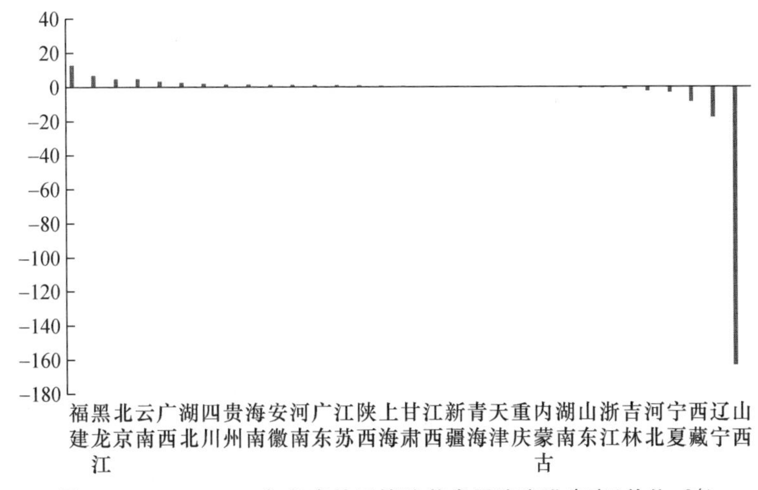

图 1-4　2016—2017 年各省份环境改善发展速度进步率（单位：%）

工业、农业和生活源的污染排放是我国的三类主要环境污染来源，尤其农业面源污染对环境治理带来极大挑战。2016—2017 年环境改善速度波动较大的省份都是受到农业面源污染防治的影响。

3. 经济社会发展加速推进，未来需更加注重均衡发展

新时代以来，面临百年未有之大变局，我国经济社会发展进入新常态，经济增长处于换挡提速、提质增效的关键时期，全国整体经济社会发展形势良好。2017 年，各省份社会进步发展指数得分及排名见表 1-5。本年度社会进步发展指数排行榜前三位都是西部省份，表明我国西部大开发战略推进区域均衡发展正发挥积极成效。西藏在国家的扶持下获得了经济社会快速发展的机遇，当地教育、医疗等民生保障体系不断完善，社会进步幅度高居全国榜首；贵州和四川经济社会快速发展，居民人均可支配收入大幅度增长，民生保障体系加速改善，社会进步幅度紧随西藏之后。黑龙江、天津、辽宁社会进步幅度相对较小，黑龙江、辽宁等东北省份需重视人口迁出等严峻挑战，天津需要进一步加强城乡均衡发展。

表 1-5　2017 年各省份社会进步发展指数　（单位：分）

排名	省份	社会进步发展指数	排名	省份	社会进步发展指数
1	西藏	92.74	17	甘肃	84.92
2	贵州	92.38	18	江西	84.33
3	四川	91.39	19	新疆	84.13
4	湖南	89.37	20	广西	84.05
5	海南	89.05	21	江苏	83.61
6	云南	88.89	22	山东	83.25
7	湖北	88.73	23	山西	82.66
8	河南	88.02	24	宁夏	82.50
9	安徽	88.02	25	上海	81.51
10	陕西	87.82	26	内蒙古	80.95
11	浙江	87.62	27	北京	80.08
12	重庆	87.58	28	吉林	78.37
13	青海	87.22	29	黑龙江	75.71
14	河北	87.10	30	天津	75.63
15	福建	86.75	31	辽宁	74.80
16	广东	86.03			

2016—2017 年各省份社会进步发展速度变化分析显示，全国有 29 个省份社会进步在加速发展，青海和内蒙古社会进步发展速度下降（见图 1-5）。各省份中新疆社会进步发展速度最快，内蒙古社会进步发展速度下降幅度较大。

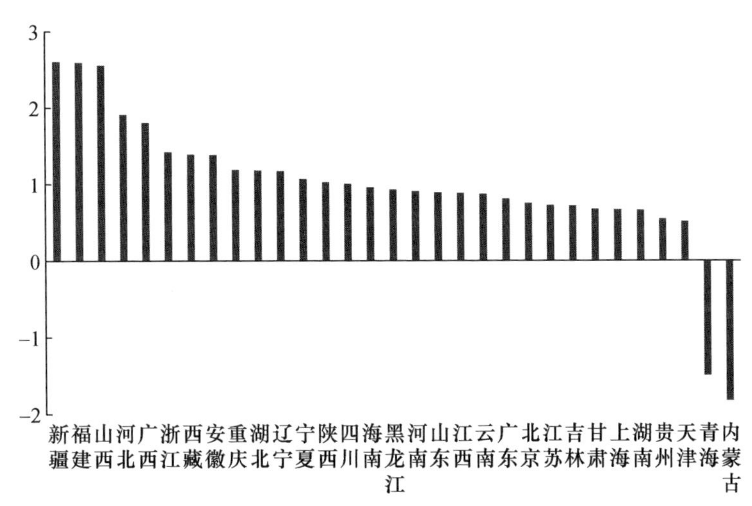

图 1-5　2016—2017 年各省份社会进步发展速度进步率(单位:%)

新疆和山西社会进步幅度较大得益于经济增长提速,福建是由于医疗卫生等民生保障能力快速提升。内蒙古社会进步速度下降幅度较大,是受到经济增速大幅度回落的影响;青海民生保障体系建设支持力度下滑,导致社会进步放缓。

4. 协同发展面临困局,资源利用减量增效是重点

2017 年,各省份协同发展进步指数分析显示,西藏、新疆、青海等经济社会发展相对落后的西部省份协同发展进步幅度较大。这些省份经济规模总量偏小,经济社会发展起步相对较晚,生态环境受到经济社会发展的影响较小,但这些地区生态环境脆弱,一旦破坏,恢复难度极大,在后续经济社会发展中面临着经济社会发展与生态环境保护的双重任务,需重视加强资源综合循环利用,提升资源利用效率。天津、海南和广西协同发展进步幅度排名靠后。天津和海南需要尽快控制资源开发强度,确保资源开发利用在生态环境承载能力范围之内。广西需要进一步优化资源能源消费结构,提高资源能源利用效率,控制资源能源消耗后产生的污染物排放(见表 1-6)。

2016—2017 年各省份协同发展进步速度变化分析显示,全国有 19 个省份协同发展进入加速提升阶段,而其他 12 个省份协同发展速度有不同程度下降(见图 1-6)。其中,云南协同发展速度增长幅度最大,得益于其资源综合循环利用能力大幅度增强,当地工业固体废物综合利用率增长率大幅上升;山东协同发展能力提升遇到瓶颈,进一步优化能源消费结构任务艰巨。

表 1-6　2017 年各省份协同发展进步指数　（单位：分）

排名	省份	协同发展进步指数	排名	省份	协同发展进步指数
1	西藏	94.23	17	湖南	84.57
2	新疆	93.17	18	福建	84.09
3	青海	92.40	19	辽宁	83.03
4	江西	91.06	20	安徽	83.02
5	云南	90.79	21	广东	82.63
6	河南	90.78	22	内蒙古	82.03
7	四川	90.16	23	江苏	81.83
8	北京	89.91	24	吉林	81.71
9	山西	89.82	25	上海	81.39
10	重庆	87.48	26	湖北	81.38
11	甘肃	86.91	27	黑龙江	81.31
12	山东	86.79	28	河北	80.23
13	贵州	86.37	29	天津	79.52
14	陕西	85.91	30	海南	79.15
15	宁夏	84.83	31	广西	77.53
16	浙江	84.69			

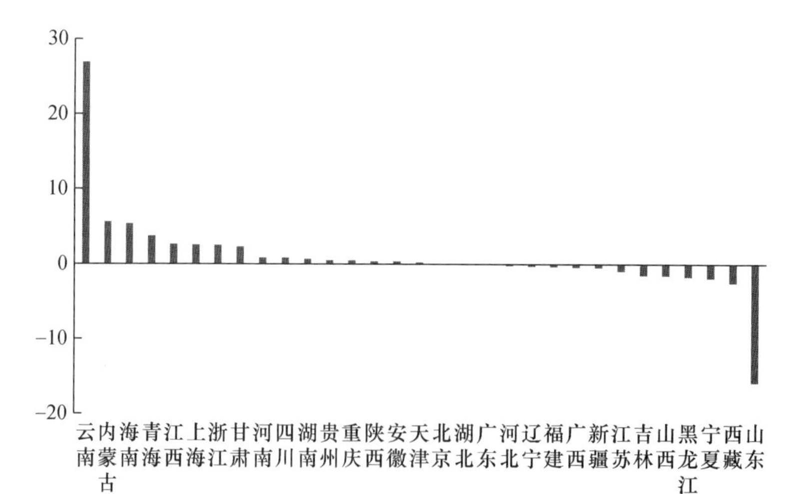

图 1-6　2016—2017 年各省份协同发展进步速度进步率(单位:%)

现阶段，我国在经济增长与生态环境保护的协同发展方面给予了较大关注，政府监管力度加大，各省协同发展能力有所提升。这主要源于末端污染治理能力增强，大气污染物、水体污染物大幅度减排。但在优化能源消费结构，提高资源能源利用效率方面还没有达到预期效果。能源利用优化和资源减量增效仍举步维艰,海南、黑龙江、山西等13个省份资源减量增效方面还有不同程度退步,全国能源消费总量尚未达到峰值,能源消费结构优化与能源利用效率提升推进缓慢,资源综合循环利用亟待突破性进展。

(三)应继续保持生态文明建设的战略定力

党的十八大以来,中央全面加强生态文明建设,不断完善制度设计,对生态文明建设发展形势产生了显著影响,全国生态文明建设呈现加速发展态势,地方政府重经济发展轻生态环境保护的状况得到根本扭转。但由于地方政府落实生态文明建设战略,倒逼经济社会发展方式转型,促进产业结构调整升级,会对地区短期经济增长造成一定的消极影响,还存在部分经济社会发展水平相对落后的地区,发展需求迫切,推进生态文明建设力度偏弱。此外,地方政府在执行中央生态文明建设决策中,存在为追求高显示度的短期效益,重资源利用优化,而忽视生态系统保育等基础性工作的倾向。生态系统基础脆弱,生态承载能力相对不足成为我国生态文明建设的短板。经济增长与资源能源消耗尚未脱钩,经济社会发展与生态环境改善的矛盾依然存在,能源利用优化、资源减量增效举步维艰,资源能源消耗量和污染物排放量高位运行,导致环境质量改善成效还不尽如人意。下一步需要继续保持生态文明建设的战略定力,加强生态系统保育,推动资源能源消费革命,切实改善环境质量,满足人民群众优美生态环境需要。

1. 加强生态系统保育,夯实生态文明基础

健康的生态系统是环境质量根本改善和资源可持续供给的前提,也是保障生态文明建设目标实现的基础。忽视生态系统保育,片面追求资源利用优化和环境质量改善,犹如无源之水、无本之木。我国整体生态系统基础较为薄弱,要补齐生态文明建设的短板,首先应在环境保护、节约资源基本国策的基础上,从国家和省级层面分别确立起生态立国、生态立省的理念,合理兼顾生态文明建设的近期效益和长远目标,加大生态系统保护与建设的力度;其次,要切实坚持生态优先基本原则,尊重生态规律,宜林则林、宜草则草,因地制宜,统筹推进山水林田湖草沙生态系统的协同治理,提升治理成效;再次,发挥生物多样性保护工程的引领作用,完善以国家公园为主体的自然保护地体系,建管并举,逐步化解生物多样性保护面临的严峻挑战;最后,坚持底线思维,科学划定并严格遵守生态红线,筑牢国家生态安全屏障。

2. 推动资源能源消费革命,提升经济社会发展质量

我国能源消耗总量仍在持续攀升,能源消费结构不尽合理,资源能源利用方式相对粗放,效率不高,产生的污染物排放量居高不下,导致生态环境问题在短时期内集中爆发,成为制约经济社会持续发展的瓶颈。当前需要尽快完善制度设计,利用好环境资源税、排污权交易等市场化调节机制,倒逼产业结构升级和经济

社会发展方式转型,大力发展低能耗、低排放、高效益的战略性新兴产业,在经济发展换挡升级中,培育经济增长的新动力,打造发展的新引擎,实现经济社会高质量发展。同时,推动资源能源消费领域革命,加强科技创新,加快对传统产业的绿色化改造,优化能源消费结构,增强资源综合循环利用能力,提高资源能源利用效率,促成能源消费总量峰值早日出现,严格落实清洁生产,从源头上减少污染物和温室气体的产生与排放,缓解国内生态环境压力,履行好 2060 年实现碳中和这一庄严的国际承诺。

3. 坚持环境质量改善目标导向,满足群众优美生态环境需要

优美生态环境是最普惠的民生福祉,也是新时代人民美好生活需要的应有之义。我国整体环境质量开始向好,但部分地区群众反映强烈的突出环境问题依然存在,需要继续强化环境质量改善的目标导向,完善环境污染防治体系,增强环境污染治理能力,提升污染防治措施的精准度和有效性。大气环境污染防治方面,应加强区域合作,形成联防联控,依据区域环境容量,有序淘汰污染严重的落后产能,重点突破与全面推进相结合,切实减少重污染天气对民众生产生活的影响。对于农业面源污染、地下水污染等治理难度高、隐蔽性较强的环境污染问题,要引起足够警觉,尤其北京、福建、新疆等 10 个省份的农药、化肥施用强度仍在增加,需尽早启动农药、化肥施用总量与强度的双控制,加大对有机肥和无公害农药研发、生产、使用的扶持力度,推广精细化的农药、化肥施用技术,提高农作物的利用效率。地下水污染防治,需尽快确认污染源头,与地表水污染、土壤污染防治相统筹,遏制地下水水质持续恶化的态势。另外,还要加快健全环境污染监测网络,加强生态环境保护方面的巡视、督察,严肃环境损害追责问责机制,阻断跨区域的污染转移,不断巩固扩大我国环境质量改善成效。

4. 保持战略定力,利用后发优势,协同推进生态文明建设

生态文明建设作为中华民族永续发展的根本大计,是一项复杂的系统性工程,需要保持久久为功的战略定力。推进生态文明建设的各项政策措施,限制了高消耗、高排放、高污染的经济形式,短期内会在一定程度上影响经济增长,但从长远来看,这是我国转变依靠要素投入驱动的经济增长模式,优化产业布局,跨越中等收入陷阱,实现高质量发展,迈入高收入国家行列的必由之路。生态文明建设需要统筹处理好与经济建设、政治建设、文化建设、社会建设的关系,使生态环境改善与经济社会发展相互协调,尤其在经济社会发展水平相对落后地区的工业化、现代化进程中,要避免重复"先污染后治理"的老路,充分利用好后发优势,努力探索资源能源利用效率更高、对自然生态系统影响更小、人与自然和谐双赢的绿色崛起道路。同时,生态文明建设还要处理好地区之间的协同,把生态文明建设成效纳入政府政绩考核体系,严格落实领导干部自然资源资产离任审计,引导

干部树立科学的政绩观，正确把握地方局部利益与全国整体利益的关系，破除区域壁垒，形成中央决策与地方政府执行上下联动，地区之间以及城乡之间相互协同推进生态文明建设的良好发展局面。

二、各省份生态文明建设发展类型变化

2017 年，31 个省份仍可以根据建设发展速度和水平划分出领跑型、追赶型、前滞型、后滞型和中间型 5 种生态文明建设发展类型。31 个省份中有 20 个省份的生态文明建设发展类型发生了变化，11 个省份保持原有类型。保持原有生态文明建设发展类型的省份为四川、贵州、河北、河南、湖北、北京、黑龙江、内蒙古、天津、陕西、吉林。类型变化的省份中，领跑型和前滞型由 2013 年的 7 个各变为 5 个和 10 个，后滞型由 5 个减少到 3 个，呈现"前增后减"的趋势，即前滞型增加，后滞型减少(见表 1-7)。显示出生态文明建设基础水平的变化略快于发展速度的变化，生态文明发展陷入了一定的瓶颈期，开始寻求生态文明基础水平建设的提高，从而继续促进生态文明建设发展速度的增长。

表 1-7 2013—2017 年省份生态文明建设发展类型的变动情况

生态文明建设发展类型		领跑型	追赶型	前滞型	后滞型	中间型
2013 年	省份	北京 福建 吉林 江苏 山东 天津 重庆	安徽 甘肃 贵州 湖北 湖南 云南	广东 黑龙江 内蒙古 上海 四川 西藏 浙江	河北 河南 江西 青海 山西	广西 海南 辽宁 宁夏 陕西 新疆
	省份数量	7	6	7	5	6
2014 年	省份	江苏 上海 浙江	甘肃 贵州 河南 湖北 湖南 江西 宁夏 山东 山西 重庆	北京 广东 海南 黑龙江 辽宁 内蒙古 西藏	河北 吉林 新疆	安徽 福建 广西 青海 陕西 四川 天津 云南
	省份数量	3	10	7	3	8

（续表）

生态文明建设发展类型		领跑型	追赶型	前滞型	后滞型	中间型
2015 年	省份	福建 广东 江苏 上海 天津 浙江	安徽 湖北 湖南 宁夏 山东 山西	北京 海南 辽宁 内蒙古 青海 西藏 重庆	河南 吉林 江西 陕西	甘肃 广西 贵州 河北 黑龙江 四川 新疆 云南
	省份数量	6	6	7	4	8
2016 年	省份	福建 海南 江苏 上海 四川 浙江 重庆	安徽 贵州 河北 河南 湖北 湖南 江西 云南	北京 黑龙江 内蒙古 青海 天津 西藏 新疆	辽宁 宁夏 山东 山西 陕西	甘肃 广东 广西 吉林
	省份数量	7	8	7	5	4
2017 年	省份	江西 青海 四川 西藏 云南	甘肃 贵州 河北 河南 湖北 宁夏 山东 新疆	北京 福建 广东 海南 黑龙江 内蒙古 上海 天津 浙江 重庆	安徽 广西 陕西	湖南 吉林 江苏 辽宁 山西
	省份数量	5	8	10	3	5

从生态文明建设发展的三级指标分析，各省份的生态文明指数各有不同，但存在一定的共性问题。在生态活力方面，自然保护区没有得到有效的保护，20 个省份的自然保护区面积增长率为 0 或出现负增长。在环境质量方面，空气污染日趋严重，21 个省份的省会城市空气质量达到及好于二级的天数比例增长放缓；农业面源污染也没有得到有效的改善，15 个省份的化肥施用量下降率为负数，11 个省份的农药施用量下降率也为负数，农业污染防治迫在眉睫。在社会发展方面，

随着近年来人口老龄化增加和生育率的降低，教育和养老问题越来越突出，22 个省份的小学师生比下降率为负数，20 个省份的养老床位数增加为负数。在协同发展方面，资源、能源的浪费问题比较严重，16 个省份的煤炭消耗量增加，13 个省份的水资源利用率有所下降，21 个省份的城市固体废物综合利用率降低，20 个省份的水资源开发强度提高。各省在生态文明建设的同时，要继续实施以减少能源浪费和降低废气排放为主的节能减排政策。

节能和减排是生态文明建设的重要措施。在新的发展阶段，资源环境问题仍然是制约生态文明建设发展的硬约束。节能减排作为重要手段，能够有效维持良好的生态文明循环和利用机制，促进生态文明健康发展。领跑型省份的主要优势就体现在节能减排方面表现突出，通过节约能源和提高资源利用率减少废物排放，极大地减少对环境产生的影响。追赶型省份在优化排放方面表现良好，但节能方面有所欠缺，资源的不合理使用会影响可持续发展，增大排放效应，应该尽快突破资源合理使用的瓶颈，及时完善节能和减排两大手段，营造良好的生态系统。前滞型和后滞型省份在节能和减排方面比较落后，存在着或是环境较差、污染严重很难改变，或是工业矿业的排放污染、水资源污染、沙尘等环境污染问题。这两类省份还是要先抓好节能减排工作，夯实生态基础，实现可持续发展。中间型省份的节能减排方面相对落后，主要是环境改善滞后，环境容量提升困难。需要通过优化排放效应和循环合理利用资源的手段来提升环境容量，促进生态文明建设发展。

三、生态文明建设驱动因素分析

改善生态环境质量是我国生态文明建设的直接目标。在生态文明建设的进程中，需要加大环境治理力度，着力解决突出环境问题，健全生态文明制度体系，不断提升环境治理能力和治理水平，进一步打造人与自然和谐共生的美丽家园。从 2013—2017 年这个时段来看，中国环境改善步入减速阶段。结合我国近年在经济发展领域取得的巨大成绩来看，为之所付出的代价则是生态系统的退化与环境的污染。国民经济的运行稳中有进、稳中向好发展，生态文明建设应与经济高质量发展相协调。

分析发现，近年来我国在环境治理方面取得了一定的成果，各省会城市空气达标天数连年增长。虽考察时段中建设增速下降，但考虑城市化快速推进背后的多方影响因素变化急剧，能取得现在的成绩实属不易。就水体质量的改善状况而言，水污染治理初见成效，优质水质河长比例连年提升。因劣质水质问题复杂，恢复治理所需周期较长，改善成效虽不显著，但仍在稳步推进的过程中。

针对环境质量成为我国生态文明建设过程短板问题的状况，不仅需要推进退化生态系统的修复和环境污染存量治理，同时需要优化污染物排放，坚决打好蓝天保卫战，时刻牢记绿水青山就是金山银山。

（一）大气污染受多方制约，需转变视角，分类施策

控制大气污染物排放总量，改善环境质量是生态文明建设进程中的关键一步。碳中和的目标，给我国空气质量的持续改善提供了巨大驱动力。数据显示空气质量不仅仅由废气排放所决定，同时受到经济、城市化等多方面因素的制约，需统筹城市生活和工业生产，控制大气污染排放。

为减少能源资源消耗，需提升各类能源的使用效率，从根本上做到有效控制。当下我们工业生产对能源的消耗量较大，产业结构存在许多缺陷，应鼓励清洁能源相关产业发展。在满足基础生产的前提下，减少各类污染物的排放。针对不同的企业、不同的行业、不同的区域类型，采取不同的环境管控手段，才能兼顾经济增长及企业竞争力，达到兼顾绿水青山和金山银山的发展目标。

（二）系统推进水污染防治，科学提升水体环境治理水平

对于水体环境质量改善而言，自然禀赋作为水体环境质量改善的关键，应从河湖生态保护治理入手，同时在实施地下水治理的基础上，实现采补平衡。结合各省份的具体情况，应因地制宜推进水利建设工程，合理地规划和管理水资源，防治和控制水源污染。

重视污染物排放，努力提升污水处理能力不足的关键地区、人口快速增长的城镇污染防治水平等。严格管控生活污水、农业废水、工业废水的排放，建立科学的排放许可制度，使污染减少和水质改善相互关联，促进以水体环境质量改善为导向的水环境管理模式。

面对水体环境质量所带来的一系列效应，应综合关键变量（自然保护区面积、单位生产总值用水量、环境污染治理投资情况）作为立足点，时刻把握四个领域（协同发展、环境改善、生态保护、社会进步）发展态势，在生态之“体”，环境、资源为“用”中真正做到强体善用。

（三）环境治理需立足关键变量，强健生态之“体”

环境治理需要我国各区域间协同发展，完善区域间产业转移和耦合联动。健全完善当下生态环境类用能权的分配和交易制度，进一步提升全国的资源使用效率。建立各省间经济社会和生态保护高质量发展，以此促进协同治理并通过改善生态环境增强人民福祉。

适当加大环境规制强度，发挥区域生态优势高质量发展经济。城市化发展应坚持不懈遵循绿色低碳发展，建立健全绿色低碳循环发展经济体系。当下自然生态活力恢复进展缓慢，环境污染问题集中爆发，真正做到人与自然和谐发展则需要“强体善用”，摆正生态之本体地位，强健生态之体，以改善资源与环境的使用方

式促进协调发展，同时坚持问题导向标本兼治，持续优化生态环境质量。

四、生态文明建设的国际比较

本报告将中国与其余 4 个金砖国家和 37 个 OECD(经济合作与发展组织)国家进行比较，旨在明确中国生态文明建设的国际地位，在发现整体优势和不足的基础上，为生态文明建设的进一步发展提供借鉴和参考。评价结果显示，与其他样本国家相比，中国生态文明建设虽然基础水平相对较低，但在发展水平上中国正奋起直追，发展指数领先于其他经济体。

(一) 基础水平有待提升，发展空间大

基于可获得的最新数据，根据国际版生态文明指数 IECI 2021(International Eco-Civilization Index 2021)的评价结果，中国位居 42 个国家的末位，整体得分为 73.06 分，低于 37 个 OECD 国家的平均水平(85.10 分)12.04 分，与金砖国家平均水平(84.23 分)也有很大差距，生态文明建设水平不容乐观。各国生态文明指数得分及排名情况如表 1-8 所示。

表 1-8　国际版生态文明指数(IECI 2021)得分及排名情况　(单位：分)

国家	生态活力		环境质量		社会发展		协调程度		IECI		
	得分	排名	得分	排名	得分	排名	得分	排名	得分	排名	等级
卢森堡	94.29	3	86.00	11	96.00	3	96.47	4	93.13	1	1
新西兰	101.43	1	90.00	7	90.00	15	85.29	24	92.02	2	1
瑞典	82.86	32	94.00	3	92.00	11	97.65	3	91.45	3	1
瑞士	88.57	8	80.00	23	89.67	17	95.88	5	88.79	4	2
奥地利	91.43	5	88.00	9	84.67	24	88.82	11	88.78	5	2
法国	85.71	19	86.00	11	91.33	13	92.35	9	88.62	6	2
英国	84.29	24	86.00	11	91.33	13	92.94	8	88.37	7	2
丹麦	75.71	42	86.00	11	93.33	7	100.00	1	88.21	8	2
立陶宛	87.14	12	84.00	19	80.00	30	94.71	7	87.55	9	2
芬兰	85.71	19	96.00	1	87.33	21	82.35	27	87.52	10	2
德国	88.57	8	86.00	11	86.00	22	86.47	17	86.91	11	2
拉脱维亚	87.14	12	80.00	23	81.33	28	94.71	7	86.75	12	2
爱尔兰	82.86	32	76.00	33	88.00	20	98.82	2	86.70	13	2
西班牙	87.14	12	84.00	19	92.67	9	85.29	24	86.63	14	2
巴西	92.86	4	83.00	21	79.33	31	87.06	14	86.62	15	2
美国	88.57	8	92.00	5	97.33	1	74.71	37	86.58	16	2
挪威	80.00	38	90.00	7	94.00	6	86.47	17	86.54	17	2
斯洛伐克	90.00	6	86.00	11	74.67	38	89.41	10	86.52	18	2

(单位:分)(续表)

国家	生态活力		环境质量		社会发展		协调程度		IECI		
	得分	排名	得分	排名	得分	排名	得分	排名	得分	排名	等级
斯洛文尼亚	94.29	3	76.00	33	80.00	30	88.24	12	85.76	19	2
澳大利亚	86.43	16	91.00	6	96.00	3	74.71	37	85.49	20	2
加拿大	83.57	29	96.00	1	90.00	15	75.29	35	85.16	21	2
荷兰	84.29	24	80.00	23	97.33	1	84.12	25	85.12	22	2
冰岛	81.43	36	94.00	3	89.67	17	78.82	32	85.03	23	2
比利时	84.29	24	78.00	30	94.00	6	87.06	14	85.00	24	2
希腊	81.43	36	86.00	11	89.33	18	82.94	26	84.21	25	3
捷克	85.71	19	82.00	22	77.33	33	85.88	21	83.58	26	3
葡萄牙	86.43	16	76.00	33	82.67	26	86.47	17	83.27	27	3
爱沙尼亚	87.14	12	88.00	9	81.33	28	75.88	34	83.11	28	3
日本	83.57	29	78.00	30	92.00	11	81.18	30	82.72	29	3
意大利	80.00	38	74.00	36	88.67	19	85.88	21	81.56	30	3
智利	84.29	24	72.00	37	82.67	26	85.88	21	81.45	31	3
以色列	78.57	40	72.00	37	92.67	9	86.47	17	81.41	32	3
匈牙利	84.29	24	80.00	23	76.00	36	81.18	30	81.04	33	3
波兰	87.14	12	80.00	23	77.33	33	76.47	33	80.68	34	3
哥伦比亚	86.43	16	68.00	40	76.67	35	86.47	17	80.37	35	3
土耳其	82.86	32	77.00	32	76.67	35	81.76	28	80.14	36	3
俄罗斯	82.86	32	86.00	11	72.67	39	70.59	40	78.43	37	4
墨西哥	82.86	32	72.00	37	75.33	37	79.41	31	77.98	38	4
南非	84.29	24	79.00	28	71.33	41	68.24	42	76.21	39	4
韩国	80.00	38	64.00	42	85.33	23	72.94	39	74.68	40	4
印度	75.71	42	79.00	28	63.33	42	74.71	37	74.38	41	4
中国	84.29	24	65.00	41	71.33	41	69.41	41	73.06	42	4

中国虽然在生态文明基础水平上不及 OECD 国家,也落后于金砖各国,但建设发展速度较快,在国际版生态文明发展指数 IECPI 2021(International Eco-Civilization Progress Index 2021)的评价结果中位居第 9 位,整体得分为 89.15,处于第 2 等级,整体位于中上位置。

表 1-9 国际版生态文明发展指数(IECPI 2021)得分及排名情况 (单位:分)

国家	生态活力		环境质量		社会发展		协调程度		IECPI		
	得分	排名	得分	排名	得分	排名	得分	排名	得分	排名	等级
拉脱维亚	90.00	14	92.00	6	91.33	8	97.06	1	92.82	1	1
智利	100.00	1	96.00	2	88.67	13	84.71	26	92.71	2	1

（单位：分）（续表）

国家	生态活力		环境质量		社会发展		协调程度		IECPI		
	得分	排名	得分	排名	得分	排名	得分	排名	得分	排名	等级
英国	98.57	2	92.00	6	81.33	37	91.76	6	92.30	3	1
法国	95.71	3	94.00	4	81.33	37	87.06	20	90.53	4	1
日本	95.00	6	90.00	10	83.33	26	90.00	8	90.50	5	1
爱沙尼亚	87.14	21	86.00	18	96.00	4	94.71	2	90.45	6	1
爱尔兰	90.00	14	88.00	14	99.33	3	88.24	13	90.37	7	1
立陶宛	91.43	12	84.00	24	90.67	10	93.53	3	90.09	8	1
中国	85.71	25	81.00	35	102.00	2	92.94	4	89.15	9	2
卢森堡	94.29	9	82.00	30	80.67	40	91.76	6	88.42	10	2
冰岛	85.71	25	96.00	2	83.00	28	87.06	20	88.28	11	2
希腊	95.71	3	82.00	30	89.33	11	85.29	24	88.20	12	2
波兰	87.14	21	92.00	6	82.67	31	88.82	10	88.19	13	2
荷兰	94.29	9	80.00	36	82.67	31	91.18	7	88.04	14	2
加拿大	80.71	34	100.00	1	84.67	21	87.06	20	88.03	15	2
芬兰	87.14	21	92.00	6	82.67	31	87.65	17	87.84	16	2
韩国	84.29	28	90.00	10	85.33	20	89.41	9	87.41	17	2
丹麦	94.29	9	84.00	24	83.33	26	85.29	24	87.37	18	2
哥伦比亚	89.29	16	94.00	4	82.00	34	82.35	34	87.29	19	2
墨西哥	94.29	9	82.00	30	86.67	17	84.12	27	87.02	20	2
西班牙	92.86	11	86.00	18	82.67	31	83.53	29	86.82	21	2
俄罗斯	80.00	36	90.00	10	91.33	8	88.24	13	86.67	22	2
瑞士	87.14	21	86.00	18	81.67	35	87.06	20	86.01	23	3
挪威	80.00	36	86.00	18	92.00	6	87.06	20	85.42	24	3
葡萄牙	95.00	6	78.00	40	88.67	13	80.00	39	85.30	25	3
捷克	78.57	38	88.00	14	86.00	19	88.24	13	84.94	26	3
意大利	88.57	17	80.00	36	86.67	17	83.53	29	84.63	27	3
比利时	82.86	31	84.00	24	81.33	37	87.65	17	84.35	28	3
斯洛文尼亚	81.43	33	88.00	14	91.33	8	80.59	38	84.31	29	3
奥地利	84.29	28	84.00	24	86.00	19	82.35	34	83.89	30	3
新西兰	78.57	38	86.00	18	82.00	34	88.24	13	83.84	31	3
德国	84.29	28	84.00	24	84.00	23	82.94	32	83.77	32	3
美国	77.14	40	88.00	16	80.67	40	88.24	13	83.71	33	3
印度	75.71	41	83.00	29	102.67	1	82.35	34	83.57	34	3
巴西	85.71	25	79.00	38	83.33	26	85.29	24	83.55	35	3
匈牙利	78.57	38	86.00	18	88.00	14	81.18	36	82.62	36	4
土耳其	87.14	21	77.00	41	95.33	5	75.29	42	82.28	37	4

（单位：分）（续表）

国家	生态活力		环境质量		社会发展		协调程度		IECPI		
	得分	排名	得分	排名	得分	排名	得分	排名	得分	排名	等级
瑞典	82.86	31	82.00	30	84.00	23	80.59	38	82.13	38	4
斯洛伐克	81.43	33	82.00	30	80.67	40	82.94	32	81.91	39	4
南非	74.29	42	89.00	13	87.33	15	78.82	40	81.28	40	4
澳大利亚	89.29	16	79.00	38	73.33	42	78.24	41	81.01	41	4
以色列	87.14	21	66.00	42	83.33	26	83.53	29	80.20	42	4

（二）整体发展态势良好，局部尚存隐忧

根据生态文明建设发展类型的划分规则，将包括中国在内的 42 个国家按照生态文明建设的基础水平（IECI 2021）和发展指数（IECPI 2021）划分为领跑型、追赶型、前滞型、后滞型和中间型五类。其中，中国属于追赶型国家。与其他样本国家相比，虽然中国生态文明建设的基础水平薄弱，水平较低，但长期持续的努力取得了很大的成效，生态文明建设已有突出的成果（具体情况详见第五章）。从四个二级指标具体来看（见表 1-10），我国在社会发展和协调程度两大领域进步迅速，按照基础水平和发展指数的组合被划为追赶型；生态保护领域也在稳步推进，被划为中间型；但在环境质量领域的类型为后滞型，这表明我国的环境质量不仅在基础水平上与其他国家有很大的差距，改善速度也落于其后，建设任重而道远。

表 1-10 中国生态文明建设各二级指标的基础水平和发展指数得分、等级及类型

（单位：分）

二级指标	基础水平	基础水平等级分	发展指数	发展指数等级分	等级分组合	类型
生态活力	84.29	1	85.71	2	1-2	中间型
环境质量	65.00	1	81.00	1	1-1	后滞型
社会发展	71.33	1	102.00	3	1-3	追赶型
协调程度	69.41	1	92.94	3	1-3	追赶型

（三）以改善环境质量为关键点

从与样本国家的比较中可以看出，环境质量尤其是空气质量已经成为我国生态文明建设的明显短板，也是进一步发展过程中要解决的关键问题。环境质量的问题既能反映出污染物排放和治理的情况，也能反映出更深层次的经济发展、人口、资源与环境的协调情况。致力于环境质量的改善，必然要对各类污染物的排放强度和排放总量进行约束，倒逼对更深层的结构和原因进行探究、改进和优化。首先，优化产业结构，大力发展高端制造业。必须放弃以低环境标准和高生态代

价为特征的发展模式，重塑国家产业竞争优势；以高端制造业作为主攻方向，全面推动产业升级，进而实现清洁生产与绿色发展。其次，促进经济增长与资源消费、环境污染的脱钩关系。调整能源消费结构，加强资源能源综合循环使用，提高资源能源利用效率，健全环境污染防治体系，因地制宜，探索具有中国特色的工业化与现代化道路，从而实现能源消耗更少、污染排放更低的绿色发展，化解经济发展与生态环境保护的矛盾。再次，促进公众生活方式的绿色转型，尤其是要加快引导绿色出行方式。积极宣传生态文明理念，增强民众生态文明素养，激发其参与生态文明建设的自觉性和主动性，夯实生态文明建设的群众基础。

接下来，在提升生态文明建设纵深发展能力的进程中，应在保持并加快社会发展及协调程度发展速度的同时，以改善环境质量为关键点，高度重视促进生态活力的提高，达到突出优势、补齐短板、提升中国生态文明建设整体水平的目的。同时也需借鉴吸收各国成功经验，结合国内实际，创新发展模式，发挥我国的后发优势，提高建设的纵深发展能力，促进中国生态文明建设向更全面、更高水平的方向发展。

第二章 ECPI评价体系及算法完善

良好的生态环境是最公平的公共产品、最普惠的民生福祉。党的十八大以来，中国共产党在深刻总结人类文明发展规律基础上，把生态文明建设纳入中国特色社会主义事业“五位一体”总体布局。生态文明建设成为中国特色社会主义建设基本方略之一，是实现中华民族永续发展的千年大计。各级政府相继出台一系列政策措施予以推进，各类生态文明建设试点示范区如雨后春笋般出现。生态文明建设的实际效果如何，可通过量化评价进行考察和检验。

一、ECPI评价体系

（一）生态文明建设发展评价设计思路

工业文明以来，人类经济社会获得快速发展，但资源过度消耗、环境污染严重、生态系统退化等严峻挑战，也已逐步升级成为全人类共同面临的生存危机。究其根源，人类追求经济社会发展的无尽需求与自然生态系统有限承载能力之间的矛盾，是引发这一系列危机的根本原因。正所谓“天育物有时，地生财有限，而人之欲无极”。首先，人类自诞生以来，就从自然生态系统中获取资源，满足生存发展之需，并将资源消耗产生的废弃物排放到生态环境中。随着人类改造自然能力增强，人口规模扩张，部分地区对自然资源的需求已超出其持续供给能力，形成的污染物排放不断加重生态环境承载负荷，人类经济社会发展与自然生态系统的矛盾日渐突出。

其次，人类社会发展进程中，对资源能源的开发、利用方式不尽合理，是生态危机发生的直接原因。传统的工业化发展模式下，经济增长过度依赖于自然资源投入驱动。为维系经济的繁荣，人类社会对自然资源的需求量节节攀升，同时资源能源利用方式相对粗放，综合循环使用水平不高，利用效率较低，资源消耗产生的废弃物未能物尽其用，直接转变成了环境污染物，导致自然资源开发强度与污染物排放强度都在高位运行；而人类的生态环境治理能力又较为薄弱，自然生态系统必然不堪重负。

此外，制度、观念层面存在的局限性，对于生态危机的发生也难辞其咎。现行的制度体系及主流社会价值观，无不残存着工业文明时代的印记。人与自然的关系被二元分割、对立:人类自我标榜为自然的主人,自然只是供人类改造利用的工具与对象,是支撑人类社会运行的基本要素。因此,人类能够为自然界立法,出于自身的目的可以肆意地支配自然,自然规律须屈从于社会规律甚至经济规律。特别是在私有制普遍存在以及市场经济大行其道的状况下,经济增长成为人们竞相追逐的唯一目标,各个利益集团都在为实现自身利益最大化不遗余力,团体或个人局部的短期利益超越了人类整体的长远利益。这种观念和制度,使得生态环境保护与经济发展相互对立,助长了以牺牲生态、环境、资源为代价的经济发展模式,人类生存所必需的良好环境、可持续利用的资源和健康的生态系统作为公共产品,却无人问津,沦为公地的悲剧。

生态文明是人与自然和谐双赢的文明。我国提出了生态文明建设的发展战略,其目标是要保持经济社会持续稳定发展,实现生态系统健康、环境质量良好、资源可永续利用。此处环境、资源均特指自然环境和自然资源,生态系统与环境、资源三者之间相互关联,彼此依存,荣损与共。

生态系统是各种生命支撑系统、各种生物之间物质循环、能量流动和信息交换形成的统一整体,人类社会及其活动只是生态系统的一个有机组成部分。对于人类而言,环境是指生态系统中,直接支撑人类作为生物体生存所必需的物质条件,如清新的空气、干净的水源等。资源则是取之于生态系统,支撑人类生产、生活的能源和材料,其种类和数量都受制于人类所掌握并能加以利用的技术条件。

生态系统与环境、资源具有"一体两用"的关系。生态系统为"体",是包括自然界所有事物的全体、自然本体。环境和资源则是人类出于生存和发展需要对生态系统的两种用途,环境是生态系统为人类提供的生存之境,资源是人类通过科技手段对生态系统加以利用,维系社会存在与发展的要素。其中,生态系统具有基础性的地位和作用,离开了生态系统的支撑,环境和资源都必然成为无源之水、无本之木。

进入新时代以来,根据现阶段我国生态环境领域的突出问题,生态文明建设的主要任务,应在保持经济社会合理稳定发展的基础上,加大生态保护与建设力度,增强生态系统活力;合理开发利用资源能源,优化资源能源消耗对生态环境的影响效应,提高协同发展能力;提升环境治理能力,改善环境质量,尽快补齐生态环境短板。当然,推进生态文明建设是一项复杂的系统性工程,还需涉及观念、制度层面的根本变革,不断提高公众生态文明意识,在全社会树立起生态文明理念;完善制度设计,为生态文明建设提供可靠保障。我国生态文明建设主要任务见图 2-1。

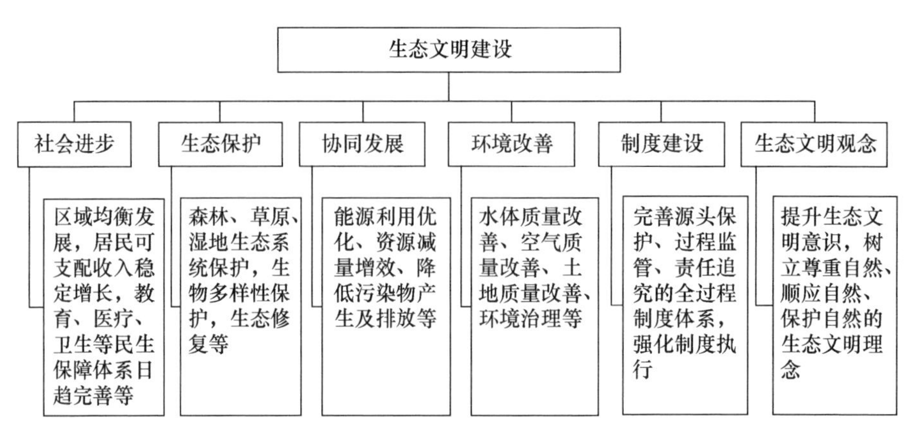

图 2-1　我国生态文明建设主要任务

（二）ECPI 框架体系设计

关于生态文明建设成效的评价，应以生态文明建设任务为遵循，而制度建设及生态文明观念树立两项保障性任务不易量化，但最终效果能反映到目标任务完成情况上来。因此，以生态文明建设的目标，即实现经济社会均衡发展、生态系统健康、环境质量良好、资源可永续利用为导向，从生态保护、环境改善、社会进步和协同发展四个方面，根据权威数据可得性，选取具体指标，构建中国生态文明发展指数评价指标体系（表 2-1，具体指标解释及指标数据来源详见附录一），检验我国推进生态文明建设的实际效果。

表 2-1　生态文明发展指数（ECPI 2021）评价指标体系①

一级指标	二级指标	三级指标	指标解释	指标性质
生态文明发展指数（ECPI 2021）	生态保护	森林面积增长率	当年新增造林面积占森林面积的比例	正指标
		草原面积增长率	当年新增种草面积占草原总面积的比例	正指标
		湿地资源增长率	湿地资源面积的年度增长率	正指标
		自然保护区面积增长率	自然保护区面积年度增长率	正指标
		生态修复	新增水土流失治理率	正指标
			本年矿山环境恢复治理率	正指标

① 具体指标解释与数据来源见附录一。

（续表）

一级指标	二级指标	三级指标	指标解释	指标性质
生态文明发展指数（ECPI 2021）	环境改善	空气质量改善	省会城市空气质量达到及好于二级的天数比例增长率	正指标
		地表水体质量改善	主要河流Ⅰ～Ⅲ类水质河长比例增长率	正指标
			主要河流劣Ⅴ类水质河长比例下降率	正指标
		城市绿化建设	建成区绿化覆盖率增长率	正指标
			人均公园绿地面积增长率	正指标
		城乡环境治理	城市污水集中处理率增长率	正指标
			城市生活垃圾无害化率增长率	正指标
			农村卫生厕所普及增长率	正指标
		农业面源污染防治	单位农作物播种面积化肥施用量下降率	正指标
			单位农作物播种面积农药施用量下降率	正指标
	社会进步	经济增长	人均地区生产总值增长率	正指标
		产业结构优化	第三产业产值占地区GDP比例增长率	正指标
		城镇化建设	城镇人口占总人口比例增长率	正指标
		城乡均衡发展	居民人均可支配收入增长率	正指标
			城乡居民人均可支配收入比下降率	正指标
		教育发展	人均教育经费增长率	正指标
			初中师生比下降率	正指标
			小学师生比下降率	正指标
		医疗卫生与养老保障	每千人口医疗卫生机构床位数增长率	正指标
			每千老年人口养老床位数增长率	正指标
	协同发展	能源消费优化	单位地区生产总值能源消费量下降率	正指标
			煤炭消费量下降率	正指标
		资源利用效率提升	单位地区生产总值用水量下降率	正指标
			耕地节水灌溉比例增长率	正指标
			城市水资源重复利用率增长率	正指标
			工业固体废物综合利用率增长率	正指标

（续表）

一级指标	二级指标	三级指标	指标解释	指标性质
生态文明发展指数（ECPI 2021）	协同发展	水资源开发强度优化	用水总量占水资源总量比例的年度下降率	正指标
		环境污染治理投入	环境污染治理投资占 GDP 比例	正指标
		水体污染物排放效应优化	化学需氧量排放量年度下降率与辖区内未达到Ⅰ～Ⅲ类水质河流长度比例的比值（化学需氧量排放效应优化）	正指标
			氨氮排放量年度下降率与辖区内未达到Ⅰ～Ⅲ类水质河流长度比例的比值（氨氮排放效应优化）	正指标
		大气污染物排放效应优化	二氧化硫排放量年度下降率与辖区内空气质量未达到二级天数比例的比值（二氧化硫排放效应优化）	正指标
			氮氧化物排放量年度下降率与辖区内空气质量未达到二级天数比例的比值（氮氧化物排放效应优化）	正指标
			烟（粉）尘排放量年度下降率与辖区内空气质量未达到二级天数比例的比值（烟粉尘排放效应优化）	正指标

1. 生态保护与建设是实现生态文明的基础

生态保护方面选择森林生态建设、草原生态建设、湿地生态保护、自然保护区建设、生态修复五个建设领域的具体指标。森林作为陆地生态系统的主体，在维系生态平衡、调节气候、保持水土、净化空气等方面都发挥着举足轻重的作用，我国缺林少绿，需继续坚持森林生态建设。草原生态建设是生态文明建设的主战场之一，我国草原资源丰富，草原总面积占国土总面积的 40%，是耕地的 3.2 倍、森林面积的 2.3 倍，由于草原超载、过度开发等原因，90%左右的天然草原出现不同程度退化，直接威胁着国家生态安全。湿地生态系统具有涵养水源、净化水质、为动植物提供繁衍栖息场所等重要生态功能，但湿地生态保护与经济社会发展间的矛盾较为突出，湿地资源分布不均，加强湿地生态保护迫在眉睫。自然保护区是生物多样性保护的重要载体，由于经济社会发展对各类资源刚性需求上升，自然保护区受到矿业资源开发、基础设施建设、农业生产等人类经济活动威胁，生物多样性保护面临挑战，自然保护区建设需引起全社会高度警觉。我国水土流失和矿业开采占用损坏土地状况形势严峻，生态修复从水土流失治理进展和矿业开采占用损坏土地的恢复治理比例来进行考量。

2. 环境质量根本改善是生态文明建设的直接目标

环境质量改善,涉及空气质量改善、地表水体质量改善、城市绿化建设、城乡环境治理、农业面源污染防治五项具体指标。大气、水、土壤是我国当前污染防治的三个重点领域,数据显示我国70.7%的地级及以上城市环境空气质量超标,雾霾等重污染天气频发成为各地居民反映强烈的突出环境问题;32.1%的地表淡水水体面积和66.6%地下水水质监测点存在不同程度污染,城市黑臭水体仍大量存在,水体质量改善、空气质量改善任务艰巨;土壤环境状况总体不容乐观,全国土壤总的超标率为16.1%,但对土壤污染防治领域进行量化评价缺少直接的权威数据支撑,因此,从城市绿化建设、城乡环境治理和农业面源污染防治三方面具体展开。

3. 社会经济全面进步是生态文明的终极追求

生态文明建设与经济社会发展没有必然的冲突,推动经济社会全面发展,增进人民福祉、改善民生也是生态文明建设的应有之义。生态文明建设的目标旨在实现人与自然的和谐双赢,既不能重蹈以牺牲自然为代价迎合经济增长需求的覆辙,也不能矫枉过正,更不能是双输。因此,生态文明建设与经济社会的发展并不冲突,需要摒弃的是纯粹以牺牲生态、环境、资源为代价,依靠要素投入驱动,片面强调经济增长,唯GDP数据崇拜的不合理发展,而应追求在生态环境承载能力范围内,以最少资源消耗和环境容量,获得最大民生福祉改善的发展。改革开放以来,我国经济保持了长时期的高速增长,经济社会发展取得巨大成就,全社会总的物质财富丰裕程度大幅提高,但其分布尚不均衡,部分领域进展缓慢,掣肘明显,与发达国家还有较大差距。所以,发展依然是硬道理,生态文明建设与经济社会发展正成为我国现阶段所面临的双重任务。本考察领域从经济水平、发展方式转型、产业升级、城乡一体化建设以及教育、医疗、卫生等民生改善方面,选取经济增长、产业结构优化、城镇化建设、城乡均衡发展、教育发展、医疗卫生与养老保障等指标,反映各省经济社会全面进步的情况。

4. 协同发展是生态文明建设的必由之路

生态文明建设要转变工业文明以来的以资源能源消耗为代价的经济增长模式,坚持经济社会发展要与生态环境保护相协同,在发展中保护,在保护中发展,通过经济发展方式的转型升级,高质量发展,实现人类社会与自然和谐双赢。协同发展,旨在提高资源能源利用效率,优化能源消费结构,控制资源消耗总量,减少污染物产生、排放及其对生态环境的影响。该考察领域设置了能源消费优化、资源利用效率提升、水资源开发强度优化、环境污染治理投入、水体污染物排放效应优化、大气污染物排放效应优化六项指标。我国能源消费总量尚未达到峰值,能源结构以煤为主,煤炭占能源消费总量的比重达62.0%,能源利用效率不高,

GDP 单位能源消耗远低于世界平均水平，能源利用优化需求迫切。资源消耗总量高位运行，资源能源消耗量较高，综合循环利用水平较低，利用方式相对粗放，利用效率不高，资源减量增效亟待提升，产生的大气污染物、水体污染物及固体废弃物居高不下，不断加剧生态环境风险。因此，在继续推进资源利用增效、污染物排放减量的同时，将当地资源承载能力引入分析，选择水体污染物排放效应优化和大气污染物排放效应优化，反映资源能源消耗产生污染物排放与实际资源承载能力的关系，促进资源合理开发、使用。

此外，还有部分生态文明建设需重点关注的领域，由于缺乏权威数据支撑，未能一并纳入评价、分析中。如反映资源综合循环利用状况的指标依然空缺，雾霾元凶之一的挥发性有机物（VOCs）尚没有列入国家总量减排的控制范围，监测体系亟待完善，土地环境质量也缺少及时动态的数据发布。本年度，空气质量改善采用省会城市数据。这些情况都可能对最终评价、分析结果准确性产生影响。待相关权威数据完善后，可再调整优化评价体系，使之更为科学、合理。

二、ECPI 评价及分析方法

由于生态文明建设目标一时难以量化，生态文明建设发展评价采用了相对评价的算法，依据各省每项具体指标数据的高低排序，经 Z 分数方式处理，加权求和，转换为 T 分数，计算出各自生态文明发展指数。生态文明发展指数得分排名靠前的省份，只表明其各方面整体发展速度相对领先，并不能反映各省实际生态文明水平的优劣。为更全面展现我国生态文明建设现状，检验取得成效，探寻发展态势，发现推动生态文明进步的主要影响因素，本书在评价结果基础上，还进一步展开了等级分析、发展速度分析、驱动因素分析、相关性分析和聚类分析。

（一）相对评价算法

ECPI 2021 得分采用统一的 Z 分数（标准分数）方式，将各三级指标原始数据转换为 Z 分数，并根据各指标权重分配，加权求和，计算出二级指标和一级指标的 Z 分数，最后将 Z 分数转换为 T 分数，反映各省份整体生态文明建设发展状况。

1. 数据标准化

通过统一的 Z 分数（标准分数）处理方式，对三级指标原始数据进行无量纲化，以避免数据过度离散可能产生的误差。

具体依据各三级指标原始数据的平均值和标准差，将距离平均值 3 倍标准差以上的数据视为可疑数据，予以剔除。确保剩下的数据在 3 倍标准差以内（$-3<\partial<3$，分布在平均值上下 3 倍标准差以内的数据占整体数据的 99.73%）。

2. 特殊值处理

国家权威部门统一发布的数据中，个别省份部分年度存在数据缺失情况，

ECPI 评价中的处理办法是赋予其平均 Z 分数。如指标数据缺失，对应指标的 Z 分数直接赋予 3.5 分。

个别省份的部分指标原始数据出现极大或极小的情况，与其他省份不在一个数量等级，以致整个指标数据序列的离散度较大，由此计算出的标准差和平均值都可能失之偏颇。评价中为真实表现数据分布特性，平衡数据整体，在标准化时直接剔除这种极端值，将该指标高于平均值 3 倍标准差的省份直接赋予 6 分，低于平均值 3 倍标准差以下的省份直接赋予 1 分。

3. 评价指标体系的权重分配

在广泛征求专家意见基础上，经课题组反复讨论，ECPI 二级指标权重分配确定为，生态保护、环境改善、社会进步、协同发展权重均等，各占 25%。

三级指标权重的确定，利用了德尔菲法（Delphi Method）。选取 50 余位生态文明相关研究领域专家，发放加权专家咨询表，请专家独立判断各三级指标重要性，并分别赋予 5、4、3、2、1 的权重分，最后由课题组统计整理得出各三级指标的权重分与权重。本年度各级指标权重分配见表 2-2。

表 2-2　生态文明发展指数（ECPI 2021）评价体系指标权重

一级指标	二级指标	二级指标权重（%）	三级指标	三级指标权重（%）
生态文明发展指数（ECPI 2021）	生态保护	25	森林面积增长率	7.5000
			草原面积增长率	2.5000
			湿地资源增长率	3.7500
			自然保护区面积增长率	6.2500
			生态修复	5.0000
	环境改善	25	空气质量改善	3.9474
			地表水体质量改善	7.8947
			城市绿化建设	3.9474
			城乡环境治理	3.9474
			农业面源污染防治	5.2632
	社会进步	25	经济增长	5.9524
			产业结构优化	4.7619
			城镇化建设	2.3810
			城乡均衡发展	5.9524
			教育发展	3.5714
			医疗卫生与养老保障	2.3810

（续表）

一级指标	二级指标	二级指标权重（%）	三级指标	三级指标权重（%）
生态文明发展指数（ECPI 2021）	协同发展	25	能源消费优化	5.5556
			资源利用效率提升	5.5556
			水资源开发强度优化	3.7037
			环境污染治理投入	2.7778
			水体污染物排放效应优化	3.7037
			大气污染物排放效应优化	3.7037

4. 计算二级指标、一级指标 Z 分数

根据三级指标 Z 分数及相应权重，加权求和，即可计算出对应二级指标和一级指标的 Z 分数。

5. 计算 ECPI 及二级指标发展指数得分

二级指标与一级指标 Z 分数转换为 T 分数，$T=10\times Z+50$，T 分数即为相应二级指标发展指数与 ECPI 得分。Z 分数转换 T 分数的处理，可以消除负数，放大各省得分的差异，便于本研究后续的分析和理解。

（二）分析方法

为克服相对评价算法的不足，在评价结果基础之上，结合 2013—2014 年、2014—2015 年、2015—2016 年各三级指标原始数据，本书进行了等级分析、发展速度分析、进步率分析、相关性分析和聚类分析。

1. 等级分析

部分省份间 ECPI 或二级指标发展指数得分差距甚微，但排名却又分出高下。为缓和省份间差异，根据各省 ECPI 或二级指标发展指数得分的平均值和标准差，可将它们分为四个等级。其中，得分超过平均值以上 1 倍标准差的省份为第一等级；得分低于平均值 1 倍标准差以下的省份列第四等级；得分高于平均值，但不足 1 倍标准差的省份居第二等级；其余得分低于平均值，且相差未超过 1 倍标准差的省份，排在第三等级。

2. 发展速度分析

ECPI 是相对评价的结果，其得分反映各省整体发展速度的相对快慢，并未体现出实际发展水平究竟是进步还是下滑。而三级指标原始数据本身为变化率，反映年度间变化情况。根据三级指标原始数据，直接按照对应指标权重，进行加权求和，得到二级指标和总体生态文明建设发展速度，能够更确切地反映各地生态文明建设的推进情况。发展速度为正值，表明当地生态文明建设取得进步，反之则有退步。

3. 进步率分析

通过对 2015—2016 年和 2016—2017 年各地生态文明建设发展速度变化情况的分析,检验其发展是在加速、匀速还是减速,有利于探寻生态文明建设发展态势,进而发现影响生态文明建设的主要驱动因素。

三级指标发展速度进步率的计算方法为直接由后一年度发展速度减去前一年度发展速度。二级指标发展速度进步率则由对应各三级指标发展速度进步率加权求和得出。最终,二级指标发展速度进步率加权求和,可算出整体生态文明建设发展速度进步率。

计算结果,进步率为正值,表明生态文明在加速发展;进步率为负值,则表示生态文明建设发展速度回落。

4. 基于机器学习算法的驱动因素相关性分析

ECPI 是多指标综合评价的结果,评价体系的指标间相互影响、相互联系。为探寻影响生态文明建设发展速度的主要因素,明确未来生态文明建设的重点、难点,课题组选择机器学习中的随机森林模型。一方面,本模型克服了多年来生态文明建设评价体系中对影响指标人为主观赋予权重的方式,使得计算结果相较于之前更加客观;另一方面,生态文明建设过程中,环境与资源之间并不是简单的线性关系,其内部因素关系错综复杂,是生态环境中各个领域间多方联动的结果,因此需要将评价指标的一般性与特殊性相结合,力求做到整体的分析全面而清晰。

在机器学习的多类算法中,随机森林(random forest,RF)算法具有实现简单、精确高、拟合能力强的特点,面对本书所探究的非线性数据特性,具有很强的适用性。本书引入随机森林算法,通过构建随机森林模型对可能影响上述三类环境改善领域中的指标进行编程建模,在特征选择过程中得到影响特征指标重要程度的排名,以此分析自变量与因变量之间的关联程度。对于各类污染而言具有很多潜在的变化动因,从空气质量和水体质量改善程度入手,将省会城市空气质量达到及好于二级的天数比例增长率、主要河流Ⅰ~Ⅲ类水质河长比例增长率与主要河流劣Ⅴ类水质河长比例下降率指标分别作为因变量,以生态保护、环境改善、社会进步、协同发展四个领域下的 37 个指标作为自变量,利用机器学习中的随机森林算法,建模探究影响三项指标发展速度变化的关键变量。通过对变量间的相关性分析,把握现阶段生态文明建设的关键着力点,以此助力于我国生态文明建设弥补短板,促进生态文明整体均衡发展。

随机森林作为 Bagging 算法的一种,主要使用 CART 决策树作为学习器。随机森林克服了单一决策树过拟合的缺点,通过构建相互独立且随机的决策树森林,每棵决策树各自处理数据计算结果,整个过程采取随机抽取样本和随机属性选择以此保证决策树的多样性。在构建过程中,首先依据指标个数 N 有放回地随

机选择 N 次训练一个决策树，作为决策树根节点处的样本。其次，输入特征数目 n，作为确定决策树上一节点的决策结果，在取样 K 次后，形成一个训练集，用未抽到的样本作预测集，评估其误差；对于每一个节点，随机选择 n 个特征，每棵决策树上每个节点的决定都是基于这些特征确定的，根据这 n 个特征，计算其最佳的分裂方式。最后按照一定的规则输出结果。

单棵决策树在生成时都有其自己的特征值，因此在分支节点处所有的特征值中随机抽取特征值时依据最小信息化原则，根据各子节点的基尼不纯度的平均减小值来确定最优分类特征，以此生成没有约束的回归树模型。则假设单棵回归决策树树生长有 M 个节点，基尼指数为

$$G(X_i)=\sum_{j=1}^{J}P(X_i=L_i)[(1-P(X_i=L_j)]=1-\sum_{j}^{J}P(X_i=L_j)$$

上式中，$(X_i \cdot L_j)$ 为第 i 个样本对应的第 j 个特征值 $(i=1,2,\cdots,n;j=1,2,\cdots,o)$

第 m 个节点分支成最小，则最后节点处的基尼指数趋于最小化，此时将该特征值对应的基尼指数作为 m 节点处的确切基尼指数

$$|\ \mathrm{Gini}(m),v\ |=\min\{\mathrm{Gini}(s)\ |\ s\in m\}$$（v 为节点 m 的分支层数）

在随机森林模型中，常通过拟合优度（R^2）来衡量数据结果的拟合程度，其取值范围在 $-1\sim1$，数值越大拟合度越高。本书所构建的随机森林模型的拟合优度都正向趋近于 1，因此该模型具有较高的可信度，能够客观地度量各个相关因素之间的关联程度。

$$R^2=\frac{\sum_{i=1}^{n}(P_i-\bar{P})(O_i-\bar{O})}{\sqrt{\sum_{i=1}^{n}(P_i-\bar{P})^2}\sqrt{\sum_{i=1}^{n}(O_i-\bar{O})^2}}$$

其中，R^2 反映因变量能通过回归关系被自变量解释的比例，平均绝对误差（MAE）反映预测值误差的实际情况，R^2 的值越接近 1、MAE 的值越接近 0，说明预测模型拥有更好的拟合度。结果显示所构建的随机森林模型的拟合优度都正向趋近于 1，因此该模型具有较高的可信度，能够客观地度量各个相关因素之间的关联程度。

5. 聚类分析

各省份生态文明建设发展的类型分析，综合考虑了其发展速度与生态文明水平两个维度的情况。生态文明水平以生态文明指数 ECI 2021（Ecological Civilization Index 2021）作为分析依据和参照。其中，特征明显的省份，分为领跑型、追赶型、前滞型、后滞型四种类型，其余省份为中间型。

基于各省份生态文明建设发展速度和 ECI 2021 得分的平均值和标准差划分发展类型。以生态文明水平和发展速度的平均值为“基准线”，兼顾到处于中游的省份分布较为集中、差别小的现实情况，在“基准线”的上下左右两侧浮动各自的 0.2 倍标准差距离，其中区域为缓冲区，区域内的省份发展类型为中间型。其余省份，依据它们的生态文明水平和发展速度所处的位置，分别高于（或低于）平均值 0.2 倍标准差，划分领跑型、追赶型、前滞型、后滞型四种类型。

第三章　各省份生态文明建设发展类型分析

生态文明建设发展类型重点研究的是各省份生态文明的发展状况。各省份的生态文明发展状况与其基础水平密切相关,不可忽略各省份生态文明的基础水平孤立地谈发展。本章主要结合各省份生态文明的基础水平和发展速度,将31个省份分成了领跑型、追赶型、前滞型、后滞型和中间型五个类型。在划分类型的基础上,深入探讨各省份二级指标和三级指标的具体表现,分析各省份生态文明建设发展过程中取得的成绩和存在的问题,从而更有针对性地为各省份生态文明建设发展提供政策建议。

一、生态文明建设发展类型概况

生态文明建设发展类型是根据各省份生态文明建设的基础水平和发展指数的得分来进行划分的。生态文明建设的基础水平使用生态文明指数(ECI 2021)表示,生态文明发展指数使用2017年相对于2016年的总体进步率表示。表3-1为各省份生态文明建设的基础水平和发展指数得分、等级和类型,图3-1为各省份生态文明建设发展类型分布。

表3-1　各省份生态文明建设的基础水平和发展指数得分、等级和类型（单位:分）

省份	基础水平	基础水平等级分	发展指数	发展指数等级分	等级分组合	类型
江西	86.69	3	86.10	3	3-3	领跑型
青海	87.25	3	87.74	3	3-3	领跑型
四川	88.18	3	88.53	3	3-3	领跑型
西藏	88.32	3	88.26	3	3-3	领跑型
云南	86.39	3	87.17	3	3-3	领跑型
甘肃	82.04	1	86.01	3	1-3	追赶型
贵州	83.73	1	88.74	3	1-3	追赶型
河北	78.43	1	85.88	3	1-3	追赶型
河南	81.54	1	90.24	3	1-3	追赶型
湖北	84.59	1	88.20	3	1-3	追赶型
宁夏	80.04	1	86.74	3	1-3	追赶型
山东	83.38	1	88.31	3	1-3	追赶型

（单位：分）（续表）

省份	基础水平	基础水平等级分	发展指数	发展指数等级分	等级分组合	类型
新疆	83.41	1	86.35	3	1-3	追赶型
北京	88.95	3	83.56	1	3-1	前滞型
福建	87.78	3	83.80	1	3-1	前滞型
广东	88.62	3	83.39	1	3-1	前滞型
海南	86.53	3	83.52	1	3-1	前滞型
黑龙江	86.86	3	81.71	1	3-1	前滞型
内蒙古	87.21	3	81.87	1	3-1	前滞型
上海	89.34	3	84.25	1	3-1	前滞型
天津	87.34	3	82.78	1	3-1	前滞型
浙江	90.26	3	83.54	1	3-1	前滞型
重庆	88.62	3	83.82	1	3-1	前滞型
安徽	82.74	1	83.38	1	1-1	后滞型
广西	83.56	1	82.22	1	1-1	后滞型
陕西	81.02	1	84.13	1	1-1	后滞型
湖南	85.47	2	84.66	1	2-1	中间型
吉林	84.65	2	82.57	1	2-1	中间型
江苏	87.86	3	85.38	2	3-2	中间型
辽宁	83.91	1	84.83	2	1-2	中间型
山西	78.63	1	85.03	2	1-2	中间型

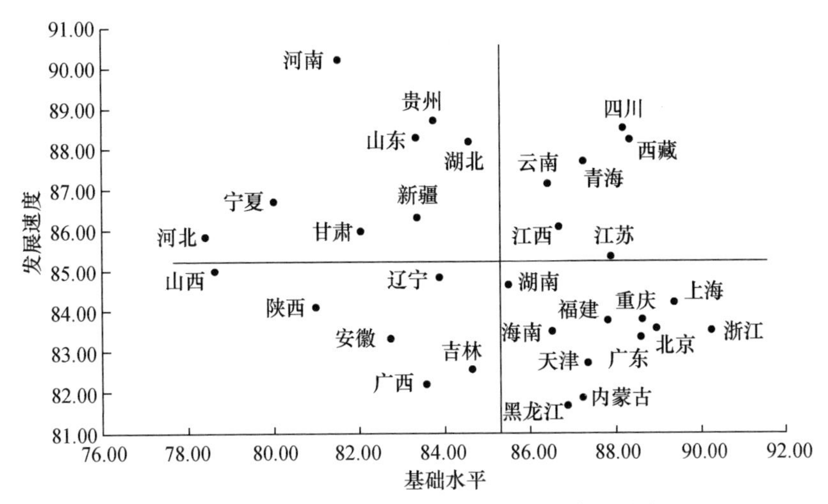

图 3-1　2017 年各省生态文明建设发展类型分布

由表 3-1 和图 3-1 可知，领跑型包括江西、青海、四川、西藏和云南 5 个省份；追赶型包括甘肃、贵州、河北、河南、湖北、宁夏、山东和新疆 8 个省份；前滞型包括北京、福建、广东、海南、黑龙江、内蒙古、上海、天津、浙江和重庆 10 个省份；后滞型包括安徽、广西和陕西 3 个省份；中间型包括湖南、吉林、江苏、辽宁和山西 5 个省份。

各省份生态文明建设发展类型具体划分规则和命名过程如下：

1. 计算分类所需的基础值

将各省的绿色生态文明指数、发展速度通过 Z 分数标准化，然后计算各自的平均值和标准差。

2. 确立分界线和划分等级

将各省生态文明建设的基础水平和发展速度的得分按照"平均值＋0.2 个标准差、平均值－0.2 个标准差"分为三个等级，即指标得分大于"平均值＋0.2 个标准差"的省份为第一等级，赋等级分 3 分；得分介于"平均值－0.2 个标准差"到"平均值＋0.2 个标准差"之间的省份为第二等级，赋等级分 2 分；得分在"平均值－0.2 个标准差"以下的省份为第三等级，赋等级分 1 分。由此，可以根据等级分的组合来确定各省份的发展类型。

3. 分类和命名

① 若某省份的生态文明建设的基础水平相对较好，发展速度相对较快，即基础水平和发展速度等级分均为 3 分，则该省份为领跑型省份。

② 若某省份的生态文明建设的基础水平相对较弱，但发展速度相对较快，即基础水平等级分为 1 分，发展速度等级分为 3 分，则该省份为追赶型省份。

③ 若某省份的生态文明建设基础水平相对较好，但发展速度相对较慢，即基础水平等级分为 3 分，发展速度等级分为 1 分，那么该省份为前滞型省份。

④ 若某省份的生态文明建设的基础水平和发展速度均较慢，即基础水平和发展速度的等级分均为 1 分，那么该省份为后滞型省份。

⑤ 若某省份的基础水平和总体发展速度特征不太明确，但只要基础水平和发展速度有一个等级分为 2 分，则该省份被命名为中间型省份。

二、领跑型省份的生态文明进展

江西、青海、四川、西藏和云南 5 个省份的生态文明基础水平和发展速度等级分均为 3 分，说明这 5 个省份的生态文明基础相对较好，发展也较快，所以被称为领跑型省份。领跑型省份生态文明建设发展的基本情况见表 3-2。

表 3-2 领跑型省份生态文明建设发展的基本情况 (单位:分)

领跑型省份	生态保护	环境改善	社会进步	协同发展	总体发展速度	基础水平
江西	83.75	85.26	84.33	91.06	86.10	86.69
青海	84.25	87.11	87.22	92.40	87.74	87.25
四川	86.25	86.32	91.39	90.16	88.53	88.18
西藏	77.92	88.16	92.74	94.23	88.26	88.32
云南	85.58	83.42	88.89	90.79	87.17	86.39
类型平均值	83.55	86.05	88.91	91.73	87.56	87.37
全国平均值	84.87	85.68	85.01	85.44	85.25	85.27

分析生态文明进展的各二级指标发现,本类型 5 省份的协同发展和总体发展速度远远超过全国平均水平,尤其是资源的高效利用和节约方面远超全国平均值,但生态保护和环境改善方面的进展有些低于全国平均值(见表 3-2)。下面分析本类型各省的具体情况(见表 3-3)。

四川的生态文明建设基础水平较高,总体发展速度也较快,4 个二级指标都超过全国平均水平,尤其在社会进步和协同发展方面远超全国平均水平,表现较好。环境改善领域中,空气质量有了明显提高,矿山环境恢复明显改善,水污染治理得到加强,各类水体、气体和土壤污染物的排放得到了明显改善。同时生态保护的三级指标中,2021 年造林、种草面积相比 2020 年增加较快,建成区绿化覆盖率和自然保护区面积增长率相较 2020 年的负增长,2021 年也出现了缓慢增加的趋势。

云南在社会进步和协同发展方面远超全国平均水平,人均地区生产总值增长率达到 10.06%,人均教育经费增长率达到 12.99%。在生态保护方面,三级指标中造林、种草面积提高的比例相对 2020 年有所增加。环境改善方面略有不足,空气污染、水污染、固体废弃物污染治理力度得到加强,农药化肥的使用强度有所提高,固体废弃物的利用率下降了 23.35%。表明云南地区的环境改善方面有待加强,应减少农药化肥的使用,提高资源的循环利用能力。

江西省的生态文明建设基础水平较高,发展速度较之前也得到了显著的提升。四个二级指标中协同发展远超全国平均水平,城市水资源重复利用率增长率达到了 34.42%,资源能源的节约利用率也得到了一定的提高。同时也要看到江西省的生态保护和社会进步方面相对薄弱,低于全国平均水平。自然保护区面积略有减少,中小学师生比例下降,教育经费投入不足,并且存在一定的资源过度开发问题。

青海的几个二级指标的表现参差不齐。环境改善、社会进步和协同发展方面远超全国平均水平,在基础设施建设和资源的节约利用方面明显改善。但生态保护方面略低于全国平均值,化学需氧量排放变化效应达到 6.78%,主要河流劣V

类水质河长比例下降率为－26.67%，能够看到青海的水体环境退化比较严重，作为长江和黄河的源头，对整个下游地区会产生严重的影响。

西藏的几个二级指标的表现差异明显。在环境改善、社会进步和协同发展方面的推进明显远超全国平均水平，但是生态保护方面的进展远远低于全国平均水平。城市绿化建设不足，人均公园绿地面积增长率为－25.38%，水体环境质量略退化，主要河流Ⅰ～Ⅲ类水质河长比例增长率为－4.00%。同时二氧化硫排放变化效应为32.86%，氮氧化物排放变化效应为41.43%，烟(粉)尘排放变化效应54.98%，增加比率均排在全国第一、第二位。这些大气和水体主要污染物也导致了空气质量的退化，由于西藏的环境容量较大，地表水体质量还没受到明显影响，但若主要污染物排放持续增加，西藏地区环境质量必将下滑。

表 3-3 2017年领跑型省份生态文明建设发展具体指标评价结果 (单位:%)

指标领域	具体指标	江西	青海	四川	云南	西藏
生态保护	森林面积增长率	2.82	4.89	3.86	2.02	0.56
	草原面积增长率	2.38	0.84	3.00	2.13	0.03
	湿地资源增长率	0.00	0.00	0.00	0.00	0.00
	自然保护区面积增长率	－0.16	0.00	0.02	－0.03	0.01
	新增水土流失治理率	3.37	0.64	3.22	3.45	0.85
	本年矿山环境恢复治理率	4.71	0.62	7.18	3.20	2.78
环境改善	省会城市空气质量达到及好于二级的天数比例增长率	－5.40	8.78	10.11	－0.28	15.65
	主要河流Ⅰ～Ⅲ类水质河长比例增长率	0.84	0.10	1.89	0.45	－4.00
	主要河流劣Ⅴ类水质河长比例下降率	—	－26.67	－21.43	16.36	0.00
	建成区绿化覆盖率增长率	3.64	4.60	0.25	2.72	6.81
	人均公园绿地面积增长率	2.40	3.71	0.08	1.50	－25.38
	城市污水集中处理率增长率	6.36	16.26	2.92	1.73	2.94
	城市生活垃圾无害化率增长率	2.73	－1.56	－0.06	－0.24	4.68
	农村卫生厕所普及增长率	5.39	0.00	3.09	13.43	29.46
	单位农作物播种面积化肥施用量下降率	6.24	－0.04	1.27	－3.87	4.95
	单位农作物播种面积农药施用量下降率	6.14	2.25	2.40	－3.84	－0.12

（单位：%）（续表）

指标领域	具体指标	江西	青海	四川	云南	西藏
社会进步	人均地区生产总值增长率	7.49	1.19	11.62	10.06	11.60
	第三产业产值占地区 GDP 比例增长率	1.73	8.92	5.28	2.47	−2.31
	城镇人口占总人口比例增长率	2.82	2.79	3.21	3.69	4.50
	居民人均可支配收入增长率	9.56	9.82	9.42	9.74	13.33
	城乡居民人均可支配收入比下降率	0.27	0.18	0.64	0.92	2.89
	人均教育经费增长率	6.94	3.51	6.63	12.99	−5.27
	初中师生比下降率	4.82	−0.43	0.30	−1.96	3.62
	小学师生比下降率	−3.54	−1.85	−2.94	−0.47	6.87
	每千人口医疗卫生机构床位数增长率	11.21	9.36	8.00	7.71	9.41
	每千老年人口养老床位数增长率	−3.16	−15.12	0.21	−11.90	21.64
协同发展	单位地区生产总值能源消费量下降率	4.17	2.55	8.82	7.09	—
	煤炭消费量下降率	−1.89	10.98	11.43	3.35	—
	单位地区生产总值用水量下降率	6.55	4.22	10.57	5.85	11.32
	耕地节水灌溉比例增长率	3.62	−14.97	1.68	6.80	30.83
	城市水资源重复利用率增长率	34.42	26.65	11.98	−1.26	—
	工业固体废物综合利用率增长率	−3.97	10.20	1.35	−23.35	−37.21
	水资源开发强度优化	−35.62	23.79	4.72	1.12	1.32
	环境污染治理投资占 GDP 比例	1.52	1.55	0.83	0.86	2.07
	化学需氧量排放变化效应优化	1.67	6.78	0.03	1.17	2.13
	氨氮排放变化效应优化	1.19	4.00	0.11	0.49	0.77
	二氧化硫排放变化效应优化	1.25	0.96	0.57	19.67	32.86
	氮氧化物排放变化效应优化	0.85	1.19	−0.04	29.09	41.43
	烟(粉)尘排放变化效应优化	0.90	0.66	0.50	6.92	54.98

三、追赶型省份的生态文明进展

甘肃、贵州、河北、河南、湖北、宁夏、山东和新疆 8 个省份的生态文明建设基础水平与其他各省相比较弱但是发展速度相对较快，称为追赶型省份。追赶型省份生态文明的发展情况见表 3-4。

表 3-4　追赶型省份生态文明建设发展的基本情况　（单位：%）

追赶型省份	生态保护	环境改善	社会进步	协同发展	总体发展速度	基础水平
甘肃	81.42	90.79	84.92	86.91	86.01	82.04
贵州	90.42	85.79	92.38	86.37	88.74	83.73
河北	89.08	87.11	87.10	80.23	85.88	78.43
河南	88.75	93.42	88.02	90.78	90.24	81.54
湖北	91.92	90.79	88.73	81.38	88.20	84.59
宁夏	97.25	82.37	82.50	84.83	86.74	80.04
山东	95.58	87.63	83.25	86.79	88.31	83.38
新疆	82.58	85.53	84.13	93.17	86.35	83.41
类型平均值	89.63	87.93	86.38	86.31	87.56	82.15
全国平均值	84.87	85.68	85.01	85.44	85.25	85.27

下面分析本类型各省份的具体情况（见表 3-5）。

甘肃的生态文明建设基础较为落后，全国排名第 26。四个二级指标中，环境改善明显高于全国平均值，协同发展略高于全国平均值，社会进步略低于全国平均值，生态保护明显低于全国平均值。甘肃地处黄土高原，干旱少雨，对水的需求量较大，政府重视环境的改善以及资源的节约利用，水资源开发强度下降了 30.88%，城市生活垃圾无害化率增长率达到了 35.24%，单位农作物播种面积农药施用量下降率达到了 15.68%，大大提高了环境质量。但是我们也要看到，甘肃省的工业固体废物综合利用率增长率为－10.90%，工业废物的循环再利用措施仍然相对不足，需要加强。

贵州的生态文明建设基础较为落后，全国排名第 21。四个二级指标中，生态保护和社会进步明显高于全国平均值，环境改善和协同发展略高于全国平均值。在生态保护领域中，当年新增造林面积占森林面积的比例达到了 10.38%，当年新增种草面积占草原总面积的比例达到了 3.07%，人均公园绿地面积增长率达到了 1.80%。在社会进步领域中，人均地区生产总值增长率达到了 14.17%，人均教育经费增长率达到了 10.60%，每千人口医疗卫生机构床位数增长率达到了 10.03%。在协同发展领域中，城市水资源重复利用率增长率为－21.54%，工业固体废物综合利用率增长率为－4.83%，水资源开发强度下降率为－4.62%，显示出贵州在资源和能源的利用优化和节约增效方面提升较慢，需要进一步改善。

河北的生态文明建设水平相对落后，全国排名最后一位。四个二级指标中，协同发展领域明显低于全国平均值，生态保护、环境改善和社会进步三个领域高于全国平均值。与上一年度相较，河北省在生态保护方面着实提升，造林面积显著增加，新增造林面积占森林面积的比例达到了 10.95%，新增种草面积占草原总面积的比例为 2.43%。并且重视生态系统的修复，加大对水土流失、大气污染、矿山环境等的治理力度，效果明显。但是要注意的是，河北城市水资源重复利用率增长率达到了－41.87%，水资源开发强度下降率达到了－49.79%，这都显示出该地区对水资源的总量消耗及合理利用上欠缺有效措施，造成了水资源使用的大幅增长，仍需要不断努力和改善。

河南的生态文明建设基础较为落后，全国排名第27。四个二级指标均明显高于全国平均值，相比去年都有明显的提高。在生态保护领域中，造林、种草持续增加，人均公园绿地面积增长率达到了15.05%。在环境改善领域中，水体环境得到明显改善，主要河流Ⅰ～Ⅲ类水质河长比例增长率达到了18.48%，主要河流劣Ⅴ类水质河长比例下降率达到了34.47%。但是农村卫生厕所普及增长率为－5.78%，作为人口大省，农村环境问题较为突出，需要加大乡村建设力度，努力改善人居环境。

湖北的生态文明建设基础处于中下游水平，全国排名第19。四个二级指标中，协同发展领域明显低于全国平均水平，生态保护、环境改善和社会进步领域明显高于全国平均水平。在生态保护方面，造林、种草面积持续增加，水土流失和矿山环境的治理力度持续加大。在环境改善领域中，省会城市空气质量达到及好于二级的天数比例增长率为7.89%，主要河流Ⅰ～Ⅲ类水质河长比例增长率为5.09%，主要河流劣Ⅴ类水质河长比例下降率更是达到了22.64%，环境改善明显加强。但是，湖北城市水资源重复利用率增长率为－4.88%，水资源开发强度下降率为－23.49%，说明该地区对水资源的总量消耗及合理利用上欠缺有效措施，造成了水资源使用的大幅增长和浪费，同样需要不断努力和改善。

宁夏的生态文明建设基础较为落后，全国排名第29。四个二级指标中，生态保护领域远高于全国平均水平，排名第一，环境改善、社会进步和协同发展略低于全国平均水平。在生态保护领域，当年新增造林面积占森林面积的比例和当年新增种草面积占草原总面积的比例分别达到了12.66%和4.86%。并且本年度加大了矿山环境的治理力度，恢复治理率达到了37.01%，相比去年生态保护领域低于全国平均水平，今年实现跨越式的发展。但是在发展的同时同样存在资源的浪费，煤炭消费量下降率为－27.62%，工业固体废物综合利用率增长率为－25.10%，缺乏科学有效的措施提高节能减排。同时，单位农作物播种面积化肥施用量下降率为－12.81%，单位农作物播种面积农药施用量下降率为－10.55%，食品安全也成为严重的问题，需要重点关注和改善。

山东的生态文明建设基础较为落后，全国排名第24。四个二级指标中，生态保护领域远远高于全国平均水平，排名第二，环境改善和协同发展领域略高于全国平均水平，社会进步略低于全国平均水平。在生态保护领域，造林、种草相比2020年比例明显增加，尤其重视黄河水系的治理，主要河流劣Ⅴ类水质河长比例下降率达到了26.72%,效果显著。工业固体废物综合利用率增长率显示负增长,说明在资源节约和循环利用方面的意识不强,措施不到位。山东在发展经济的同时,应用节能减排的方法营造环境容量和提高环境承载能力,为进一步可持续发展打下坚实基础。

新疆的生态文明建设基础较为落后,全国排名23。四个二级指标中,协同发展领域远远高于全国平均水平,生态保护、环境改善和社会进步领域都低于全国平均水平。在环境改善领域,主要河流劣Ⅴ类水质河长比例下降率达到了−66.67%,水体环境污染加剧严重,化学需氧量排放变化效应为11.15%,氨氮排放变化效应为6.64%,表明大气和水体的污染物排放治理力度增强。总体而言,由于新疆地处大陆深处,大部分地区干旱少雨,生产方式应该是利用成熟科技进行精耕细作,严防水土和环境污染,而不是走粗放式发展的道路,致使原本脆弱的环境再增负担。

表3-5 追赶型省份生态文明建设发展具体指标评价结果 (单位:%)

指标领域	具体指标	甘肃	贵州	河北	河南	湖北	宁夏	山东	新疆
生态保护	森林面积增长率	6.41	10.38	10.95	5.04	5.62	12.66	5.59	4.04
	草原面积增长率	3.94	3.07	2.43	1.59	1.03	4.86	9.01	1.04
	湿地资源增长率	0.00	0.00	0.00	0.00	0.00	0.00	0.00	0.00
	自然保护区面积增长率	−0.49	−0.15	−0.08	0.23	0.35	0.00	1.59	0.00
	新增水土流失治理率	2.78	3.54	3.42	2.96	2.21	2.25	4.30	0.16
	本年矿山环境恢复治理率	5.93	9.43	2.81	2.73	6.61	37.01	3.13	7.20
环境改善	省会城市空气质量达到及好于二级的天数比例增长率	−4.27	−0.59	−11.97	4.69	7.89	−7.68	8.03	−1.76
	主要河流Ⅰ～Ⅲ类水质河长比例增长率	5.46	1.48	17.29	18.48	5.09	6.02	4.08	2.07
	主要河流劣Ⅴ类水质河长比例下降率	20.63	37.88	6.05	34.47	22.64	1.21	26.72	−66.67
	建成区绿化覆盖率增长率	5.65	0.57	2.38	0.28	2.21	−0.05	−0.40	3.82
	人均公园绿地面积增长率	6.67	1.80	1.47	15.05	0.09	4.75	−0.39	8.27
	城市污水集中处理率增长率	1.15	0.20	3.42	1.63	0.08	18.06	0.57	4.68
	城市生活垃圾无害化率增长率	35.24	0.60	2.02	0.91	4.27	0.81	0.00	6.33
	农村卫生厕所普及增长率	2.11	11.21	0.14	−5.78	0.36	8.47	0.22	1.55
	单位农作物播种面积化肥施用量下降率	−2.54	8.75	−0.93	2.91	4.43	−12.81	4.78	0.12
	单位农作物播种面积农药施用量下降率	15.68	3.12	1.18	6.71	7.98	−10.55	6.51	0.06

（单位：%）（续表）

指标领域	具体指标	甘肃	贵州	河北	河南	湖北	宁夏	山东	新疆
社会进步	人均地区生产总值增长率	3.09	14.17	5.40	9.63	8.15	7.57	5.93	10.79
	第三产业产值占地区GDP比例增长率	5.31	0.52	6.45	3.72	5.90	3.13	2.82	1.82
	城镇人口占总人口比例增长率	3.80	4.24	3.17	3.42	2.07	3.00	2.64	2.13
	居民人均可支配收入增长率	9.14	10.47	8.92	9.36	9.04	9.18	9.09	8.83
	城乡居民人均可支配收入比下降率	0.23	0.81	−0.06	0.19	0.02	0.42	0.16	0.32
	人均教育经费增长率	8.88	10.60	9.77	7.97	13.12	4.45	7.59	7.94
	初中师生比下降率	−0.69	−3.71	1.97	−1.14	4.95	−0.54	1.20	−0.46
	小学师生比下降率	1.25	−0.07	−1.39	−2.38	1.76	−0.63	−0.69	1.04
	每千人口医疗卫生机构床位数增长率	8.47	10.03	8.86	6.88	4.03	8.53	7.46	4.74
	每千老年人口养老床位数增长率	−5.79	−0.20	−6.69	−4.58	−3.60	−28.66	−12.31	−10.97
协同发展	单位地区生产总值能源消费量下降率	5.91	10.59	4.44	9.33	5.43	4.81	4.43	7.64
	煤炭消费量下降率	0.26	1.71	2.45	2.40	−0.78	−27.62	6.78	−7.29
	单位地区生产总值用水量下降率	5.35	10.25	6.24	6.69	5.22	6.28	8.32	13.38
	耕地节水灌溉比例增长率	3.49	0.47	2.67	4.19	8.42	9.21	4.77	3.32
	城市水资源重复利用率增长率	−1.43	−21.54	−41.87	0.19	−4.88	0.93	0.64	0.00
	工业固体废物综合利用率增长率	−10.90	−4.83	3.14	0.00	3.09	−25.10	−5.67	−6.04
	水资源开发强度优化	30.88	−4.62	−49.79	18.11	−23.49	9.47	4.40	−4.86
	环境污染治理投资占GDP比例	1.16	1.60	1.68	1.43	1.19	2.44	1.31	3.53
	化学需氧量排放变化效应优化	1.06	−0.59	−0.37	0.17	0.01	0.26	0.03	11.15
	氨氮排放变化效应优化	0.81	−0.98	−0.32	0.10	−0.57	0.48	−0.05	6.64
	二氧化硫排放变化效应优化	0.13	−1.27	0.40	0.56	0.76	0.34	0.69	0.38
	氮氧化物排放变化效应优化	0.48	0.98	0.11	0.33	0.12	0.50	0.11	1.04
	烟（粉）尘排放变化效应优化	0.05	0.74	0.61	0.88	1.06	0.18	0.74	−0.29

四、前滞型省份的生态文明进展

北京、福建、广东、海南、黑龙江、内蒙古、上海、天津、浙江、重庆 10 个省份的生态文明基础水平明显高于基础水平的上分界线，发展速度明显小于发展发展速度的下分界线，说明这 10 个省份的生态文明基础水平相对较好，但是发展却较为缓慢，称为前滞型省份。前滞型省份的生态文明建设发展情况见表 3-6。

表 3-6　前滞型省份生态文明建设发展的基本情况　（单位：分）

前滞型省份	生态保护	环境改善	社会进步	协同发展	总体发展速度	基础水平
北京	81.08	83.16	80.08	89.91	83.56	88.95
福建	87.25	77.11	86.75	84.09	83.80	87.78
广东	87.25	77.63	86.03	82.63	83.39	88.62
海南	83.25	82.63	89.05	79.15	83.52	86.53
黑龙江	76.92	92.89	75.71	81.31	81.71	86.86
内蒙古	84.25	80.26	80.95	82.03	81.87	87.21
上海	83.58	90.53	81.51	81.39	84.25	89.34
天津	81.75	94.21	75.63	79.52	82.78	87.34
浙江	77.92	83.95	87.62	84.69	83.54	90.26
重庆	79.42	80.79	87.58	87.48	83.82	88.62
类型平均值	82.27	84.32	83.09	83.22	83.22	88.15
全国平均值	84.87	85.68	85.01	85.44	85.25	85.27

下面分析本类型各省份的具体情况（见表 3-7）。

北京的生态文明建设基础较好，全国排名第 3。四个二级指标中，协同发展领域明显高于全国平均水平，生态保护、环境改善和社会进步领域低于全国平均水平。在协同发展领域中，煤炭消费量下降率达到了 42.14%，单位地区生产总值用水量下降率 6.72%，耕地节水灌溉比例增长率为 14.50%，由于北京非首都功能疏解，大批企业外迁，能源的消耗大量减少。在生态保护领域，森林生态建设和生态系统修复方面有所提升，当年新增造林面积占森林面积的比例为 6.86%，新增水土流失治理率为 8.52%。环境改善方面也有所提高，省会城市空气质量达到及好于二级的天数比例增长率为 14.45%，主要河流劣Ⅴ类水质河长比例下降率 24.32%，城市污水集中处理率增长率为 7.96%，空气质量和水体环境得到明显改善，雾霾天气明显减少。但是北京的土壤生态安全，化肥、农药施用的面源污染等问题依然需要重视，单位农作物播种面积化肥施用量下降率为 －10.85%，单位农作物播种面积农药施用量下降率为－12.56%。另外北京的工业固体废物综合利用率增长率为－14.14%，水资源开发强度下降率为 －19.91%，表明在节能减排方面还需要继续提升。

福建的生态文明建设基础较好，全国排名第9。四个二级指标中，生态保护和社会进步领域略高于全国平均水平，协同发展领域略低于全国平均水平，环境改善领域远远低于全国平均水平。环境改善领域中，单位农作物播种面积化肥施用量下降率为－41.09％，单位农作物播种面积农药施用量下降率为－41.48％，农药化肥施用强度增大，对土壤质量、农田生态环境、食品安全等带来压力。另外该地区煤炭消费量下降率为－10.50％，工业固体废物综合利用率增长率为－10.28％，水资源开发强度下降率更是达到了－102.86％，对于资源的节约循环利用需要采取更科学有效的措施。二氧化硫排放变化效应和(粉)尘排放变化效应分别为6.67％和6.49％，显示大气污染物控制力度有所增加，但其他水体和气体污染物排放优化效应指标对应的工作领域建设力度仍有待加强。总之，福建的生态文明建设水平基础虽好，但是未来发展应该注意通过节能减排手段持续提高环境容量，在环境承载力内进行生产活动。

广东的生态文明建设基础较好，全国排名第4。四个二级指标同福建类似，生态保护和社会进步领域高于全国平均水平，协同发展领域低于全国平均水平，环境改善领域远远低于全国平均水平。生态保护领域中，造林面积有所增加，水土流失和矿山环境的治理都得到了进一步的提高。协同发展领域中，煤炭消费量下降率为－6.43％，城市水资源重复利用率增长率为－14.36％，工业固体废物综合利用率增长率为－4.19％，水资源开发强度下降率为－37.14％，资源的消耗增加，节约循环利用效率不高，需要进一步采取科学措施提高节能减排的能力。环境改善领域中，主要河流Ⅰ～Ⅲ类水质河长比例增长率为－4.57％，主要河流劣Ⅴ类水质河长比例下降率为－5.62％，表明水体质量正在退化。单位农作物播种面积化肥施用量下降率为－13.08％，单位农作物播种面积农药施用量下降率为－13.57％，农业面源污染和食品安全问题需要重点关注。

海南的生态文明建设基础处于中等水平，全国排名第15。四个二级指标中，除社会进步领域高于全国平均水平外，生态保护、环境改善和协同发展领域都低于全国平均水平。相较上一年度，海南的水体质量得到了一定的改善，但是土壤面源污染和食品安全问题依然需要重视，单位农作物播种面积化肥施用量下降率为－17.73％，单位农作物播种面积农药施用量下降率为－13.93％。煤炭消费量下降率为－8.28％，城市水资源重复利用率增长率为－94.47％，工业固体废物综合利用率增长率为－33.36％，水资源开发强度下降率为－29.31％，在节能减排方面还需要进一步加强，不要走“先污染后治理”的老路。

黑龙江的生态文明建设基础相对较好，全国排名第13。四个二级指标中，环境改善领域远远高于全国平均水平，生态保护、社会进步和协同发展领域都低于全国平均水平。在环境改善领域，水体环境治理效果明显，主要河流Ⅰ～Ⅲ类水质河长比例增长率为 11.87%，主要河流劣Ⅴ类水质河长比例下降率为 58.00%，城市污水集中处理率增长率为 16.33%，单位农作物播种面积化肥施用量下降率和单位农作物播种面积农药施用量下降率分别达到了 16.37%和 15.09%。在协同发展领域，城市水资源重复利用率增长率为－23.69%，工业固体废物综合利用率增长率为－13.44%，水资源开发强度下降率为－13.79%。黑龙江地处松嫩平原，各类资源丰富，但是资源并非取之不竭，开发要适度。传统工业相对发达，但是现阶段发展停滞不前，除了人力资源缺乏外，还需要大力发展绿色经济。

内蒙古的生态文明建设基础相对较好，全国排名第 12。四个二级指标均低于全国平均水平。在生态保护领域，森林面积和草原面积略有增长，本年矿山环境恢复治理率为 7.73%。在环境改善领域，水体质量恶化比较严重，主要河流劣Ⅴ类水质河长比例下降率达到了－116.28%，对水体环境的治理需要有一套可持续的措施。单位地区生产总值能源消费量下降率为－15.78%，单位地区生产总值用水量下降率为－11.26%，工业固体废物综合利用率增长率为－18.73%，水资源开发强度下降率为－35.96%，说明该地区的能耗效率提高仍有待时日，同时水资源的使用一直居高不下。

上海的生态文明建设基础较好，全国排名第 2。四个二级指标中，环境改善领域明显高于全国平均水平，生态保护、社会进步和协同发展领域略低于全国平均水平。在环境改善领域，主要河流Ⅰ～Ⅲ类水质河长比例增长率为 10.31%，主要河流劣Ⅴ类水质河长比例下降率为 92.11%，水体环境质量改善效果显著。在生态保护领域中，森林面积和城市绿地面积有所增加，矿山环境得到治理。在协同发展领域中，水资源开发强度下降率达到了－79.41%，对水资源的消耗增加显著。二氧化硫排放变化效应和烟(粉)尘排放变化效应分别为 3.04%和 1.65%，治理效果有所呈现，仍需要继续努力改善。上海作为一个经济发达的城市，能够利用先进的科技搞好生态文明建设，这显示出生态文明基础薄弱的地方依然是可以大有发展的，做到以人为本，绿色发展。

天津的生态文明建设基础相对较好，全国排名第 10。四个二级指标中，环境改善领域远远高于全国平均水平，生态保护、社会进步和协同发展领域低于全国平均水平。在环境改善领域中，空气和地表水体质量改善明显，主要河流Ⅰ～Ⅲ类水质河长比例增长率达到 115.15%，主要河流劣Ⅴ类水质河长比例下降率达到 16.88%。单位农作物播种面积化肥施用量下降率为 8.07%，单位农作物播种面积农药施用量下降率为 22.43%，发展势头明显。生态保护领域也较上年进步明显，当年新增造林面积占森林面积的比例为 10.95%，人均公园绿地面积增长率为 33.62%。协同发展领域中，水资源开发强度增加，城市水资源开发强度下降率为

－46.99%，需要进一步调整资源、能源利用结构。

浙江的生态文明建设基础非常好，全国排名第1。四个二级指标中，社会进步领域略高于全国平均水平，生态保护、环境改善和协同发展领域低于全国平均水平。环境改善领域中，水体质量得到明显改善，主要河流Ⅰ～Ⅲ类水质河长比例增长率为7.77%，主要河流劣Ⅴ类水质河长比例下降率为100.00%。单位农作物播种面积化肥施用量下降率为－12.30%，单位农作物播种面积农药施用量下降率为－7.43%，农药化肥的施用量强度增加。水资源开发强度下降率为－46.50%，对水资源的使用大幅增加，需要在资源节约、能耗降低方面下功夫。

表3-7　前滞型省份生态文明建设发展具体指标评价结果　（单位：%）

指标领域	具体指标	北京	福建	广东	海南	黑龙江	内蒙古	上海	天津	浙江	重庆
生态保护	森林面积增长率	6.86	2.92	2.99	0.69	0.50	2.74	3.94	10.95	0.73	7.21
	草原面积增长率	0.00	1.01	0.73	0.25	2.40	2.27	0.00	1.78	0.00	1.82
	湿地资源增长率	0.00	0.00	0.00	0.00	0.00	0.00	0.00	0.00	0.00	0.00
	自然保护区面积增长率	－0.54	0.02	0.01	0.00	－0.28	0.00	0.00	－0.55	0.00	－3.03
	新增水土流失治理率	8.52	6.34	7.06	27.89	3.45	0.81	—	0.98	1.28	3.60
	本年矿山环境恢复治理率	0.65	8.98	3.89	2.43	0.00	7.73	5.36	8.44	4.22	0.17
环境改善	省会城市空气质量达到及好于二级的天数比例增长率	14.45	－3.06	－4.90	－2.23	－3.64	－9.65	－0.09	－7.27	4.52	－3.89
	主要河流Ⅰ～Ⅲ类水质河长比例增长率	－0.37	－3.03	－4.57	2.72	11.87	－1.28	10.31	115.15	7.77	0.00
	主要河流劣Ⅴ类水质河长比例下降率	24.32	36.84	－5.62	—	58.00	－116.28	92.11	16.88	100.00	—
	建成区绿化覆盖率增长率	0.04	0.85	2.55	－0.60	0.28	0.93	1.30	－1.02	－1.61	－1.08
	人均公园绿地面积增长率	1.19	8.03	2.07	1.16	－1.09	－0.56	4.60	33.62	1.14	1.13
	城市污水集中处理率增长率	7.96	－1.14	0.67	9.60	16.33	1.23	0.25	0.44	0.96	－0.74
	城市生活垃圾无害化率增长率	0.04	0.95	1.83	0.04	2.62	0.55	0.00	0.29	0.02	－0.56
	农村卫生厕所普及增长率	－1.70	1.17	1.81	8.15	－10.07	9.10	0.10	－1.27	0.31	－2.50
	单位农作物播种面积化肥施用量下降率	－10.85	－41.09	－13.08	－17.73	16.37	11.97	－0.44	8.07	－12.30	－7.04
	单位农作物播种面积农药施用量下降率	－12.56	－41.48	－13.57	－13.93	15.09	3.21	6.89	22.43	－7.43	－6.98

（单位：%）（续表）

指标领域	具体指标	北京	福建	广东	海南	黑龙江	内蒙古	上海	天津	浙江	重庆
社会进步	人均地区生产总值增长率	9.13	10.67	9.34	9.21	3.67	−11.52	8.64	3.38	8.41	8.44
	第三产业产值占地区GDP比例增长率	0.40	5.89	3.07	3.40	3.29	14.18	−0.86	3.04	4.58	2.30
	城镇人口占总人口比例增长率	0.00	1.89	0.94	2.22	0.34	1.36	−0.23	0.00	1.49	2.36
	居民人均可支配收入增长率	8.95	8.84	8.94	9.20	6.89	8.64	8.62	8.65	9.13	9.62
	城乡居民人均可支配收入比下降率	−0.28	0.56	0.00	0.58	0.37	0.21	0.49	−0.16	0.57	0.65
	人均教育经费增长率	6.71	3.50	9.00	8.47	4.56	7.43	10.52	−5.21	6.64	10.05
	初中师生比下降率	−3.66	3.97	0.91	2.69	0.87	0.09	−3.52	1.36	1.30	1.32
	小学师生比下降率	−3.49	1.01	−0.29	0.51	−0.25	−1.26	−3.08	−0.86	−2.85	−1.73
	每千人口医疗卫生机构床位数增长率	3.19	3.37	4.18	3.03	10.15	7.58	4.30	4.25	6.88	7.19
	每千老年人口养老床位数增长率	3.55	14.84	19.11	1.34	0.13	−10.54	−3.65	−2.69	1.36	−13.24
协同发展	单位地区生产总值能源消费量下降率	6.92	9.17	6.59	5.98	2.02	−15.78	5.38	3.76	5.63	5.91
	煤炭消费量下降率	42.14	−10.50	−6.43	−8.28	−3.10	−5.24	1.03	8.38	−2.25	0.49
	单位地区生产总值用水量下降率	6.72	9.10	10.18	7.96	3.11	−11.26	8.01	2.52	9.53	8.79
	耕地节水灌溉比例增长率	14.50	5.49	8.02	4.47	3.91	4.68	0.19	3.47	1.55	6.11
	城市水资源重复利用率增长率	—	29.40	−14.36	−94.47	−23.69	1.24	—	0.11	3.87	−3.19
	工业固体废物综合利用率增长率	−14.14	−10.28	−4.19	−33.36	−13.44	−18.73	−1.75	−0.12	1.66	−10.48
	水资源开发强度优化	−19.91	−102.86	−37.14	−29.31	−13.79	−35.96	−79.41	−46.99	−46.50	7.92
	环境污染治理投资占GDP比例	2.38	0.69	0.41	1.21	0.81	2.61	0.53	0.38	0.87	1.14
	化学需氧量排放变化效应优化	0.32	−0.08	−0.17	−1.63	0.61	0.38	0.09	0.12	0.55	—
	氨氮排放变化效应优化	−0.21	−0.10	0.19	0.79	0.52	0.36	0.09	0.11	0.51	—
	二氧化硫排放变化效应优化	1.04	6.67	1.12	4.45	0.51	0.42	3.04	0.50	1.13	0.50
	氮氧化物排放变化效应优化	−1.32	−1.34	0.08	0.85	0.94	0.72	−0.67	0.04	−0.53	0.26
	烟(粉)尘排放变化效应优化	1.07	6.49	0.38	−0.24	0.39	0.35	1.65	0.39	0.62	0.54

重庆的生态文明建设基础较好，全国排名第4。四个二级指标中，社会进步和协同发展领域略高于全国平均水平，生态保护和环境改善低于全国平均水平。生态保护领域中，造林面积有所增加，自然保护区面积增长率为−3.03%，建成区绿

化覆盖率增长率为－1.08%，显示出该地区生物多样性和基因库建设还需进一步提升，城市生态系统营造速度也有待加强。单位农作物播种面积化肥施用量下降率为－7.04%，单位农作物播种面积农药施用量下降率为－6.98%，农药化肥的施用强度增加对于该地区的食品安全、土壤面源污染问题会造成一定的影响。

五、后滞型省份的生态文明进展

安徽、广西、陕西三个省份的生态文明基础水平和发展速度都明显低于下分界线，这三个省份的生态文明建设基础较弱，发展速度也跟不上全国平均速度，被称为后滞型省份。后滞型省份的生态文明建设发展情况见表 3-8。

表 3-8　后滞型省份生态文明建设发展的基本情况　（单位：分）

后滞型省份	生态保护	环境改善	社会进步	协同发展	总体发展速度	基础水平
安徽	77.75	84.74	88.02	83.02	83.38	82.74
广西	82.58	84.74	84.05	77.53	82.22	83.56
陕西	84.92	77.89	87.82	85.91	84.13	81.02
类型平均值	81.75	82.46	86.63	82.15	83.25	82.44
全国平均值	84.87	85.68	85.01	85.44	85.25	85.27

下面分析本类型各省份的具体情况（见表 3-9）。

安徽的生态文明建设基础较差，全国排名第 25。四个二级指标中，社会进步领域略高于全国平均水平，生态保护、环境改善和协同发展领域均低于全国平均水平。在生态保护领域，造林面积和种草面积略有增加，自然保护区面积相对减少。在环境改善领域，水体质量改善明显，主要河流Ⅰ～Ⅲ类水质河长比例增长率为 5.20%，主要河流劣Ⅴ类水质河长比例下降率为 30.56%。安徽位于中国中部，地跨南北方，有较好的生态活力基础，也可能为生产生活提供较好的环境容量基础，节能和减排作为促进环境承载力两条路径，本年度的发展不是特别快，而且对水资源的消耗有所增加，水资源开发强度下降率达到－58.43%。因此，如何夯实生态系统活力基础是下一步的重点。

广西的生态文明建设基础较差，全国排名第 22。四个二级指标都低于全国平均水平。生态保护领域中，造林面积有所增加，水土流失和矿山环境恢复治理增速，建成区绿化覆盖率增长率和人均公园绿地面积增长率分别为 3.99% 和 5.52%。在环境改善领域，水体质量有所恶化，主要河流劣Ⅴ类水质河长比例下降率达到－66.67%，化肥的使用率也有所增加，农田生态系统安全方面存在隐患。化学需氧量排放变化效应为－2.67%，氨氮排放变化效应为－1.32%，水体污染治理需要重视。

表 3-9 后滞型省份生态文明建设发展具体指标评价结果 （单位：%）

指标领域	具体指标	安徽	广西	陕西
生态保护	森林面积增长率	3.81	1.31	3.92
	草原面积增长率	3.89	0.28	2.60
	湿地资源增长率	0.00	0.00	0.00
	自然保护区面积增长率	−1.35	0.00	0.00
	新增水土流失治理率	2.84	17.17	2.22
	本年矿山环境恢复治理率	4.12	1.32	6.02
环境改善	省会城市空气质量达到及好于二级的天数比例增长率	−11.22	−2.90	−5.99
	主要河流Ⅰ～Ⅲ类水质河长比例增长率	5.20	−0.41	0.13
	主要河流劣Ⅴ类水质河长比例下降率	30.56	−66.67	−23.08
	建成区绿化覆盖率增长率	1.05	3.99	−0.65
	人均公园绿地面积增长率	2.14	5.52	2.76
	城市污水集中处理率增长率	1.98	3.09	1.18
	城市生活垃圾无害化率增长率	0.00	0.97	0.44
	农村卫生厕所普及增长率	7.11	7.01	−18.06
	单位农作物播种面积化肥施用量下降率	0.67	−3.60	−4.83
	单位农作物播种面积农药施用量下降率	4.17	12.92	−6.40
社会进步	人均地区生产总值增长率	9.71	0.20	12.25
	第三产业产值占地区 GDP 比例增长率	4.58	11.81	0.01
	城镇人口占总人口比例增长率	2.89	2.35	2.62
	居民人均可支配收入增长率	9.33	8.74	9.33
	城乡居民人均可支配收入比下降率	0.31	1.50	0.83
	人均教育经费增长率	5.83	7.00	3.33
	初中师生比下降率	1.65	−2.69	1.76
	小学师生比下降率	0.48	−3.43	2.44
	每千人口医疗卫生机构床位数增长率	7.50	6.39	6.42
	每千老年人口养老床位数增长率	−8.90	−1.77	0.20
协同发展	单位地区生产总值能源消费量下降率	7.00	−2.25	8.36
	煤炭消费量下降率	−2.26	−1.47	−2.03
	单位地区生产总值用水量下降率	9.79	3.05	9.27
	耕地节水灌溉比例增长率	1.88	2.12	1.76
	城市水资源重复利用率增长率	−1.37	0.24	−2.11
	工业固体废物综合利用率增长率	8.61	−12.20	−53.67
	水资源开发强度优化	−58.43	10.56	38.08
	环境污染治理投资占 GDP 比例	1.84	0.90	1.44
	化学需氧量排放变化效应优化	0.00	−2.67	−0.20

（单位：%）（续表）

指标领域	具体指标	安徽	广西	陕西
协同发展	氨氮排放变化效应优化	−0.07	−1.32	−0.24
	二氧化硫排放变化效应优化	0.42	1.54	0.24
	氮氧化物排放变化效应优化	0.09	−1.84	0.21
	烟（粉）尘排放变化效应优化	0.33	2.63	0.35

陕西的生态文明建设基础较差，全国排名第28。四个二级指标中，生态保护、社会进步和协同发展领域略高于全国平均水平，环境改善领域低于全国平均水平。在生态保护领域，造林面积和种草面积都有所增加，水土流失和矿山环境恢复治理增速，相比2020年取得了一定的进展。在环境改善领域，水体环境和土壤环境存在比较大的问题，主要河流劣Ⅴ类水质河长比例下降率达到−23.08%，单位农作物播种面积化肥施用量下降率和单位农作物播种面积农药施用量下降率分别为−4.83%和−6.40%。农村卫生厕所普及增长率为−18.06%，农村生活环境亟待改善。工业固体废物综合利用率增长率达到−53.67%，需要进一步提升资源的节约和循环利用。

六、中间型省份的生态文明进展

湖南、吉林、江苏、辽宁和山西5个省份的生态文明建设排在31个省的中间水平，它们的生态文明基础水平和发展速度接近全国平均值，特征也不明显，难以被归到特定的类型，所以被称为中间型省份。中间型省份的生态文明建设发展情况见表3-10。

表3-10　中间型省份生态文明建设发展的基本情况　（单位：分）

中间型省份	生态保护	环境改善	社会进步	协同发展	总体发展速度	基础水平
湖南	80.75	83.95	89.37	84.57	84.66	85.47
吉林	86.25	83.95	78.37	81.71	82.57	84.65
江苏	86.58	89.47	83.61	81.83	85.38	87.86
辽宁	84.92	96.58	74.80	83.03	84.83	83.91
山西	89.75	77.89	82.66	89.82	85.03	78.63
类型平均值	85.65	86.37	81.76	84.19	84.49	84.10
全国平均值	84.87	85.68	85.01	85.44	85.25	85.27

下面分析本类型各省份的具体情况（见表3-11）。

湖南的生态文明建设基础处于中游水平，全国排名第17。四个二级指标中，社会进步领域高于全国平均水平，生态保护、环境改善和协同发展领域低于全国平均水平。生态保护领域中，自然保护区面积大幅度减少，自然保护区面积增长率为－6.86％，人均公园绿地面积增长率为－5.49％，生态环境保护较弱。在环境改善领域，单位农作物播种面积化肥施用量下降率为－5.16％，单位农作物播种面积农药施用量下降率为－3.31％，化肥和农药施用量的持续增长对土壤环境农田生态系统等会造成压力。水资源开发强度下降率为－13.64％，水资源的使用大幅提升，湖南还需进一步通过节能和减排促进环境承载力扩容，为人们生产生活营造出一个良好的生态环境。

吉林的生态文明建设基础处于中等偏下水平，全国排名第18。四个二级指标中，生态保护领域略高于全国平均水平，环境改善、社会进步和协同发展领域低于全国平均水平。在生态保护领域，森林面积和种草面积都有所增加，水土流失和矿山环境恢复治理率分别为6.14％和1.01％，但人均公园绿地面积有所减少。在协同发展领域，工业固体废物综合利用率增长率为－19.80％，水资源开发强度下降率为－18.51％，显示出该地区在生产生活中有较多的水资源浪费，废物减量化和资源化有待提升，循环经济仍待加强。

江苏的生态文明建设基础较好，全国排名第8。四个二级指标中，生态保护和环境改善领域高于全国平均水平，社会进步和协同发展低于全国平均水平。生态保护领域中，造林种草面积稳步增加，水土流失和矿山环境治理得到增强。在环境改善领域，水体质量明显改善，主要河流Ⅰ～Ⅲ类水质河长比例增长率为4.75％，主要河流劣Ⅴ类水质河长比例下降率为25.83％。但是存在水资源取用总量相对增大现象，水资源开发强度下降率达到－93.32％。下一步可以继续提高生态文明建设的同时发展循环经济，促进绿色产业发展。

辽宁的生态文明建设基础相对落后，全国排名第20。四个二级指标中，环境改善领域远远高于全国平均水平，生态保护领域略高于全国平均水平，协同发展领域略低于全国平均水平，社会进步领域低于全国平均水平。在环境改善领域，水体质量改善提升明显，主要河流Ⅰ～Ⅲ类水质河长比例增长率为 16.13％，主要河流劣Ⅴ类水质河长比例下降率为46.46％。在生态保护领域，森林面积和草原面积有所增加，水土流失和矿山环境治理能力得到提升，并且建成区绿化覆盖率增长率和人均公园绿地面积增长率分别为12.05％和6.53％。协同发展领域中，水资源开发强度下降率达到了－72.34％，说明水资源高效利用仍待加强，资源的减量化、再使用和再循环做得不到位，循环经济没有明显起色。总之，辽宁的生态文明建设有所提升，但是节能和减排的工作需要继续推进。

山西的生态文明建设基础落后，全国排名第30。四个二级指标中，生态保护和协同发展领域高于全国平均水平，环境改善和社会进步领域低于全国平均水平。在生态保护领域，当年新增造林面积占森林面积的比例为11.05％，当年新增

表 3-11 中间型省份生态文明建设发展具体指标评价结果 (单位:%)

指标领域	具体指标	湖南	吉林	江苏	辽宁	山西
生态保护	森林面积增长率	5.48	2.00	2.26	2.59	11.05
	草原面积增长率	1.34	2.71	3.96	2.31	3.21
	湿地资源增长率	0.00	0.00	0.00	0.00	0.00
	自然保护区面积增长率	−6.86	0.00	0.00	0.03	−0.08
	新增水土流失治理率	3.91	6.14	2.52	4.56	3.85
	本年矿山环境恢复治理率	4.49	1.01	7.65	0.24	6.89
环境改善	省会城市空气质量达到及好于二级的天数比例增长率	−1.23	−4.89	9.39	3.09	−23.93
	主要河流Ⅰ～Ⅲ类水质河长比例增长率	0.61	5.25	4.75	16.13	−3.69
	主要河流劣Ⅴ类水质河长比例下降率	—	21.15	25.83	46.46	−2.01
	建成区绿化覆盖率增长率	1.50	2.32	0.07	12.05	0.22
	人均公园绿地面积增长率	−5.49	−14.96	1.08	6.53	1.01
	城市污水集中处理率增长率	3.91	−0.54	4.77	1.98	3.06
	城市生活垃圾无害化率增长率	−0.14	−16.83	0.07	6.20	0.27
	农村卫生厕所普及增长率	3.90	1.12	0.51	2.99	3.91
	单位农作物播种面积化肥施用量下降率	−5.16	7.77	1.22	4.30	0.50
	单位农作物播种面积农药施用量下降率	−3.31	10.29	2.43	0.50	1.85
社会进步	人均地区生产总值增长率	6.85	1.80	10.59	5.39	18.37
	第三产业产值占地区 GDP 比例增长率	6.59	7.98	0.55	1.99	−6.74
	城镇人口占总人口比例增长率	3.55	1.21	1.54	0.18	2.01
	居民人均可支配收入增长率	9.41	7.02	9.21	6.90	7.20
	城乡居民人均可支配收入比下降率	−0.08	0.08	0.16	0.27	0.46
	人均教育经费增长率	12.11	8.58	6.63	4.95	−6.38
	初中师生比下降率	0.65	2.42	3.80	−2.08	0.77
	小学师生比下降率	−2.78	−1.76	−0.35	−2.05	1.89
	每千人口医疗卫生机构床位数增长率	5.65	2.23	5.50	5.22	3.57
	每千老年人口养老床位数增长率	8.60	−10.71	−0.26	−6.42	3.66

(单位:%)(续表)

指标领域	具体指标	湖南	吉林	江苏	辽宁	山西
协同发展	单位地区生产总值能源消费量下降率	4.92	2.68	7.44	7.75	15.89
	煤炭消费量下降率	−8.40	0.66	5.09	−3.80	−20.55
	单位地区生产总值用水量下降率	7.92	5.45	7.71	7.98	16.63
	耕地节水灌溉比例增长率	9.91	6.65	6.82	2.69	−12.20
	城市水资源重复利用率增长率	−3.16	3.95	−0.26	2.66	9.28
	工业固体废物综合利用率增长率	10.03	−19.80	2.85	0.69	−26.22
	水资源开发强度优化	−13.64	−18.51	−93.32	−72.34	−2.18
	环境污染治理投资占 GDP 比例	0.63	0.60	0.83	0.92	1.86
	化学需氧量排放变化效应优化	3.71	0.05	0.01	0.04	0.23
	氨氮排放变化效应优化	−2.01	−0.07	0.03	0.13	0.09
	二氧化硫排放变化效应优化	1.35	0.48	1.01	0.78	0.32
	氮氧化物排放变化效应优化	0.47	0.62	0.09	0.06	0.44
	烟(粉)尘排放变化效应优化	0.74	0.43	0.62	0.47	0.70

种草面积占草原总面积的比例为 3.21,水土流失和矿山环境恢复治理效果明显。山西的空气质量和水体质量有所退步,省会城市空气质量达到及好于二级的天数比例增长率为−23.93%,主要河流Ⅰ～Ⅲ类水质河长比例增长率为−3.69%,主要河流劣Ⅴ类水质河长比例下降率为−2.01%。在协同发展领域,煤炭消费量下降率为—20.55%,耕地节水灌溉比例增长率为−12.20%,工业固体废物综合利用率增长率为−26.22%,水资源开发强度下降率为−2.18%,显示出山西在节约资源能源方面还需再下功夫。

七、生态文明建设发展类型分析小结

1. 各省份所属类型变化“前增后减”

2017 年,31 个省份中有 20 个省份的生态文明建设发展类型发生了变化,占到 65%,其余 11 个省份保持原有类型:四川、贵州、河北、河南、湖北、北京、黑龙江、内蒙古、天津、陕西、吉林。其中前滞型由原来的 7 个变为 10 个,后滞型由原来的 5 个减少到 3 个,呈现“前增后减”的趋势,即前滞型增加,后滞型减少(见表 3-12)。显示出生态文明基础水平的变化略快于发展速度的变化,生态文明的发展陷入了一定的瓶颈期,开始寻求生态文明基础水平建设的提高,从而继续促进生态文明建设发展速度的增长。

表 3-12 2016—2017 年生态文明进展类型的变动情况

生态文明建设发展类型	领跑型	追赶型	前滞型	后滞型	中间型	年度稳定省份
2016 年所属省份	福建	安徽	北京	辽宁	甘肃	四川 贵州 河北 河南 湖北 北京 黑龙江 内蒙古 天津 陕西 吉林
海南	贵州	黑龙江	宁夏	广东		
江苏	河北	内蒙古	山东	广西		
上海	河南	青海	山西	吉林		
四川	湖北	天津	陕西			
浙江	湖南	西藏				
重庆	江西	新疆				
	云南					
2016 年省份数目	7	8	7	5	4	
2017 年所属省份	江西	甘肃	北京	安徽	湖南	
青海	贵州	福建	广西	吉林		
四川	河北	广东	陕西	江苏		
西藏	河南	海南		辽宁		
云南	湖北	黑龙江		山西		
	宁夏	内蒙古				
	山东	上海				
	新疆	天津				
		浙江				
		重庆				
2017 年省份数目	5	8	10	3	5	11

2. 各省份的生态文明建设发展类型从空间来看相对集中，前滞型省份主要集中在华北、华东和华南地区，主要有北京、福建、广东、海南、黑龙江、内蒙古、上海、天津、浙江、重庆。领跑型主要集中在西南地区，主要有江西、青海、四川、西藏、云南。追赶型主要集中在华中和西北地区，主要有甘肃、贵州、河北、河南、湖北、宁夏、山东、新疆。中间型主要集中在东北地区，主要有湖南、吉林、江苏、辽宁、山西。后滞型比较分散，华东、华南和西北地区各一个，分别是安徽、广西和陕西（见表 3-13）。从以上分布来看，生态文明的发展与当地的生态文明建设基础水平有一定的关系，但是并不是制约发展快慢的唯一因素。

表 3-13 各省份生态文明类型地区划分

领跑型		追赶型		前滞型		中间型		后滞型	
省份	所属地区	省份	所属地区	省份	所属地区	省份	所属地区	省份	所属地区
江西	华中地区	甘肃	西北地区	北京	华北地区	湖南	华中地区	安徽	华东地区
青海	西北地区	贵州	西南地区	福建	华东地区	吉林	东北地区	广西	华南地区
四川	西南地区	河北	华北地区	广东	华南地区	江苏	华东地区	陕西	西北地区
西藏	西南地区	河南	华中地区	海南	华南地区	辽宁	东北地区		
云南	西南地区	湖北	华中地区	黑龙江	东北地区	山西	华北地区		
		宁夏	西北地区	内蒙古	华北地区				
		山东	华东地区	上海	华东地区				
		新疆	西北地区	天津	华北地区				
				浙江	华东地区				
				重庆	西南地区				

3. 从生态文明建设发展的三级指标分析，各省份的生态文明指数各有不同，但存在一定的共性问题。在生态活力方面，自然保护区没有得到有效的保护，20个省份的自然保护区面积增长为0或出现负增长。在环境质量方面，空气污染日趋严重，21个省份的省会城市空气质量达到及好于二级的天数比例增长率为负增长，农业面源污染也没有得到有效的改善，15个省份的化肥施用量增长率为负数，11个省份的农药施用量增长率也为负数，农业污染防治迫在眉睫。在社会发展方面，22个省份的小学师生比下降率为负数，20个省份的养老床位数增加为负数，随着近年来人口老龄化增加和生育率的降低，教育和养老问题越来越突出。在协同发展方面，资源、能源的浪费问题比较严重，16个省份的煤炭消耗量增加，13个省份的水资源利用率有所下降，21个省份的城市固体废物综合利用率降低，20个省份的水资源开发强度提高，各省在生态文明建设的同时，要继续实施以减少能源浪费和降低废气排放为主的节能减排政策。

4. 节能和减排是生态文明建设的重要措施。在新的发展阶段，资源环境问题仍然是制约生态文明建设发展的硬约束，节能减排作为重要手段，能够有效维持良好的生态文明循环和利用机制，促进生态文明健康发展。领跑型省份的主要优势就体现在节能减排方面表现突出，通过节约能源和提高资源利用率减少废物排放，极大地减少对环境产生的影响。追赶型省份在优化排放方面表现良好，但节能方面有所欠缺，资源的不合理使用会影响可持续发展，增大排放效应，应该尽快突破资源合理使用的瓶颈，及时完善节能和减排两大手段营造良好的生态系统。前滞型和后滞型省份在节能和减排方面比较落后，或是环境较差、污染严重很难改变，或是存在工业矿业的排放污染、水资源污染、沙尘等环境污染问题，对于这两类省份来说，首先还是要抓好减能减排工作，夯实生态基础，实现可持续发展。中间型省份的节能减排方面相对落后，主要是环境改善滞后，环境容量提升困难。需要通过优化排放效应和循环合理利用资源的手段来提升环境容量，促进生态文明建设发展。

第四章　生态文明建设发展驱动分析

我国环境治理体系不断完善，生态文明建设发展水平连年提升。在生态文明建设中，环境质量的变化作为中国生态文明建设的指示针，展现了生态文明建设发展过程中的关键问题。本章通过考察环境质量与生态文明建设发展之间的驱动关系，以省会城市空气质量、主要河流水质河长占比为切入点，分析其内在机制。在生态文明建设发展态势的基础上，综合对比全国各省份空气质量、水体质量变化趋势，明确生态文明建设中造成环境污染的各方因素，分析当下发展过程中的优缺点，为环境质量的进一步改善提供借鉴与参考。驱动分析结果显示，近年来我国省会城市空气质量达到及好于二级的天数比例连年增长，大气污染治理成效显著。但在空气质量改善过程中，经济社会的快速发展对空气质量的改善有显著影响，社会进步与空气质量改善的协同仍非常关键。分析同时显示，自 2014 年开始我国Ⅰ～Ⅲ类水质河长比例突破 70%，近五年来增长幅度高达 10%；同时，劣Ⅴ类水质河长比例连年递减，截至 2017 年我国主要河流Ⅴ类水质河长比例降至 8%，恶化水质改善初见成果。生态保护与协同发展成为制约水体质量改善成效的关键环节和主导因素。

一、生态文明建设推进过程中面临的挑战

近年来我国生态文明建设稳步推进，但分析发现建设态势呈减速发展。面对这一情形，需要明晰我国生态文明进程中出现的问题，精准判断当下发展所处形势，结合往年生态文明态势变化，探寻相关制约因素。数据显示，近年来，协同发展成为生态文明态势减速主要领域。经济快速发展势必要消耗资源，资源消耗后产生的污染物排放优化成为环境质量提升的关键。协同发展既是资源能源节约利用和清洁利用的结果，也是生态保护和环境改善的驱动力量。近年来我国污染物排放优化的绝对水平在不断提高，环境污染治理投入也在增加。污染物排放优化的成效直接表现为环境质量的好转。大气环境和水体环境与人类健康息息相关，本章从省会城市空气质量、主要河流水质河长比例为切入点，结合协同发展状况的考察，对影响环境质量改善的重要因素进行分析。

（一）空气质量优良天数连年增多，大气治理初见成效

我国大气环境治理初见成效，但速度有所放缓。2013 年我国省会城市空气质

量到达及好于二级的天数比例为58%，至2017年稳步增长至71%。从发展速率来看，2015年之前空气质量优良天数比例为增速状态，而2015年后空气质量优良天数比例提升速度放缓。数据显示2016—2017年省会城市空气质量达标天数较去年增长速率下降，体现出空气污染治理步伐放缓。随着城市化进程的快速推进，大气污染成分不再是单一的工业废气颗粒，建筑垃圾燃烧、煤炭燃烧、生活垃圾焚烧等一列污染排放物随着经济社会的发展而连年增多。省会城市空气质量达到及好于二级的天数明显好转的势头下，并不能掉以轻心，需要对重点区域、重点领域中的综合污染防治进一步加强。当下，我国环境空气质量整体还处于形势非常严峻的状态，随着污染物减排空间逐渐收窄，末端治理难度日益增大，必须寻求新路径、新方式推动节能减排。

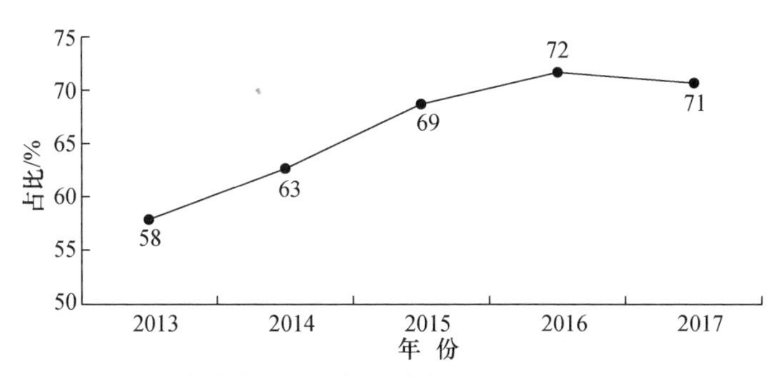

图4-1　2013—2017年省会城市空气质量达到及好于二级的天数占比变化趋势

（二）水体质量改善缓慢，恢复治理工作任重道远

我国主要江河水质改善程度在近年来有成效显现，但水体质量改善缓慢。水资源是生态之根本，支撑着人类各项活动，是自然界物质能量循环的重要载体。一个城市的建设发展离不开水资源的利用，水资源作为独特的自然资源，是生态环境与社会经济之间的纽带。近年来中国人口急剧增加，伴随着城市化进程快速推进和经济迅速发展，人们对水资源的需求急剧增加，从而导致各类与水资源相关的问题频出。一方面，由于不同地区受自然禀赋影响，地区间水资源总量不同，制约其经济社会规模发展；另一方面，水资源在循环利用过程中，由于方式不当出现供需矛盾，造成水生态退化和环境污染等问题。水体质量作为客观评价水资源状况的主要表现，是保持环境系统持续良性循环的重要支撑。

主要河流进步变化率呈现缓慢增长的趋势，水体保护任重道远。依据地表水水域环境功能和保护目的，我国水质级别按功能高低划分为6类，其中Ⅰ～Ⅲ类水质河长比例越大，说明河流水质越好。近年来，主要河流Ⅰ～Ⅲ类水质河长比例增长率与主要河流劣Ⅴ类水质河长比例下降率增速小幅度回升。2014年开始

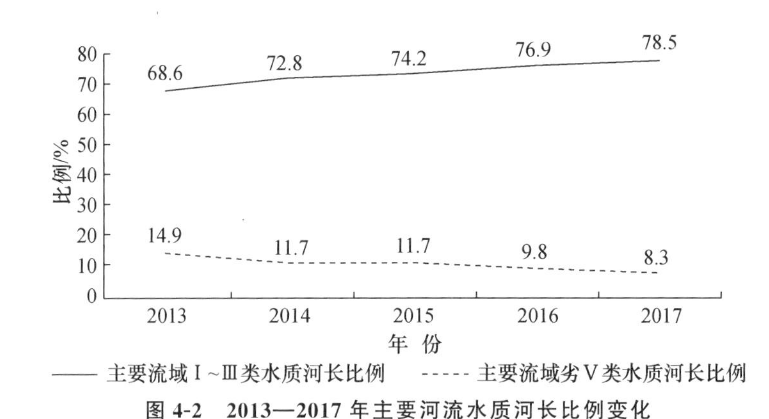

图 4-2　2013—2017 年主要河流水质河长比例变化

我国Ⅰ～Ⅲ类水质河长比例突破 70%，五年来增长幅度高达 10%，同时劣Ⅴ类水质河长比例连年递减，直至 2017 年我国主要河流Ⅴ类水质河长比例降至 8%，恶化水质改善初见成果。总体说明我国主要江河水质改善程度在近年来有些许成效。

二、空气质量变化影响因素探究

加大空气治理力度，改善空气质量对生态文明建设的推进十分关键。空气质量的好坏与人类的生存发展息息相关，具有十分重要的现实意义。环境空气质量下降，一方面会导致各类污染物漂浮，人们通过日常呼吸吸入体内，对身体造成直接且严重的损害，危害人类健康。另一方面，由大气污染所带来的雾霾、酸雨等在对生态环境造成影响的同时也影响了人们的日常生活，给农业生产、交通出行、工业发展带来诸多不便。

（一）空气质量治理状况

2014—2017 年，我国省会城市空气质量明显改善，大气污染治理成效显著，但空气质量仍待进一步提升。2014 年，全国省会城市空气质量达到及好于二级的天数比例为 63%，综合治理后 2017 年全国省会城市空气质量达到及好于二级的天数比例增长至 71%。我国仍在发展中国家之列，城市的快速扩张伴随着经济发展与能源开发利用，资源利用方式的不合理会直接导致环境污染。城市基础建设与规模不断扩大，城镇工业园区的入驻与城市汽车数量连年增多都加重了生活污染，直接对大气环境造成严重影响。空气质量的改善与污染整治并不是单一片面的简单流程，城市化进程中经济的快速发展需要消耗大量的化石能源，无形之中增大了空气污染治理压力。

针对我国省会城市空气质量改善速率放缓这一现象，课题组依据 ECPI 2021 指标体系，使用随机森林模型，探究其背后主要影响因素。将省会城市空气质量达到及好于二级的天数比例增长率作为因变量，社会进步、协同发展、环境改善、生态保护领域下的其余 37 个指标作为自变量，放入所构建的模型中进行分析。

(二) 空气质量变化影响因素时空动态分析

在省会城市空气质量达到及好于二级的天数比例增长率的影响因素中，排名前十的 10 个影响指标见图 4-3。重点影响因素主要为社会进步领域下的各项指标，其中影响力排名前三的分别是居民人均可支配收入增长率、城乡居民人均可支配收入比下降率、初中师生比下降率。纵观整个指标体系(图 4-4)，社会进步、协同发展、环境改善、生态保护领域各指标影响力因子占比总和依次为 67.29%、15.73%、9.24%、7.75%。空气质量的不断改善与社会进步息息相关，对于自然、经济和社会之间的联动效应，需要在关联性的探索视角下分析。

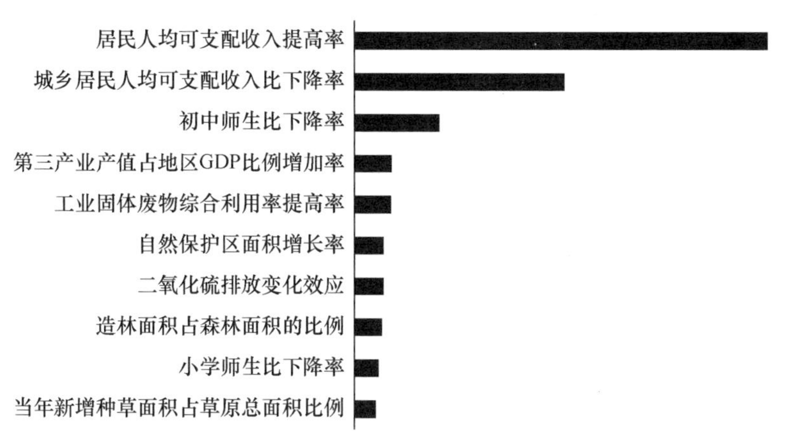

图 4-3　省会城市空气质量达到及好于二级的天数比例增长率前十位影响因素排序

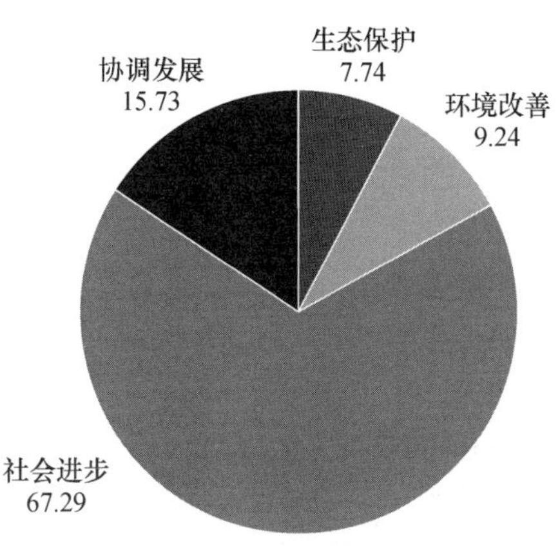

图 4-4　省会城市空气质量达到及好于二级的天数比例增长率影响因素组成(单位:%)

1. 社会进步影响因素总体占比较大，空气质量改善

社会进步成为制约省会城市空气质量达到及好于二级的天数比例增长率的重要领域。工业化、市场化、城市化等一系列的社会发展给人们赖以生活的生态环境带来了巨大影响，以追求经济增长为目的的传统发展模式下，推进社会的进步时常以自然资源的大量消耗和污染物的大规模排放为代价，获得利益的同时不可避免地造成环境质量的下降。然而社会进步与生态环境保护之间并不是无法调节的矛盾，问题的关键在于在现代化发展过程中如何通过提高社会发展的质量解决环境污染问题。经济社会的发展需要利用资源开展各项生产活动，在有限度的范围造成的污染，生态系统是可以进行自我修复的；但无节制的消耗则会突破生态限度，对环境造成恶劣威胁，修复周期漫长而又艰难。

我国省会城市空气质量达到及好于二级的天数逐年增加，大气污染治理持续推进，但依然需要继续发力。人类的日常社会生活涉及各个方面，需要消耗一系列的物质资源，在消耗资源能源的同时也少不了污染物的排放。对于一个可持续发展的社会而言，其基本特征就是随着人类财富持续增长，环境质量相应改善。依据环境库兹涅茨曲线，一个国家或地区在人均收入较低的情况下，随着人均收入的增高，环境污染和环境压力由低到高，当达到某个临界点后，随着人均收入的进一步增加，环境污染和环境压力呈现出由高到低的发展趋势，环境逐步得到改善和恢复。但这个过程并非自然过程，而是需要通过生态文明建设推动发展的转型来实现。

2. 居民人均可支配收入日益增长，消费优化至关重要

居民人均可支配收入增长率作为影响省会城市空气质量达到及好于二级的天数比例增长率的重要因素，表现为社会进步与环境改善间处于高关联状态（见图 4-5），环境效益与社会效益相互制约。近年来随着居民人均可支配收入的快速提高，以及城乡居民人均可支配收入比的逐年降低，居民生活水平不断改善，城乡差距逐年缩小。现阶段，我国实际居民人均可支配收入虽呈加速增长模式，但未达到国际上环境库兹涅茨曲线中的拐点处，这意味着我国国民收入水平的提高仍处于环境污染程度加重的进程中，增大了大气污染防治难度。

结合省会城市空气质量达到及好于二级的天数比例增长率影响因素前三位变化趋势来看，近年来我国省会城市居民生活水平连年提高，空气污染治理压力增大。人民日益增长的对美好生活的需要，带动了生产的发展，同时也需要消耗大量自然资源，增加废弃物的排放，直接或间接地给空气质量带来影响。必然会受到大量工业废气排放的污染。随着城乡差距逐年缩小，居民人均可支配收入的提高，居民汽车拥有数量也随之上升。近年来汽油车、柴油车已占据城市汽车数量的 70%，标志着我国现在已经迈入“汽车社会”。燃油汽车在使用过程中的污染

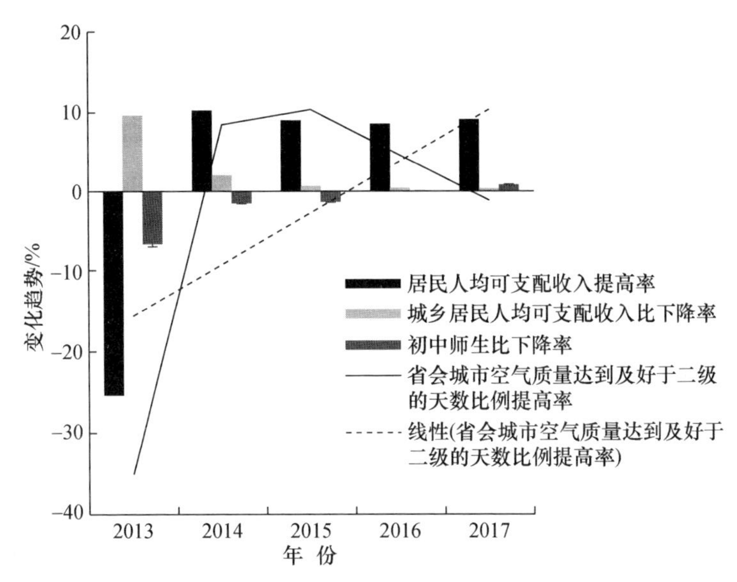

图 4-5　省会城市空气质量达到及好于二级的天数比例增长率影响因素前三位变化趋势

物排放,也直接影响环境空气质量的变化。社会的快速发展、居民消费模式的改变,以及日常生活中出行、饮食、取暖等活动对空气质量都产生影响。可持续发展而言,治理空气污染不应该单一遏制物质文明的追求,应探索高效、清洁的资源能源的使用方式,实现资源的综合循环可持续利用。

3. 煤炭消费量下降率呈负增长趋势,增大了空气污染治理难度

近年来我国煤炭消费量下降率呈负增长趋势,煤炭用量连年递增,对空气污染治理提出了更高要求。改革开放以来,随着人们生活水平的提高,对生存环境和基本生活必需品的要求相应提升。但面对经济发展与环境保护不协调时,人们的意识观念仍大多注重经济发展与生活改善等甚于环境保护层面。我国北方城市大部分地区在冬季仍然采用煤炭取暖,煤炭中硫化物含量较高,在燃烧过程中会产生较多大气污染物。与此同时,大部分地区的产业布局仍需要优化调整。为快速发展地方经济,大多城市的支柱产业是高耗能、高污染的重工业产业,而这类产业排放的污染气体较多,对环境污染大。产业结构是调整顺应经济高质量发展的要求,更是保护环境资源等生态本底的要求,需加大重视、积极推进。

此外,虽然我国在治污排污等方面做了不少工作,但煤炭消耗量不断增大,废气排放量也会随之相应增加。煤炭能源在我国能源消费结构中占比最大。煤炭在燃烧过程中会产生二氧化碳和二氧化硫,易引发酸雨雾霾等恶劣天气。二氧化硫排放效应在影响省会城市空气质量达到及好于二级的天数比例增长率指标中

排名第 7 位(图 4-3),2013 年全国省会城市二氧化硫排放变化效应为 0.08%,2017 年大幅度增长至 0.72%,由此可见近年来部分城市大气污染治理难度逐年加大。与此同时,2016 年我国共消耗 435 818.63 万吨标准煤,2017 年消耗量增长至 449 000 万吨标准煤。在一些地区,企业为节省开支,废气处理不完全,将未达到处理标准的废气排放,加大了空气治理难度。

4. 能源消费总量逐年增加,实现绿色发展刻不容缓

近年来国民经济稳步提升,由居民生活能源消费产生的碳排放量急剧增多。同时,社会生产的快速发展也离不开资源能源的支撑,企业在提高生产的过程中离不开能源的消耗,而生产场地的扩大与频繁的商品贸易所排放的废气,造成空气污染,增加了空气质量改善难度。

推动产业结构升级,对实现绿色发展至关重要。第三产业占地区 GDP 增加率位列影响因素排序第 4 位(图 4-3)。我国第三产业产值占国内生产总值比例由 2013 年的 46.7%增至 2017 年的 51.6%,第三产业占比连年上升,城乡居民消费结构由物质型消费向服务型消费转变的趋势明显。第三产业发展势头较猛,应注重发展高附加值产业,提高三产的国际竞争力。我国第二产业存在模式粗放且效率低下的现象,资源能源利用方式的合理性仍有待提升。中国制造业增加值占全球的比重从 2004 年 13.4%提高至 2016 年的 26.7%,对全球制造业增加值增长的贡献率从 2006 年的 30.1%提高至 2016 年 54.4%。面对部分第二产业大而不强的特点,应实现精细化改造,升级低端产业,从追求产业规模大转向产业质量高。

教育兴则科技兴,科技兴则文明兴。在省会城市空气质量达到及好于二级的天数比例增长率影响因素中,初中师生比下降率和小学师生比下降率分别位列第 3 位和第 9 位(图 4-3)。初中师生比下降率与省会城市空气质量达到及好于二级的天数比例增长率呈显著正相关。良好的基础教育是科技发展的原动力,科学技术推动环境质量改善。高效的废气治理技术将减少工业的废气排放,提高资源的利用率。在城市工业化的建设过程中,先进科学的技术能有效地控制工业废气的排放,从而减少对大气的污染。

城市空气质量达到及好于二级的天数比例不断提高,大气环境污染治理模式已见成效。城市化水平的全面提升反而有利于减少污染物的排放量。加强对污染源的控制,树立正确的消费观念,宣传绿色出行与生活用品综合循环利用。对健康的追求是人们生活的动力,对于大气环境的治理是经济发展的重要监督。在新常态背景下,中国经济的发展模式仍要由“以污染换增长”向可持续发展转变,但想要彻底改善空气质量还任重道远,进入了攻坚阶段,亟需科学、精准、系统性的解决方案。

三、水体质量变化影响因素探究

改善水体质量是推进生态文明建设的关键一环。水体质量的好坏与人类的生存发展息息相关,具有十分重要的现实意义。水是生命的源泉,是生命存在与经济发展的必要条件,同样是构成人体组织的重要部分。另外,由水体污染所导致的缺水和事故对生态环境造成影响的同时,严重地威胁了社会的可持续发展,威胁了人类的生存。

(一) 水体质量当下现状

近年来主要河流Ⅰ～Ⅲ类水质河长比例总体呈增长趋势。2016 年主要河流Ⅰ～Ⅲ类水质河长比例为 68.6%,2107 年增长至 76.9%,但增长速率在 2015 年达到顶峰值后开始回落,后三年呈现先增速增加后减速增加,主要河流Ⅰ～Ⅲ类水质河长比例总体呈增长趋势。随着主要河流Ⅰ～Ⅲ类水质河长比例的增加,劣Ⅴ类水质河长比例逐年减少,2013 年主要河流劣Ⅴ类水质河长比例为 14.9%,至 2017 年主要河流劣Ⅴ类水质河长比例下降至 8.3%,减缓速度逐年放缓。虽然恶化趋势有所遏制,但现阶段经济社会发展所付出的生态、环境、资源代价依然较大,水体质量改善任重道远。

针对我国省会城市水体质量改善速率缓慢这一现象,课题组根据 ECPI 2021 指标体系,在随机森林模型中,将主要河流Ⅰ～Ⅲ类水质河长比例增长率与劣Ⅴ类水质河长比例下降率分别作为因变量,将社会进步、协同发展、环境改善、生态保护领域下的其余 37 个指标作为自变量,分别放入模型探究其背后主要的影响因素。

(二) 水体质量变化影响因素时空动态分析

1. 生态保护与协同发展对水体质量改善影响较大

自然禀赋对主要河流Ⅰ～Ⅲ类水质河长水质改善情况影响显著,重点影响主要河流Ⅰ～Ⅲ类水质河长比例增长率排名前十的因素中有三个属于自然禀赋(见图 4-6)。自然保护区面积增长率居于水体质量改善下各类影响因素首位。水体资源在有限度的范围造成的污染,生态系统可以进行自我修复。主要河流劣Ⅴ类水质河长比例下降率排名前十的影响因素中有四个来自协同发展,农业污染源、工业污染源和生活污染源作为当前中国水环境污染的三个主要来源,给水环境治理带来了严峻挑战。

协同发展是制约主要河流劣Ⅴ类水质河长比例下降率的主要领域。影响主要河流劣Ⅴ类水质河长比例下降率在生态保护领域下的各项指标中,影响力排名前三的分别是自然保护区面积增长率、环境污染治理投资占 GDP 比重、煤炭消费量下降率。据图 4-7 所示,纵观整个指标体系,影响主要河流劣Ⅴ类水质河长比例

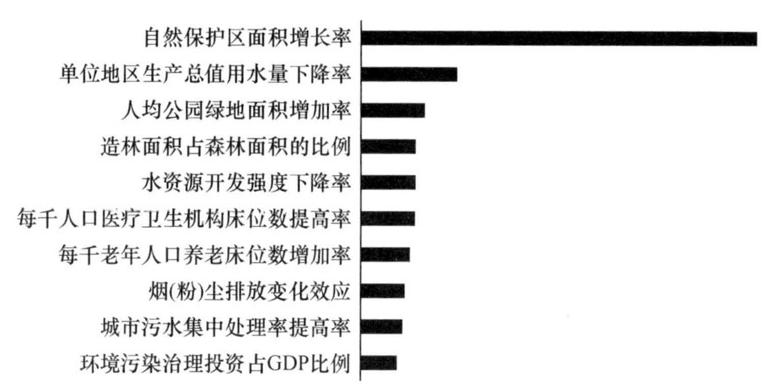

图 4-6　主要河流Ⅰ～Ⅲ类水质河长比例增长率前十位影响因素排序

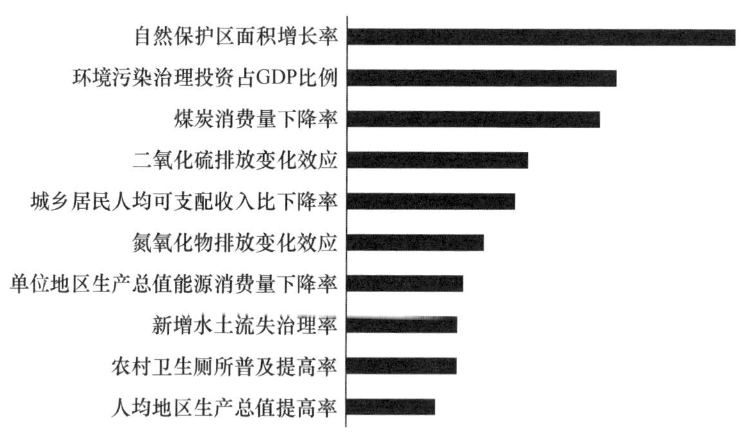

图 4-7　主要河流劣Ⅴ类水质河长比例下降率前十位影响因素排序

下降率的社会进步、协同发展、环境改善、生态保护领域各指标影响力因子总和依次为 20%、47%、13%、19%。由此可见，在构建的指标体系中，协同发展维度下的指标影响因素大小总和为 47%，需格外关注。经济社会的繁荣不可避免地需要利用水资源进行各项生产活动，对于水体资源而言有限范围内开发并不会对周边生态环境造成不可逆的破坏，但无节制的消耗则会突破生态限度，对环境造成恶劣威胁，并且修复周期是一个漫长艰难的过程。

生态保护是制约主要河流劣Ⅴ类水质河长比例下降率的主要领域。重点影响主要河流Ⅰ～Ⅲ类水质河长比例增长率的主要为生态保护领域下的各项指标，大小总和为 44%，影响力排名前三的分别是自然保护区面积增长率、单位地区生产总值用水量下降率、人均公园绿地面积增长率。纵观整个指标体系，影响主要河流Ⅰ～Ⅲ类水质河长比例增长率的社会进步、协同发展、环境改善各指标影响力因子总和依次为16%、25%、15%(图4-8)。在我国不断推进的生态文明建设中,重视生态保护与生态治理,有利于整体提升我国江河的水体治理。

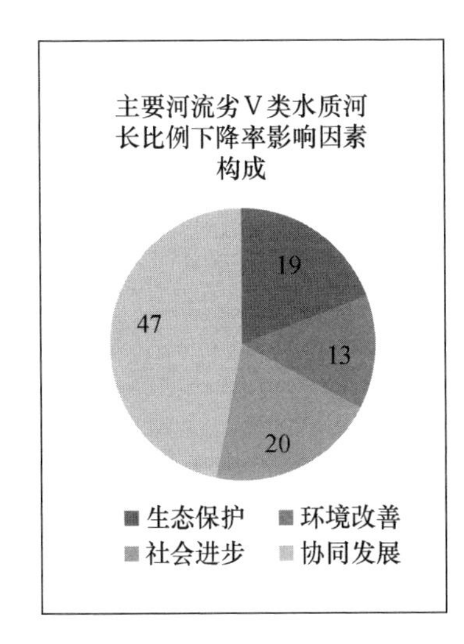

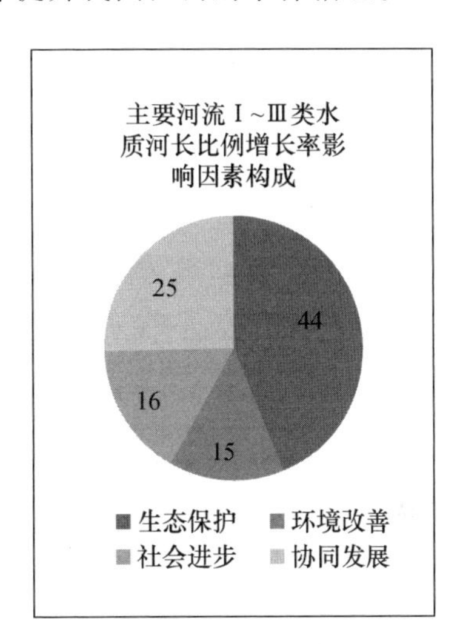

图4-8　主要河流水质情况影响因素构成占比(单位:%)

2. 生态系统保护和恢复与水体质量改善呈明显线性关系

自然保护区面积增长率作为影响主要河流Ⅰ～Ⅲ类水质河长比例增长率与劣Ⅴ类水质河长比例下降率首要因素,对周边水体环境改善产生至关重要的影响。自然保护区面积变化情况不仅会影响生态系统多样性建设,还是调节周边水体生态系统的关键一环。人类的生产生活是复杂多变的,例如土地利用的变化会改变水体分布情况,破坏水体生态环境。而良好的环境与可持续利用的资源是生态文明建设过程中的支柱,环境质量的变化和资源的可循环利用又受制于生态系统的活力状况。环境改善的过程中,不仅要切实维护好生态多样性,也要重视对水资源周边生态的保护。

自然保护区面积的增加对改善水质效果明显。主要河流水质改善程度与自然保护区面积呈现出了明显的线性关系(图4-9、图4-10),随着自然保护区面积增长率的涨幅加速,Ⅰ～Ⅲ类水质河长比例加速递增,Ⅴ类水质河长比例下降率小幅提升。在主要河流Ⅰ～Ⅲ类水质河长比例连年增加的良好形势下,自然保护区面积增长率是影响优质水质河长比例增加的最重要因素。森林、草原、湿地等不同的植被类型都具有独一无二的生态功能,对水土保持意义重大。2013年我国造林面积为6 100 057公顷,2017年我国造林面积增加至7 680 711公顷,森林面积增多,草原质量明显提升,区域植被覆盖率整体呈增长态势。

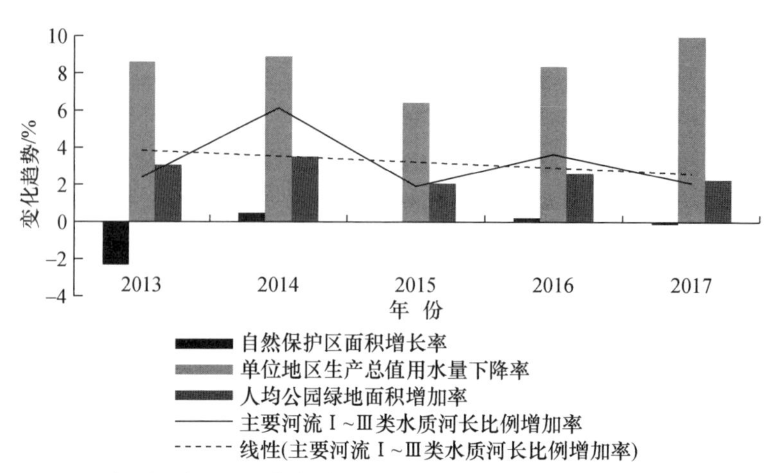

图 4-9　主要河流Ⅰ～Ⅲ类水质河长比例增长率影响因素前三位变化趋势

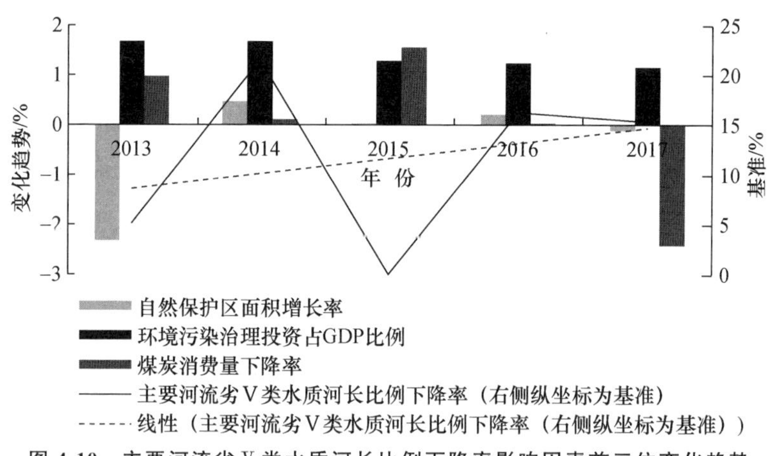

图 4-10　主要河流劣Ⅴ类水质河长比例下降率影响因素前三位变化趋势

3. 经济发展与污染治理需双管齐下，共同治理

经济发展加大水资源的开发利用强度，污染治理任务艰巨。在影响主要河流Ⅰ～Ⅲ类水质河长比例增长率与主要河流劣Ⅴ类水质河长比例下降率重要因素排序中，环境污染治理占 GDP 比例分别排名第 10 与第 2 位（图 4-6，图 4-7）。城市化进程中由经济提升所带来的资源环境和生态的破坏，迫使水体质量的改善放缓。近年全国 GDP 逐年上升，环保投资占比却呈下降趋势，随之主要河流劣Ⅴ类水质河长比例下降率趋势放缓，污染治理投资进入瓶颈期。对于发展水平不同的地区，实行差别化政策措施，关闭低生产能力、高污染、高排放的工矿企业，加大对清洁技术和废水循环利用技术的投入，鼓励企业建设污水综合处理设施，提高污

水处理效率，并降低污水系数。

煤炭消费量下降与主要河流劣Ⅴ类水质河长比例下降率显著相关（图4-10）。工业化水平的快速提升使得煤炭能源呈现出过度开采趋势，煤炭用量连年递增。煤炭能源是经济增长的主要动力之一。2016年我国共消耗435 818.63万吨标准煤，万元国内生产总值能耗为0.59吨标准煤；2017年消耗量增长至449 000万吨标准煤，而万元国内生产总值能耗则稍下降至0.55吨标准煤。能源效率逐步提升，但能源消耗总量过大，较低的使用效率使得废气、废物等有害物质排放量增大，直接对环境质量造成恶劣影响。能源消费量和煤炭消耗量产业结构以及经济增长质量密切相关，处理方式的不合理将产生大量工业废水，给当地生态环境造成严重负荷。

加强资源综合循环利用，是实现绿色发展的主要途径。随着单位地区生产总值用水量与水资源开发强度的下降，主要河流Ⅰ～Ⅲ类水质河长比例逐年增加，水体质量得到改善。近年来，我国经济快速发展，人口数量激增，城市化建设快速推进，人均用水量的分配与城市污水排放处理至关重要。污水处理不到位，会导致不符合排放标准的废水直接排放到水体中，增加了环境污染并导致水体环境脆弱。在此基础上，升级所使用的技术和升级节水设备是未来实现废水减少的重要措施之一。在保证经济发展的同时实现污水排放的控制，对于解决我国经济持续发展与水环境需求之间的矛盾具有重要意义。

4. 水资源利用方式是制约水体质量关键因素之一

2013—2017年，水资源开发强度下降率整体呈现负增长模式，水资源开发强度连年递增。中国水资源总量虽然较多，但人均量并不丰富。全国600多座城市中，已有400多个城市存在供水不足问题。其中缺水比较严重的城市达110个。全国城市缺水总量为60亿立方米。截止到2017年城市水资源重复利用率增长率为－2.9%，提高势头不足，需要加大此方面投入以此实现水资源的综合循环利用，优化水体质量。水资源紧张的情况下水体质量决定了水资源能否循环利用。夏汛冬枯、北缺南丰、一二三产业用水存在结构性供需矛盾等要求我们必须节约集约利用水资源，强化用水总量控制，严控用水增量。

水资源消费水平和节水降耗状况与水质改善有直接关系。单位地区生产总值用水量下降率的变化情况与Ⅰ～Ⅲ类水质河长比例增长率的涨幅基本一致（图4-9）。我国近年来单位国内生产总值用水量连年下降，水资源利用效率逐年提高，重点地区加大了污水处理力度，实现了综合循环利用，提高了优质水源的河长比例。城市社会经济发展离不开对水资源的开发利用，水体质量的好坏成为制约区域经济发展的重要因素。部分水资源存量较少的工业发达单位地区或者人口规模较大的城市，都面临着用水难题。高强度的水资源开发利用率会给当地水环境以及周边生态环境造成严重的破坏，导致水环境自我修复能力下降，循环效率变低，增大后续过程中环境污染治理力度。在可开发水资源量一定的情况下，应加快技术创新以提高城市水资源重复利用率。

由于多年来的粗放发展和巨量排放，已经形成了环境污染的累积效应，突破了环境容量底线。虽然我国连年加大环境、污染治理投资，创新发展新能源以降低煤炭消费量，但仍在环境恶化、生态破坏的困局中。因此，水体环境质量作为当下环境质量改善过程中的短板，需双管齐下从多个领域协调治理，加快推进自然保护区的生态修复工作，确保自然生态系统稳定并健康发展。面对有历史遗留问题的河流湖泊，采取综合治理的同时从周边污染物排放源头的控制入手，制定环境容量承载下限，做到真正意义上的优化排放。

四、生态文明建设发展驱动分析小结

分析显示，2013—2017 年中国环境改善步入减速阶段。我国近年来在经济发展领域取得巨大成绩，但所伴随的生态系统的退化与环境的污染不可忽视。国民经济运行稳中有进、稳中向好发展，生态文明建设应与经济高质量发展相协调。

近年来我国在环境治理方面取得了一定的成果。各省会城市空气达标天数连年增长。虽近两年省会城市空气达标天数增速下降，但考虑城市化快速推进背后的多方影响因素急剧变化，能取得现在的成绩实属不易。在水体质量的改善状况方面，水污染治理初见成果，优质水质河长比例连年提升。因劣质水质问题复杂，恢复治理所需周期较长，现改善成效虽不显著，但在稳步推进的过程中。

针对环境质量作为我国生态文明建设过程短板问题的现状，不仅需要实施好退化生态系统的修复和环境污染存量的治理，也需要同时优化排放效应，坚决打好蓝天保卫战，时刻牢记绿水青山就是金山银山。

（一）大气污染受多方制约，转变视角，分类施策

控制大气污染物排放总量，改善环境质量是生态文明建设进程中的重中之重。碳中和的目标，给我国空气质量的持续改善提供了巨大驱动力。数据显示空气质量由废气排放所影响，同时受到经济、城市化等多方面的制约，需统筹城市生活和工业生产，控制大气污染排放。

鼓励清洁能源相关产业发展。当下工业生产对能源的消耗量较大，产业结构存在许多缺陷。为减少能源资源消耗，需提升各类能源的使用效率，在满足基础生产的前提下，从根本上做到有效控制，减少各类污染物的排放。针对不同的企业、不同的行业、不同的区域类型，采取不同的环境管控手段，才能兼顾经济增长及企业竞争力，达到兼顾绿水青山和金山银山的发展目标。

(二) 系统推进水污染防治,科学提升水环境治理质量

对于水体质量改善而言,自然禀赋是水体环境质量改善的关键。应从河湖生态保护治理入手,同时在实施地下水治理的基础上,实现采补平衡。结合各省份的具体情况,因地制宜推进水利建设工程,合理地规划和管理水资源,防治和控制水源污染。

重视污染物排放管理,努力提升人口快速增长的城镇等关键地区的污水处理能力。严格管控生活污水、农业废水、工业废水的排放,建立科学的排放许可制度,使污染减少和水质改善相互关联,促进以环境质量改善为导向的水环境管理模式。

根据水体质量变化的相关效应,应综合关键变量,以自然保护区面积、单位生产总值用水量、环境污染治理投资情况作为立足点,时刻把握四个领域(协同发展、环境改善、生态保护、社会进步)发展态势,在生态之“体”,环境、资源为“用”中真正做到强体善用。

(三) 环境治理需立足关键变量,强健生态之“体”

环境治理不是一朝一夕个别地区孤立的存在,而是需要我国各区域间协同发展,完善区域间产业转移和耦合联动;健全完善当下生态环境类用能权的分配和交易制度,进一步提升全国的资源使用效率;建立各省间经济社会和生态保护高质量发展,以此促进协同治理并通过改善生态环境增强人们福祉。

适当加大环境规制强度,发挥区域生态优势高质量发展经济。城市化发展应坚持不懈遵循绿色低碳发展,建立健全绿色低碳循环发展经济体系。当下自然生态活力恢复进展缓慢,环境污染问题集中爆发,真正做到人与自然和谐发展则需要“强体善用”,摆正生态之本体地位,强健生态之体,以改善资源与环境的使用方式促进协同发展,同时坚持问题导向标本兼治,持续优化生态环境质量。

第五章　中国生态文明建设发展的国际比较

工业化起步时期，在以追求经济增长和GDP崇拜为主导的发展理念支配下，人们恣意开发自然资源、排放污染物，生态秩序受到严重的破坏，生态意识的匮乏又助长了生态问题的蔓延。这种生态环境问题，并非局部区域的或单独领域的、小范围内的问题，而是覆盖全球的生态危机。为了打赢这场“生态保卫战”，为了人类更好地生存和发展，世界各国都将生态文明的建设摆在了越来越重要的位置。在本章中，我们将中国与其余4个金砖国家和37个OECD（经济合作与发展组织）国家进行比较，旨在明确中国生态文明建设的国际地位，在发现整体优势和不足的基础上，为生态文明建设的进一步发展提供借鉴和参考。评价结果显示，与其他样本国家相比，中国生态文明建设虽然基础水平相对较低，但在发展水平上中国正奋起直追，发展指数领先于其他经济体。其中，保持生态活力上稳步前进，社会发展和协调程度方面有较大改善，但在环境质量改善方面，进步略显缓慢。究其背后原因，可能与产业结构调整不彻底、能源消费结构单一、机动车保有量增加等因素有密切关系。在接下来纵深发展进程中，应在保持并加快社会发展及协调程度发展速度的同时，以改善环境质量为关键点，高度重视促进生态活力的提高，达到突出优势、补齐短板、提升中国生态文明建设整体水平的目的。同时也须借鉴吸收各国成功经验，结合国内实际，创新发展模式，发挥我国的后发优势，提高建设的纵深发展能力，促进中国生态文明建设向更全面、更高水平的方向发展。

一、整体概览：基础水平欠佳但发展速度较快

为从生态文明建设的水平及进展两个角度进行国际比较，本章采用了两个指标体系进行评价，一个是IECI 2021，另一个是IECPI 2021。课题组以联合国、世界银行及OECD发布的统计数据为基础，IECI 2021以各指标可获得的最近一个统计年份数据为依据，考察各国生态文明建设水平的相对排名；IECPI 2021则在IECI 2021的基础上把数据前推一个统计年份，考察相邻两个年份间的变化情况，以确定各国生态文明建设的发展情况。

本章中，鉴于OECD国家的经济发展水平及生态环境保护大都位居世界前

列，是我国追赶的目标，并且中国是金砖国家的主要成员国，所以我们把中国与37个OECD国家和其他4个金砖国家(共41个国家)的生态文明建设情况进行了比较，以更直观的方式明确中国生态文明建设的现状及发展方向。

1. 基础水平欠佳，建设水平提升空间大

基于可获得的最新数据，根据IECI 2021的评价结果，中国位居42个国家的最末位，整体得分为73.06分，低于37个OECD国家的平均水平(85.10分)，与金砖国家平均水平(84.23分)也有差距，生态文明水平不容乐观。各国得分及排名情况如表5-1所示。

表5-1 生态文明指数国际版(IECI 2021)得分及排名情况

国家	生态活力		环境质量		社会发展		协调程度		IECI		
	得分	排名	得分	排名	得分	排名	得分	排名	得分	排名	等级
卢森堡	94.29	3	86.00	11	96.00	3	96.47	4	93.13	1	1
新西兰	101.43	1	90.00	7	90.00	15	85.29	24	92.02	2	1
瑞典	82.86	32	94.00	3	92.00	11	97.65	3	91.45	3	1
瑞士	88.57	8	80.00	23	89.67	17	95.88	5	88.79	4	2
奥地利	91.43	5	88.00	9	84.67	24	88.82	11	88.78	5	2
法国	85.71	19	86.00	11	91.33	13	92.35	9	88.62	6	2
英国	84.29	24	86.00	11	91.33	13	92.94	8	88.37	7	2
丹麦	75.71	42	86.00	11	93.33	7	100.00	1	88.21	8	2
立陶宛	87.14	12	84.00	19	80.00	30	94.71	7	87.55	9	2
芬兰	85.71	19	96.00	1	87.33	21	82.35	27	87.52	10	2
德国	88.57	8	86.00	11	86.00	22	86.47	17	86.91	11	2
拉脱维亚	87.14	12	80.00	23	81.33	28	94.71	7	86.75	12	2
爱尔兰	82.86	32	76.00	33	88.00	20	98.82	2	86.70	13	2
西班牙	87.14	12	84.00	19	92.67	9	85.29	24	86.63	14	2
巴西	92.86	4	83.00	21	79.33	31	87.06	14	86.62	15	2
美国	88.57	8	92.00	5	97.33	1	74.71	37	86.58	16	2
挪威	80.00	38	90.00	7	94.00	6	86.47	17	86.54	17	2
斯洛伐克	90.00	6	86.00	11	74.67	38	89.41	10	86.52	18	2
斯洛文尼亚	94.29	3	76.00	33	80.00	30	88.24	12	85.76	19	2
澳大利亚	86.43	16	91.00	6	96.00	3	74.71	37	85.49	20	2
加拿大	83.57	29	96.00	1	90.00	15	75.29	35	85.16	21	2
荷兰	84.29	24	80.00	23	97.33	1	84.12	25	85.12	22	2

（续表）

国家	生态活力		环境质量		社会发展		协调程度		IECI		
	得分	排名	得分	排名	得分	排名	得分	排名	得分	排名	等级
冰岛	81.43	36	94.00	3	89.67	17	78.82	32	85.03	23	2
比利时	84.29	24	78.00	30	94.00	6	87.06	14	85.00	24	2
希腊	81.43	36	86.00	11	89.33	18	82.94	26	84.21	25	3
捷克	85.71	19	82.00	22	77.33	33	85.88	21	83.58	26	3
葡萄牙	86.43	16	76.00	33	82.67	26	86.47	17	83.27	27	3
爱沙尼亚	87.14	12	88.00	9	81.33	28	75.88	34	83.11	28	3
日本	83.57	29	78.00	30	92.00	11	81.18	30	82.72	29	3
意大利	80.00	38	74.00	36	88.67	19	85.88	21	81.56	30	3
智利	84.29	24	72.00	37	82.67	26	85.88	21	81.45	31	3
以色列	78.57	40	72.00	37	92.67	9	86.47	17	81.41	32	3
匈牙利	84.29	24	80.00	23	76.00	36	81.18	30	81.04	33	3
波兰	87.14	12	80.00	23	77.33	33	76.47	33	80.68	34	3
哥伦比亚	86.43	16	68.00	40	76.67	35	86.47	17	80.37	35	3
土耳其	82.86	32	77.00	32	76.67	35	81.76	28	80.14	36	3
俄罗斯	82.86	32	86.00	11	72.67	39	70.59	40	78.43	37	4
墨西哥	82.86	32	72.00	37	75.33	37	79.41	31	77.98	38	4
南非	84.29	24	79.00	28	71.33	41	68.24	42	76.21	39	4
韩国	80.00	38	64.00	42	85.33	23	72.94	39	74.68	40	4
印度	75.71	42	79.00	28	63.33	42	74.71	37	74.38	41	4
中国	84.29	24	65.00	41	71.33	41	69.41	41	73.06	42	4

中国生态文明整体水平不佳，除了生态活力领域，中国在环境质量、社会发展和协调程度三个领域的排名中都排在末尾。横向比较来看，中国在生态活力领域排名第 24 位，处于中游水平，与 42 国的平均水平相差不大；在社会发展领域的表现欠佳，低于金砖国家平均水平 0.27 分，与 OECD 国家平均水平有 15.44 分之差；协调程度水平也位于排行榜的末尾，与金砖国家、OECD 国家平均水平分别有 4.59 分和 16.52 分之差；表现最差的领域是环境质量，落后金砖国家平均水平 13.40 分，与 OECD 国家（平均分为 82.54 分）更是有很大差距。

环境质量严重落后的问题当中，空气污染问题又最为突出。因数据来源的有限性，环境质量指标集中考察了空气质量、水体质量和土壤质量三个方面。虽然在水体质量和土壤质量方面都表现不佳，但空气质量最为糟糕，以 $PM_{2.5}$ 年均浓度为代表的空气质量指标与其他样本国家存在巨大差距。据可获得的最新数据，中国 2017 年 $PM_{2.5}$ 年均浓度为 52.66 微克/立方米，不仅远高于 42 个样本国家的平均值(13.37 微克/立方米),也与世界卫生组织制定的《空气质量准则》中关于 $PM_{2.5}$ 年均浓度阶段性目标最低标准(35 微克/立方米)具有很大差距。中国生态文明水平指数二级指标得分及排名情况如表 5-2 所示。

表 5-2　中国生态文明水平指数(IECI 2021)二级指标汇总

二级指标	得分	排名	等级
生态活力	84.29	24	3
环境质量	65.00	41	4
社会发展	71.33	41	4
协调程度	69.41	41	4

2. 发展速度较快

中国虽然在生态文明基础水平上不及 OECD 国家,也落后于金砖各国,但建设发展速度较快,在 IECPI 2021 的评价结果中位居第 9 位,整体得分为 89.15,处于第二等级,整体位于偏上位置。

表 5-3　生态文明发展指数国际版(IECPI 2021)得分及排名情况

国家	生态活力		环境质量		社会发展		协调程度		IECPI		
	得分	排名	得分	排名	得分	排名	得分	排名	得分	排名	等级
拉脱维亚	90.00	14	92.00	6	91.33	8	97.06	1	92.82	1	1
智利	100.00	1	96.00	2	88.67	13	84.71	26	92.71	2	1
英国	98.57	2	92.00	6	81.33	37	91.76	6	92.30	3	1
法国	95.71	3	94.00	4	81.33	37	87.06	20	90.53	4	1
日本	95.00	6	90.00	10	83.33	26	90.00	8	90.50	5	1
爱沙尼亚	87.14	21	86.00	18	96.00	4	94.71	2	90.45	6	1
爱尔兰	90.00	14	88.00	14	99.33	3	88.24	13	90.37	7	1
立陶宛	91.43	12	84.00	24	90.67	10	93.53	3	90.09	8	1
中国	85.71	25	81.00	35	102.00	2	92.94	4	89.15	9	2
卢森堡	94.29	9	82.00	30	80.67	40	91.76	6	88.42	10	2
冰岛	85.71	25	96.00	2	83.00	28	87.06	20	88.28	11	2
希腊	95.71	3	82.00	30	89.33	11	85.29	24	88.20	12	2
波兰	87.14	21	92.00	6	82.67	31	88.82	10	88.19	13	2
荷兰	94.29	9	80.00	36	82.67	31	91.18	7	88.04	14	2
加拿大	80.71	34	100.00	1	84.67	21	87.06	20	88.03	15	2
芬兰	87.14	21	92.00	6	82.67	31	87.65	17	87.84	16	2
韩国	84.29	28	90.00	10	85.33	20	89.41	9	87.41	17	2
丹麦	94.29	9	84.00	24	83.33	26	85.29	24	87.37	18	2

（续表）

国家	生态活力		环境质量		社会发展		协调程度		IECPI		
	得分	排名	得分	排名	得分	排名	得分	排名	得分	排名	等级
哥伦比亚	89.29	16	94.00	4	82.00	34	82.35	34	87.29	19	2
墨西哥	94.29	9	82.00	30	86.67	17	84.12	27	87.02	20	2
西班牙	92.86	11	86.00	18	82.67	31	83.53	29	86.82	21	2
俄罗斯	80.00	36	90.00	10	91.33	8	88.24	13	86.67	22	2
瑞士	87.14	21	86.00	18	81.67	35	87.06	20	86.01	23	3
挪威	80.00	36	86.00	18	92.00	6	87.06	20	85.42	24	3
葡萄牙	95.00	6	78.00	40	88.67	13	80.00	39	85.30	25	3
捷克	78.57	38	88.00	14	86.00	19	88.24	13	84.94	26	3
意大利	88.57	17	80.00	36	86.67	17	83.53	29	84.63	27	3
比利时	82.86	31	84.00	24	81.33	37	87.65	17	84.35	28	3
斯洛文尼亚	81.43	33	88.00	14	91.33	8	80.59	38	84.31	29	3
奥地利	84.29	28	84.00	24	86.00	19	82.35	34	83.89	30	3
新西兰	78.57	38	86.00	18	82.00	34	88.24	13	83.84	31	3
德国	84.29	28	84.00	24	84.00	23	82.94	32	83.77	32	3
美国	77.14	40	88.00	16	80.67	40	88.24	13	83.71	33	3
印度	75.71	41	83.00	29	102.67	1	82.35	34	83.57	34	3
巴西	85.71	25	79.00	38	83.33	26	85.29	24	83.55	35	3
匈牙利	78.57	38	86.00	18	88.00	14	81.18	36	82.62	36	4
土耳其	87.14	21	77.00	41	95.33	5	75.29	42	82.28	37	4
瑞典	82.86	31	82.00	30	84.00	23	80.59	38	82.13	38	4
斯洛伐克	81.43	33	82.00	30	80.67	40	82.94	32	81.91	39	4
南非	74.29	42	89.00	13	87.33	15	78.82	40	81.28	40	4
澳大利亚	89.29	16	79.00	38	73.33	42	78.24	41	81.01	41	4
以色列	87.14	21	66.00	42	83.33	26	83.53	29	80.20	42	4

从二级指标看，中国在社会发展和协调程度两个领域的发展速度最为突出，而在生态活力和环境质量方面的发展速度较为缓慢。横向比较显示，在 42 个样本国家中，中国社会发展指数仅次于印度，排名第 2 位，属于第一等级；协调程度排名第 4，发展速度优于大多数样本国家。社会发展和协调程度方面的改善情况带动了中国生态文明发展指数的整体进步，但生态活力和环境质量又拖了后腿：生态活力发展指数排名 25 名，低于 42 国平均水平 1.28 分；环境质量发展指数得分 79.00 分，排名 35 名，分别落后金砖国家、OECD 国家平均水平 3.4 分和 5.11 分。中国各二级指标发展指数的得分及排名见表 5-4。

表 5-4　中国生态文明发展指数(IECPI 2021)二级指标汇总

二级指标	得分	排名	等级
生态活力	85.71	25	3
环境质量	79.00	35	4
社会发展	102.00	2	1
协调程度	92.94	4	1

从生态文明建设发展水平和发展速度两方面结合来看，受污染物排放影响的环境质量改善仍是影响中国生态文明建设工作的重难点。党的二十大报告中指出，要“深入推进环境污染防治。坚持精准治污、科学治污、依法治污，持续深入打好蓝天、碧水、净土保卫战。”持续深入打好污染防治攻坚战将加速推进中国生态文明建设的发展，提升中国生态文明建设的水平。

二、具体分析：我国生态文明建设正奋起直追

根据生态文明进展类型的划分规则(按照“平均值±0.2个标准差”的方法，具体规则详见第一章)，将包括中国在内的42个国家按照生态文明的基础水平(IECI 2021)和发展指数(IECPI 2021)划分为五类(领跑型、追赶型、前滞型、后滞型和中间型)。其中，中国属于追赶型国家，其等级分组合为1-3。与其他样本国家相比，中国虽然生态文明的基础水平薄弱，水平较低，但长期持续的努力取得了很大的成效，生态文明建设已有突出的成果(42个国家发展指数均值为86.36，中国为89.15，高于均值)。但同时，我们也能从具体二级指标的类型上看出一定的问题，例如环境质量的改善依然是难点问题，基础水平和发展指数都比较弱，被划分为了后滞型，其中的原因值得我们去探究。各国生态文明建设的基础水平和发展指数得分、等级及类型如表5-5所示；中国生态文明建设各二级指标的基础水平和发展指数得分、等级及类型如表5-6所示。

表 5-5　各国生态文明建设的基础水平和发展指数得分、等级及类型

国家名称	基础水平	基础水平等级分	发展指数	发展指数等级分	等级分组合	类型
爱尔兰	86.70	3	90.37	3	3-3	领跑型
丹麦	88.21	3	87.37	3	3-3	领跑型
法国	88.62	3	90.53	3	3-3	领跑型
芬兰	87.52	3	87.84	3	3-3	领跑型
拉脱维亚	86.75	3	92.82	3	3-3	领跑型
立陶宛	87.55	3	90.09	3	3-3	领跑型

（续表）

国家名称	基础水平	基础水平等级分	发展指数	发展指数等级分	等级分组合	类型
卢森堡	93.13	3	88.42	3	3-3	领跑型
英国	88.37	3	92.30	3	3-3	领跑型
奥地利	88.78	3	83.89	1	3-1	前滞型
澳大利亚	85.49	3	81.01	1	3-1	前滞型
巴西	86.62	3	83.55	1	3-1	前滞型
德国	86.91	3	83.77	1	3-1	前滞型
美国	86.58	3	83.71	1	3-1	前滞型
挪威	86.54	3	85.42	1	3-1	前滞型
瑞典	91.45	3	82.13	1	3-1	前滞型
斯洛伐克	86.52	3	81.91	1	3-1	前滞型
斯洛文尼亚	85.76	3	84.31	1	3-1	前滞型
新西兰	92.02	3	83.84	1	3-1	前滞型
瑞士	88.79	3	86.01	2	3-2	中间型
西班牙	86.63	3	86.82	2	3-2	中间型
冰岛	85.03	2	88.28	3	2-3	中间型
荷兰	85.12	2	88.04	3	2-3	中间型
加拿大	85.16	2	88.03	3	2-3	中间型
希腊	84.21	2	88.20	3	2-3	中间型
比利时	85.00	2	84.35	1	2-1	中间型
捷克	83.58	2	84.94	1	2-1	中间型
俄罗斯	78.43	1	86.67	2	1-2	中间型
墨西哥	77.98	1	87.02	2	1-2	中间型
爱沙尼亚	83.11	1	90.45	3	1-3	追赶型
波兰	80.68	1	88.19	3	1-3	追赶型
韩国	74.68	1	87.41	3	1-3	追赶型
哥伦比亚	80.37	1	87.29	3	1-3	追赶型
日本	82.72	1	90.50	3	1-3	追赶型
智利	81.45	1	92.71	3	1-3	追赶型
中国	73.06	1	89.15	3	1-3	追赶型
南非	76.21	1	81.28	1	1-1	后滞型
葡萄牙	83.27	1	85.30	1	1-1	后滞型
土耳其	80.14	1	82.28	1	1-1	后滞型
匈牙利	81.04	1	82.62	1	1-1	后滞型
以色列	81.41	1	80.20	1	1-1	后滞型
意大利	81.56	1	84.63	1	1-1	后滞型
印度	74.38	1	83.57	1	1-1	后滞型

表 5-6　中国生态文明建设各二级指标的基础水平和发展指数得分、等级及类型

二级指标	基础水平	基础水平等级分	发展指数	发展指数等级分	等级分组合	类型
生态活力	84.29	1	85.71	2	1-2	中间型
环境质量	65.00	1	81.00	1	1-1	后滞型
社会发展	71.33	1	102.00	3	1-3	追赶型
协调程度	69.41	1	92.94	3	1-3	追赶型

1. 生态保护稳步推进

从二级指标来看，中国在生态活力方面属于中间型。与其他样本国家相比，尤其是欧洲国家相比，中国的森林覆盖率、森林质量和自然保护区面积占国土面积比重都处于比较低的水平，但近几年来，森林覆盖率和森林质量增长较快，森林生态基础逐渐牢固。2016 年，国家林业和草原局印发的《林业发展“十三五”规划》中指出，要加快构建“一圈三区五带”①的林业发展新格局，加快国土绿化，全面保护天然林资源，推进混交林培育，提升林业产业，加强特色林业基地建设，全面推进国有林场改革，构建林业管理新模式，完善林业法律体系等。② 而事实证明，我国森林生态建设确实在稳步进行，在 2019 年结束的第九次全国森林资源清查成果显示，截至 2018 年，全国现有森林面积 2.2 亿公顷，森林蓄积量 175.6 亿立方米，实现了 30 年来连续保持面积、蓄积量的“双增长”。我国成为全球森林资源增长最多、最快的国家，森林资源保护和发展步入了良性发展的轨道③。

我国草原和自然保护区的生态保护工作也正稳步进行。我国是世界第二大草地资源拥有国，天然草地 3.9 亿公顷，占国土总面积的 41.4%。近年来，我国草原生态系统建设逐步加强，修复力度加大，草原植被综合盖度整体上升；农业农村部（原农业部）积极推行资金补助制度，支持草原生物灾害防治工作；高度重视草原防火和森林防火工作，使得草原生态恶化得到遏制。截至 2018 年，我国草原植被覆盖率为 55.7%，较 2011 年增长了 4.7 个百分点。④ 中国的自然保护地体系建设是生物多样性保护最有效的措施，在维护国家生态安全中居于首要地位。2017

① “一圈”为京津冀生态协同圈；“三区”为东北生态保育区、青藏生态屏障区、南方经营修复区；“五带”为北方防沙带、丝绸之路生态防护带、长江（经济带）生态涵养带、黄土高原—川滇生态修复带、沿海防护减灾带。

② 国家林业和草原局政府网. 林业发展“十三五”规划[EB/OL].（2016-5-25）[2021-3-26]. http://www.forestry.gov.cn/main/58/content-875013.html

③ 国家林业和草原局政府网. 中国森林覆盖率 22.96%[EB/OL].（2019-6-17）[2021-3-26]. http://www.forestry.gov.cn/main/65/20190620/103419043834596.html

④ 李秀香. 我国草资源利用与草产业发展问题研究[J/OL]. 企业经济，2020(09)：5—13＋2[2020-09-27]. https://doi.org/10.13529/j.cnki.enterprise.economy.2020.09.001

年 9 月，中共中央办公厅、国务院办公厅印发《建立国家公园体制总体方案》，随后在 2019 年 6 月，又印发《关于建立以国家公园为主体的自然保护地体系的指导意见》，提出建立分类科学、布局合理、保护有力、管理有效的以国家公园为主体、自然保护区为基础、各类自然公园为补充的中国特色自然保护地体系。一系列国家顶层设计的出台，明确了自然保护地体系建设在中国生态文明体制改革中的重要地位，也标志着中国的自然保护地体系建设迈入全面深化改革的新阶段。①

2. 社会发展方面进步迅速，但需提高纵深发展能力

根据 IECPI 2021 的评价结果，中国在社会发展二级指标中得分 102，位居第 2 位，超过所有 OECD 国家。这主要得益于中国在人均 GNI、服务业附加值占比以及城镇化率所代表的经济发展水平方面的迅速增长。仔细观察原始数据发现，中国在社会发展领域的快速发展，一方面当然离不开中国自身的进步，另一方面也部分源于大部分 OECD 国家由于经济发展和城乡建设起步较早，发展已达到一定水平，进步空间已经非常有限，在所选取的几个可得指标中进步率较小，甚至出现负值的情况。随着社会发展水平的不断提升，中国也将会面临这一问题。因此对社会发展情况的考察评价应当考虑到指标之外的其他问题，换句话说，应当考虑一国在社会经济水平达到一定程度之后，是否明确进一步发展的方向以及是否具备进一步纵深发展的能力。而就目前情况而言，中国在此方面的纵深发展能力仍显不足。

例如，中国应当重视居民收入差距水平，努力提升社会和经济的纵深发展能力。据世界银行数据库发布的数据显示，在最近可得年份(2016)基尼系数方面，42 个国家中的 33 个可得结果显示，基尼系数的平均值为 0.34，中国为 0.39，高于平均水平，这说明中国的收入分配公平程度要低于可获得样本国家的平均水平。金砖国家中的巴西和俄罗斯，基尼系数也都高于平均水平。斯洛文尼亚、斯洛伐克和捷克 3 国的居民收入差距较小，基尼系数分别是 0.248、0.252 和 0.254；表现较差的国家有巴西、哥伦比亚和墨西哥，基尼系数分别是 0.533、0.508 和 0.463。党的十九大报告指出："我国社会主要矛盾已经转化为人民日益增长的美好生活需要和不平衡不充分的发展之间的矛盾。"②在不断推进社会发展的进程中，我们必须要注重收入分配和财富分配不平等的问题，既注重发展的速度也要顾及发展的质量。

---

① 国家林业和草原局政府网. 中国自然保护地[EB/OL].(2020-5-21)[2021-3-26]. http://www.forestry.gov.cn/main/65/20200527/110735699913323.html

② 习近平. 决胜全面建成小康社会 夺取新时代中国特色社会主义伟大胜利——在中国共产党第十九次全国代表大会上的报告(2017 年 10 月 18 日)[R]. 北京：人民出版社，2017：11.

3. 协调程度方面，我国发展潜力巨大

协调程度方面，中国面临的问题同样是发展速度迅速但基础水平落后。在基础水平上，中国与其他国家，尤其是发达国家相比有很大的差距。据世界银行数据库统计数据显示，2007 年中国 GDP 超过德国，三年之后又超过日本，2018 年中国 GDP 达到 13.89 亿美元，是日本的 2.8 倍，较高的 GDP 增长速度是用大量的能源资源投入换来的，必须促进能源资源集约化利用，提高协调程度。基于此，中国在提高协调程度领域做了较大的努力。早在 2005 年，中国就提出要加快建设资源节约型、环境友好型社会，促进经济发展与人口、资源、环境相协调。在此方针指导下，中国多管齐下，采取经济、行政、法律等多种手段和各种综合性措施，不断提高资源能源的利用效率，促进经济社会的可持续发展。据世界银行发布的数据显示，2006—2014 年不到 10 年的时间，我国的单位生产总值能耗下降了 25.92%，水资源利用效率更是大幅上升，这些都使中国在协调程度的发展指数上有良好的表现，也表现出了中国在此领域的巨大潜力。

此外，受限于数据的可获得性，本指标体系并未能考察可再生能源的利用情况、水资源循环利用的水平等国际现状。这些相关方面都是不断提高资源与环境协调程度的必要途径。中国在水电、太阳能、风能的利用总量上走在世界前列，但如何促进相关可再生能源的均衡、高效利用，使之满足人民群众美好生活的需求，是提升协调程度需要解决的问题。

4. 污染物排放正处于拐点

评价结果显示，我国在环境质量领域的类型为后滞型，这表明我国的环境质量不仅在基础水平上与其他国家有很大的差距，改善速度也落于其后，说明在此领域，中国还有很长的路要走。

我国从“十一五”开始就以刚性约束手段对二氧化硫和氮氧化物等主要大气污染物实行总量控制，减排工作持续进行 10 多年，取得了显著成效。然而，在减排指标选择上，从“十一五”到“十三五”，均未把烟（粉）尘纳入污染物总量控制的减排指标范围，总体环境空气质量形势仍然非常严峻。随着我国工业化、城镇化的深入推进，能源资源消耗持续增加，能源消费结构未得到充分调整，大气污染防治压力继续加大。

从主要大气污染物的发展情况看，2011—2015 年，二氧化硫和氮氧化物的排放总量已经呈缓慢的下降趋势，但烟(粉)尘排放总量在 2011—2014 年呈增长势，2014—2015 年才开始下降，但总量依然是比较高的水平。(受限于数据的可获得性，本指标体系选用 $PM_{2.5}$ 年均浓度来指代空气质量，未涵盖二氧化硫、氮氧化物等其他污染物，这可能也是评价结果显示空气质量发展指数不高的重要原因。)

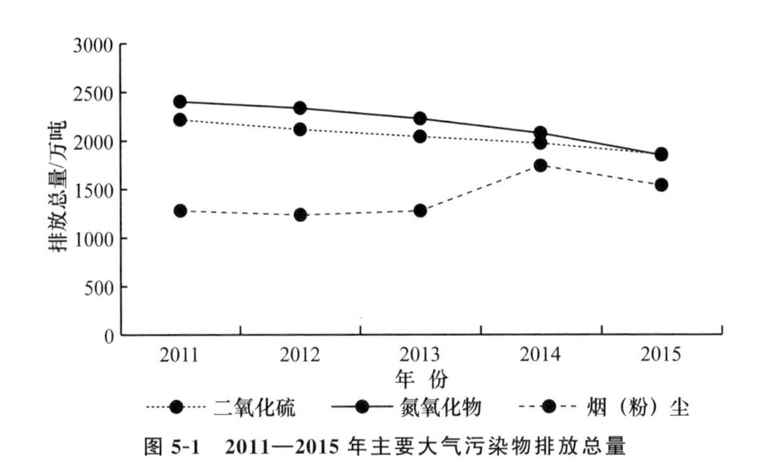

图 5-1　2011—2015 年主要大气污染物排放总量

虽然空气质量的基础水平和发展水平均表现不佳，但对此也不应悲观，中国的空气质量改善已经整体向好。为治理大气污染、提升环境质量，2013 年 9 月国务院印发《大气污染防治行动计划》，打响了蓝天保卫战，从产业结构调整到清洁能源替代，从淘汰老旧车辆到围剿"散乱污"，我国的大气污染治理不断提速，治理成效逐步显现，让百姓看到了蓝天重现的希望。

总的来说，在看到中国整体生态文明建设发展速度可喜的同时，也应注意到在具体项目上存在的问题。这并不是说要对此持一种悲观态度，而是要求在进一步发展中，在保持并加快经济社会发展的同时，维护生态活力，提高资源利用效率，加大力度改善环境质量，进而达到突出优势、补齐短板，促进中国生态文明建设整体水平提升的目的。

三、提升环境质量，中国负重致远

从与样本国家的比较中可以看出，环境质量尤其是空气质量已经成为我国生态文明建设明显的短板，也是进一步发展的中心问题。生态文明建设中，环境质量的问题其实是一面镜子，它的基础水平和发展指数受到各种因素的影响，既能反映出污染物排放和治理的情况，也能反映出更深层次的经济发展、人口、资源与环境的协调情况。致力于环境质量的改善，必然要对各类污染物的排放强度和排放总量进行约束，倒逼对更深层的结构和原因进行探究、改进和优化。

1. 优化产业结构，大力发展高端制造业

发展中国家往往在工业化迅速发展阶段通过承接发达国家的资源密集型和排放密集型的产业转移，以较为低廉的环境和资源成本换取经济的快速增长。所以许多发展中国家虽然受益于全球分工体系，但同时也被锚定在产业链的中低端，其产品多具有低附加值、高污染、高排放的特点。如果一直遵循这种发展模式，污染物排放量将会不断增加，生态系统遭到持续性的破坏。所以必须放弃以低环境标准和高生态代价为特征的发展模式，重塑国家产业竞争优势。

近几年，我国积极推进产业结构调整，已经取得一定成效。据国家统计局发布的数据显示，2013 年，中国的第三产业占比达到 46.7%，首次超过第二产业占比；截至 2018 年，中国第一、第二、第三产业占比分别是 7.2%、40.7%、52.2%，服务业与工业产值之比为 1.28①。自“十一五”开始，我国全面启动生态文明建设，积极调整产业结构的同时，我们也看到了大气污染物排放量的下降，仅 2011—2015 年 4 年的时间(受限于数据的可获得性)，二氧化硫排放总量下降了 16.2%，氮氧化物排放总量下降了 23%②。

虽然产业结构的推进显著降低污染物排放总量，但是由于中国经济体量大，历史欠账多，并且扮演着“世界工厂”的角色，所以治理污染、修复环境的形势依然严峻。第三产业对经济增长的拉动作用已经超过一半，但与 OECD 国家相比，我国第三产业依然算不上优势产业。OECD 国家的第二产业占比多在 30%以下，第三产业占比多在 60%以上。例如，美英两国的服务业与工业产值之比在 4 左右，德日两国接近 3。虽然发达国家总体呈现出服务业占比提升且工业占比下降的产业变迁特征，但是深入分析则可以发现其产业结构特征依然存在差异。美英是以金融、保险、房地产作为支柱产业，通过虚拟经济的竞争优势替代工业，推动绿色发展；德日则是以高端制造业作为支柱产业，并凭借技术优势占领全球迂回生产链条高附加领域的方式来实现绿色发展③。

对于中国来说，如果仅简单地将 OECD 国家的服务业比重平均水平作为追求目标，是非常草率的，必须依据我国具体的国情来确定接下来的产业升级思路。在中国的第二产业中，制造业占比为 76%。如果单纯地追求服务业比例的提升，放弃对占比极高的制造业的优化，是不符合国情的。十九大报告中提出要加快发展先进制造业，推动互联网、大数据、人工智能和实体经济深度融合，促进产业迈向全球价值链中高端，培育若干世界级先进制造业集群。中国必须因势利导，以高端制造业作为主攻方向，全面推动产业升级，进而实现清洁生产与绿色发展。

2. 促进经济增长与资源消费、环境污染的脱钩关系

我国从 20 世纪 90 年代进入工业化中期阶段以后，粮食、煤炭、石油、铁矿石、铜矿、水资源等大宗商品消耗量快速增加，自 2000 年以来我国的能源消费量急剧

① 国家统计局. 中国统计年鉴 2018[M]. 北京：中国统计出版社，2018.

② 国家统计局，生态环境部. 中国环境统计年鉴 2018[M]. 北京：中国统计出版社，2018.

③ 乔晓楠. 中国绿色发展面临问题与产业升级策略探讨[J]. 中国特色社会主义研究，2018(02)：77—83.

增长，消费总量在 2008 年之后超越美国，成为世界第一大能源消费国。中国的资源利用效率虽于 1993 年之后出现显著增长，但与发达国家仍有很大差距。目前中国的资源消费依然是由经济增长而非科技等其他因素驱动，资源消费和经济增长还未实现脱钩状态，环境压力、资源消费量和经济增长都呈显著增长的模式。[①] 必须跳出这个发展定式，尽快实现过渡，以减少经济增长过程对环境造成的负担。

提高资源能源利用效率是实施资源能源节约集约利用和生态环境治理的基本条件，是实现经济增长与资源消费、环境压力脱钩的必要途径。从图 5-2 可以看到，我国的单位 GDP 能耗虽然在波动降低，但依然远高于 OECD 国家和世界平均水平，资源能源利用效率更是远远落后于英国、德国、日本等发达国家。必须依靠技术创新，以实现对自然资源更高效率的开发利用。德国是利用科技振兴经济，提高资源利用水平的典型国家。德国创新建立企业技术实验室和大学科学实验室，注重将先进技术和科研成果运用到工业生产，一度扭转了在工业化初期的劣势。尤其到了 19 世纪下半叶，德国成为世界科学中心，德国的资源能源利用水平显著高于英国和法国等发达国家，使得降低资源能源利用强度和生态环境影响程度步入良性的发展轨道。我国也必须依靠技术创新实现资源效率的提高，进而达到生态环境治理的目的。

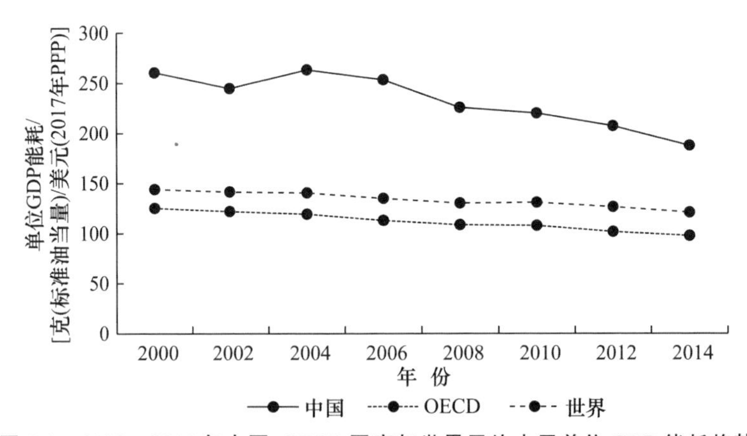

图 5-2　2000—2014 年中国、OECD 国家与世界平均水平单位 GDP 能耗趋势

要实现经济增长与资源消费、环境压力的脱钩，必须优化能源消费结构。据英国能源公司发布的世界能源展望数据库的数据显示，2019 年，我国的能源消费

① 梁涵玮，倪玥琦，董亮，戴铭，刘天宏，文一朵. 经济增长与资源消费的脱钩关系——基于演化视角的中日韩美比较研究[J]. 中国人口・资源与环境，2018，28(05)：8—16.

结构中,煤炭消费比例依然是最大的,占能源消费总量的57.6%,比OECD国家平均水平(13.8%)高出40多个百分点,而石油、天然气仅占能源消费总量的27.5%①,我国的能源消费结构还是呈现出"一煤独大"的局面,对传统石化能源的依赖程度依然过高,必须加大力度继续推进能源消费结构调整。我国清洁能源(包括核能和可再生能源)的使用比例(6.9%)一直不高,低于OECD国家平均水平(14.7%),但相对于过去几年,比例一直在缓慢上升。我国的水电开发利用水平一直位居世界前列,2019年全国水电消费量接近OECD国家总量,占世界水电消费总量的30%。我国在发展清洁能源和新能源的道路上是有非常大的潜力的。

表5-7　2019年中国一次能源消费结构与OECD、世界总量对比

(单位:亿吨标准煤)

	石油	天然气	煤炭	核能	水电	可再生资源
中国	27.91	11.06	81.67	3.11	11.32	6.63
OECD总量	89.63	64.84	32.1	17.77	12.32	16.77
世界总量	193.03	145.45	157.86	24.92	37.66	28.98

3. 加快引导绿色出行方式

随着生活水平的提高,生活和消费对环境的影响越来越大。统计数据显示,2011—2014年,全国二氧化硫、氮氧化物和烟(粉)尘的工业源排放总体上呈减少趋势,但来自生活源的排放量却逐年增加,尤其烟(粉)尘的生活源排放(见图5-3)②在2015年还未迎来拐点。此外,2000—2017年,城市污水排放量由331.8亿立方米增加到492.4亿立方米,城市生活垃圾清运量由11.8万吨增加到21.5万吨。由生活产生的污染逐渐成为环境污染的重要来源。

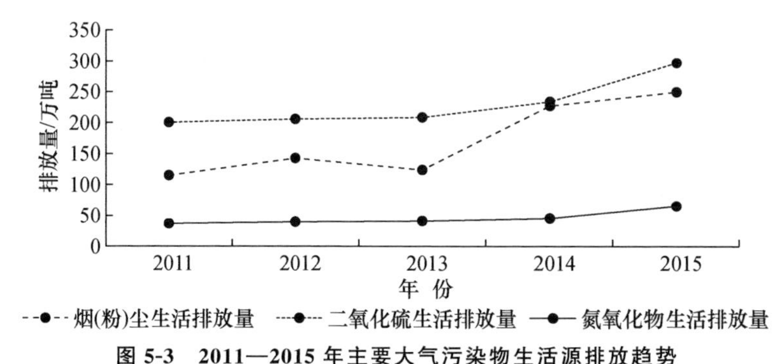

图5-3　2011—2015年主要大气污染物生活源排放趋势

① BP Statistical Review of World Energy 2019. https://www.bp.com/en/global/corporate/energy-economics/statistical-review-of-world-energy.html

② 国家统计局,环境保护部. 中国环境统计年鉴2018[M]. 北京:中国统计出版社,2018.

近几年，雾霾污染是我国当前亟须解决的重要问题之一，尤其是京津冀、长三角地区，这两个地区是我国大气污染最严重的地区。2015 年至 2016 年冬，北京出现重度雾霾事件，多次启动了重污染红色预警。美国耶鲁大学在《2018 年环境绩效指数报告》(*2018 Environmental Performance Index*)中指出：2018 年中国空气质量全球排名倒数第 4；在全球 30 个污染最严重的城市中，中国城市占了三分之二。雾霾频发的城市城镇化水平和人口密度都较高，城镇化的无序扩张发展以及人口的不断集聚加大了对能源消费和机动车的需求，导致更多的能源消耗和机动车污染排放，生活源排放成为雾霾污染的罪魁祸首。就北京来说，2015 年，二氧化硫生活源排放占总量的 69%；氮氧化物生活源排放占比 13.9%，机动车排放占比 48.5%；烟(粉)尘生活源占比 68.8%，机动车排放占比 4.8%。机动车已成为人们日常生活中必不可少的交通工具，并且私人汽车已成为城市居民重要的出行方式，很难找到其他替代性交通工具，所以必须构建绿色观念引导、绿色技术支持以及绿色交通网络覆盖的体系以改善机动车排放对大气环境的污染。

OECD 国家绿色生活、绿色出行水平普遍较高，有很多经验值得中国借鉴。例如，针对交通问题，德国推行汽车共享服务，电动汽车享受特定交通特权，支持自行车停放设施建设项目等；英国推行柴油机动车辆禁售令，实施《低碳绿色化交通战略》；加拿大摒弃以汽车为中心的城市规划理念，进行零碳排放交通城市规划，布局和发展智能绿色物流网络等。这些国家采取的绿色交通、完善公共交通、短途自行车出行、差异化停车及革新城市交通规划等措施，使得绿色出行率迅速提高。近年来，中国在推动绿色出行方面做了积极的努力和尝试，例如交通运输部等 12 个部门和单位曾联合制订《绿色出行行动计划(2019—2022 年)》，要求到 2022 年，初步建成布局合理、生态友好、清洁低碳、集约高效的绿色出行服务体系。但一些地方仍存在绿色出行环境不友好、绿色出行方式吸引力不足、公众绿色出行意识有待增强等问题，亟待予以解决。

四、指标体系说明

IECPI 2021 是在 IECI 2021 的基础上变体而来(见表 5-8)。

1. 指标说明

为了能将各个样本国家的基础水平与发展指数整合讨论，IECPI 2021 和 IECI 2021 的各个指标基本保持一致(但将各指标调整为最近年份与上一年数据的增长率/下降率)，仅将协调程度二级指标中的“单位 GDP 二氧化碳排放量”调整为“二氧化碳排放量总量”的下降率。而 IECI 2021 是在 ECI 2016 的基础上发展完善而来，根据可获取的最新统计数据，对部分二级指标和三级指标进行了调整，具体调整情况见《中国省域生态文明建设评价报告(ECI 2016)》。

表 5-8　生态文明发展指数国际版(IECPI)

一级指标	二级指标	权重/%	三级指标	权重分	权重/%	指标数据	指标性质
国际生态文明建设发展指数(IECPI)	生态活力	30	森林覆盖率增长率	4	8.57	(本年森林覆盖率/上年森林覆盖率－1)×100%	正指标
			单位面积森林蓄积量增长率	2	4.29	(本年单位面积森林蓄积量/上年单位面积森林蓄积量－1)×100%	正指标
			草原覆盖率增长率	4	8.57	(本年/上年－1)草原覆盖率	正指标
			自然保护区面积比例增长率	4	8.57	(本年/上年－1)自然保护区面积	正指标
	环境质量	25	$PM_{2.5}$ 年均浓度下降率	4	10.00	(1－本年 $PM_{2.5}$ 年均浓度/上年 $PM_{2.5}$ 年均浓度)×100%	正指标
			拥有安全管理卫生设施人口比例增长率	2	5.00	(本年拥有安全管理卫生设施人口比例/上年拥有安全管理卫生设施人口比例－1)×100%	正指标
			化肥施用强度下降率	2	5.00	(1－本年单位面积化肥施用量/上年单位面积化肥施用量)×100%	正指标
			农药施用强度下降率	2	5.00	(1－本年单位面积农药施用量/上年单位面积农药施用量)×100%	正指标
	社会发展	15	人均 GNI 增长率	5	5.00	(本年人均 GNI/上年人均 GNI－1)×100%	正指标
			服务业附加值占 GDP 比例增长率	4	4.00	(本年服务业附加值占 GDP 比例/上年服务业附加值占 GDP 比例－1)×100%	正指标
			城镇化率增长率	2	2.00	(本年城镇化率/上年城镇化率－1)×100%	正指标
			高等教育入学率增长率	2	2.00	(本年高等教育入学率/上年高等教育入学率－1)×100%	正指标
			出生时的预期寿命增长率	2	2.00	(本年出生时的预期寿命/上年出生时的预期寿命－1)×100%	正指标
	协调程度	30	单位 GDP 能耗下降率	5	8.82	(1－本年单位 GDP 能耗/上年单位 GDP 能耗)×100%	正指标
			化石能源消费比例下降率	2	3.53	(1－本年化石能源消费比例/上年化石能源消费比例)×100%	正指标
			单位 GDP 水资源效率增长率	4	7.06	(本年单位 GDP 水资源效率/上年单位 GDP 水资源效率－1)×100%	正指标
			淡水抽取比例下降率	2	3.53	(1－本年淡水抽取比例/上年淡水抽取比例)×100%	正指标
			二氧化碳排放量总量下降率	4	7.06	(1－本年二氧化碳排放量总量/上年二氧化碳排放量总量)×100%	正指标

（1）生态活力指标

生态活力二级指标主要考察各国生态基础的变化情况，包括生态系统的健康程度、生物多样性的丰富程度等，根据可获得的有效数据，共选择了 4 个三级指标，包括森林覆盖率增长率、单位面积森林蓄积量增长率、草原覆盖率增长率和自然保护区面积比例增长率。

用森林覆盖率增长率、单位面积森林蓄积量增长率评价各国的森林发展情况，前者衡量一国森林的面积数量变化情况，后者代表森林质量。森林生态系统是陆地上面积最大、最为重要的自然生态系统。它既可以保持水土，涵养水源，也是吸收温室气体，净化空气的主力；既可以防风固沙，阻止土地荒漠化，也能调节气候，美化环境。故本指标体系对森林生态系统进行重点考察，从一个侧面反映样本国家的生态基础情况。

草原覆盖率增长率考察的是各样本国家的草原生态系统情况。草原作为生态系统的组成部分，在对保护水土、防风固沙及保护生物多样性方面都有着很多的作用。

本指标体系中选取自然保护区占国土面积比重来反映生物多样性的情况。生物多样性是生态是否健康的重要标志，而自然保护区设置的一个重要目的就在于保护生物多样性，因此在生物多样性无直接数据可衡量的情况下，此处用自然保护区占国土面积比重的数据来替代。

（2）环境质量指标

环境改善二级指标考察各国在治理环境污染方面的成就，包括空气质量、水体质量和土壤质量三个方面。

空气质量好坏的评价依据一般是 SO_2、NO_2、PM_{10}、$PM_{2.5}$、O_3、CO 等污染物的年均浓度，但此处只能获得统一的 $PM_{2.5}$ 的年均浓度数据。所以，本指标体系用 $PM_{2.5}$ 年均浓度来反映空气质量，数据的值越小，空气质量越好。

由于缺乏可以反映水体质量的直接数据，故在本指标体系中选用拥有安全管理卫生设施人口比例的指标，表示的是各样本国家安全用水的获益人口比例，从侧面来反映各国的水体质量情况。

另外，土壤质量也没有直接数据，但农药和化肥施用强度过大是土壤面源污染的重要原因，故此处用农药和化肥的施用强度来反映土壤质量。

（3）社会发展指标

社会发展是生态文明建设的重要组成部分，人与自然、社会的和谐统一是生态文明建设作为一个巨大的复杂系统的应有之义。该二级指标考察各国在社会领域的发展情况，包括经济发展、产业结构、国土布局、教育状况和医疗卫生等方面。选取了人均 GNI 增长率、服务业附加值占 GDP 比例增长率、城镇化率增长率、高等教育入学率增长率和出生时的预期寿命增长率 5 个指标分别对应以上 5 个方面情况。

（4）协调程度指标

协调程度二级指标考察各国资源利用情况以及与环境的协调程度，包括能源效率、能源结构、水资源效率、水资源压力以及气候变化应对等方面。同样因为数据可获得性的问题，对应要考察的方面选取了 5 个三级指标，分别是单位 GDP 能耗下降率、化石能源消费比例下降率、单位 GDP 水资源效率增长率、淡水抽取比例下降率、二氧化碳排放量总量下降率。

2. 数据质量及体系说明

由上文可以看出，因数据来源问题，本指标体系虽已尽力完善，但与理想的指标体系间仍存在一定差距。IECI 2021 和 IECPI 2021 评价中所采用数据主要由世界银行、OECD、联合国粮食及农业组织（FAO）等机构公开发布，这些数据在很大程度上又依赖于各国的统计，因此在统计时间、统计项目及统计口径上均存在较大差异，这就造成了可选指标较少且存在一定滞后性的问题。

应当说明的是，本指标体系中使用的多数数据统计年份为 2016—2017 年，但由于部分数据缺乏连续性，在统计中使用了可获得的最近年份数据及最近上一年份数据（森林覆盖率数据统计年份为 2015 年和 2016 年，单位面积森林蓄积量数据统计年份为 2010 年和 2015 年，自然保护区面积占国土面积比重数据统计年份为 2000 年和 2014 年，化肥施用量和农药施用量数据统计年份为 2015 年和 2016 年，人均 GNI 和出生时的预期寿命数据统计年份为 2017 年和 2018 年，服务业附加值占 GDP 比例和城镇化率数据统计年份为 2018 年和 2019 年，单位生产总值能耗和化石能源消费比例数据统计年份为 2014 年和 2015 年，二氧化碳排放总量数据统计年份为 2015 年和 2016 年）。在具体指标中，缺失当年统计数据的国家前推了最近统计年份，与其他国家数据统计年份相差过远的作缺失值处理。本章的分析建立在评价基础之上，但并不局限于评价结果，因此虽然数据上存在一定局限性，但得出的结论仍有助于理解中国近年生态文明建设的国际地位。

算法上，IECPI 2021 与 ECPI 2021 保持一致，详情请参见第一章，具体情况在此处不再做特别说明。

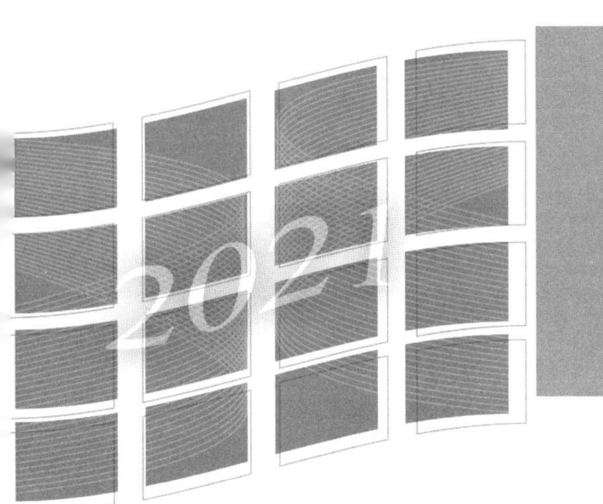

第二部分 绿色生产建设发展评价报告

第六章　绿色生产建设发展年度评价报告

绿色生产是生态文明建设和高质量发展的必然选择，是绿色发展的组成部分。“十三五”规划首次将绿色发展理念纳入了国家的五年发展规划。进入新时代，中国社会面临的基本矛盾发生了变化，为了实现人口资源环境相均衡、经济社会生态效益相统一的建设目标，以绿色生产与绿色生活为主要抓手的绿色发展继续深入推进。课题组在延续以往研究的基础上，采用产业升级、资源增效和污染治理的核心指标，通过绿色生产发展指数 GPPI 2021(Green Production Progress Index)的测算，分析与评价了 2016—2017 年全国 31 个省份绿色生产建设发展进展、类型特征、发展态势与驱动因素，力图通过多视角展现中国绿色生产建设发展的全貌，从而推进中国绿色生产进一步转型升级、优化增效，实现更高质量、更有效率、更加公平、更可持续、更为安全的发展。

一、绿色生产建设发展评价结果

按照设定的指标体系，课题组收集整理了全国 31 个省份 2016—2017 年间绿色生产建设发展的原始数据，并对数据进行了赋权和计算。通过分析各级指标的绿色生产发展指数及各省份绿色生产建设发展速度，探寻全国及各省份绿色生产建设发展的症结与突破口，为继续推进中国绿色生产建设发展提供启示和探索方向。

(一) 全国绿色生产建设发展速度保持增长，节能减排成效显著

2016—2017 年，全国绿色生产建设发展总体呈现增长态势，绿色生产建设发展速度为 3.31%。从各二级指标来看，产业升级、资源增效和污染治理的发展速度分别为−0.58%、4.05%、5.67%(见表 6-1)。资源增效与污染治理领域的发展持续向好，成为绿色生产建设发展的主要贡献领域。多年来，我国环境友好型社会与资源节约型社会的持续推进，以及“蓝天碧水净土”保卫战的开展，有力促进了绿色生产的建设成效。

由于各领域建设的难度不同，对绿色生产建设发展的影响也不同。尽管资源增效与污染治理领域对绿色生产的建设贡献显著，但较之 GPPI 2016，2016—2017 年中国绿色生产的发展速度仍呈现降速增长态势。分析发现，2014—2017 年，产

业升级的发展速度逐步下降至负增长态势，经济新常态下保持中高速增长与加快产业结构转型的双重压力，制约着绿色生产的发展速度与发展质量。

表 6-1　2016—2017 年全国绿色生产建设发展速度　（单位：%）

二级指标	产业升级	资源增效	污染治理	总速度
发展速度	－0.58	4.05	5.67	3.31

1. 产业结构升级力度持续减弱，高技术产业亟待加强技术突破

产业结构优化升级进入瓶颈期。从产业结构各三级指标发展速度来看，第三产业就业人数占地区就业总人数比重的增长率依旧快于第三产业产值占 GDP 比重的增长率，整体而言服务业从业人员的劳动生产率依然不高，我国经济发展进入“三二一”的产业分布结构后，深化服务业的发展质量将是未来绿色生产的重点方向。在科技创新方面，研发经费投入强度小幅增长，而高技术产值占地区生产总值比重速度下跌明显。高技术产业在技术创新与重难点攻关方面的阻力，是制约产业结构优化与升级转型的症结所在（见表 6-2）。

表 6-2　2016—2017 年全国产业升级发展速度

二级指标	三级指标	发展速度/%
产业升级	第三产业产值占地区生产总值比重增长率	0.17
	第三产业就业人数占地区就业总人数比重增长率	3.22
	研发投入强度增长率	1.42
	高技术产值占地区生产总值比重增长率	－6.56

2013—2017 年，产业升级的发展速度呈现波浪式下行的发展态势（见图 6-1）。十八大以来，随着我国生态文明建设围绕制度设计、政策法规、市场激励等方面全面推进，粗放式的工业生产模式不再适应新常态与新时代的发展趋势。新冠疫情加剧了国际政治格局的动荡程度，以美国为主的国际市场对中国高技术产业的技术限制严重影响了高端产业链的完善与发展。由此可见，产业升级增速出现滑坡一方面表明我国产业布局优化从快车道进入瓶颈期，另一方面也体现出高新技术发展寻求创新和突破的紧迫性与必要性。

2. 资源增效稳步推进，经济增长与资源消费仍呈现“扩张挂钩”的趋势

资源增效发展速度持续提升。从资源增效各三级指标发展速度来看，除单个指标发展速度下降幅度较大，如工业固体废物综合利用率增长率为－8.22%，多数指标均有较大的进展（见表 6-3）。在能源消耗方面，单位工业产值能耗得到了有效控制，新能源、可再生能源消费比重逐步提高。在水资源消耗方面，单位工业产值水耗下降率表现好于单位农业产值水耗下降率，工业用水重复利用率进展显

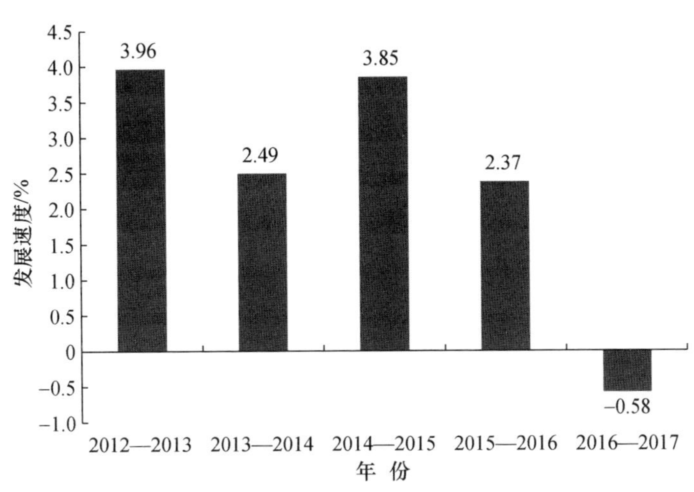

图 6-1　2013—2017 年中国产业升级发展速度

著,而现代农业集约化的生产模式有待进一步提高。在土地资源利用方面,单位工业用地面积产值稳步提升。一方面,东部地区产业结构优化升级速度更快、程度更深、质量更好,高技术产业用地的附加值明显高于传统产业用地的产值;另一方面,由于国家对中西部崛起战略的推进,中西部地区工业用地集约化利用的后发优势同样明显。

表 6-3　2016—2017 年全国资源增效发展速度

二级指标	三级指标	发展速度/%
资源增效	单位工业产值能耗下降率	9.60
	新能源、可再生能源消费比重增长率	3.76
	单位工业产值水耗下降率	13.05
	单位农业产值水耗下降率	4.17
	工业固体废物综合利用率增长率	−8.22
	单位工业用地面积产值增长率	6.63

中国能源消费结构依然呈现“一煤独大”的局面,2018 年煤炭消费占能源消费总量的 59%(见图 6-2)。当前,中国经济尚未进入发达国家水平,能源消费总量仍在上升阶段,但自 2011 年之后煤炭消费总量呈现稳步下降趋势。“十三五”规划的约束性目标顺利实现。十八大以来,特别是《巴黎协定》之后,全球各国均为碳排放的减量任务制定了中长期的低碳转型规划。中国由于能源消费的庞大体量和结构性偏重,在低碳经济转型过程中,经济增长与资源消费仍呈现“扩张挂钩”的趋势,中国未来实现以低碳经济为主导的绿色道路仍然充满挑战。

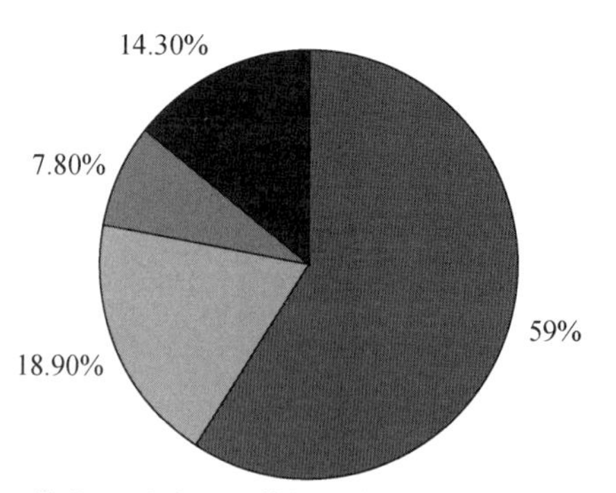

图 6-2　2018 年中国一次能源消费结构

3. 污染治理发展优势明显，工农业防污治污能力不断提高

与其他二级指标相比，污染治理建设成效最为显著。在工业废物排放治理方面，工业废水与废气排放强度的减量速度明显（见表 6-4）。“十三五”规划出台后，全国工业废气污染治理成效更为显著，2015—2017 年全国工业二氧化硫排放强度下降率达到 71.12%。在农业生产污染治理方面，中国作为农业大国，在保障粮食安全与修复土壤污染的双重压力下，农业生产正逐步减少化肥、农药的施用量。中国农药、化肥施用强度的变化趋势表明，农药施用强度和化肥施用强度均已跨过拐点，其持续高涨的局面得到了有效控制。

表 6-4　2016—2017 年全国污染治理发展速度

二级指标	三级指标	发展速度/%
污染治理	工业废水排放强度下降率	13.23
	工业二氧化硫排放强度下降率*	—
	农药施用强度下降率	4.56
	化肥施用强度下降率	1.73

* 2016 年全国工业二氧化硫排放量统计数据缺失。

十八大以来，随着《大气污染防治行动计划》《水污染防治行动计划》《土壤污染防治行动计划》的相继出台，国家针对工业废水与废气中的主要污染物制定了具体的约束性指标。与此同时，环保部（现生态环境部）会同多部门印发的《煤电节能减排升级与改造行动计划（2014—2020 年）》等文件，有力推进了全国节能减排工程的建设。多年来能源生产企业持续对燃煤机组实施脱硫、脱硝、除尘等相关改造，工业二氧化硫、工业氮氧化物排放总量得以控制。2012—2017 年，全国工业废水排放强度下降率和二氧化硫排放强度下降率分别达到 38.49%和 79.23%，治理成效显著。

(二) 各省份绿色生产发展指数(GPPI 2021)

1. 各省份绿色生产发展指数的等级分布

在修改与完善绿色生产发展指数 GPPI 2016 和绿色生产指数 GPI 2016(Green Production Index 2016)的指标体系基础上,课题组结合最新数据获得情况和实际研究需要,计算出各省份 GPPI 2021 与 GPI 2021。从发展速度与建设水平两个维度,客观评价各省份绿色生产建设与发展,并按 GPPI 2021 的均值与标准差将其划定为四个等级①,进一步统计了 GPPI 2021 的地域分布情况(见表 6-5,表 6-6)。

表 6-5 各省份绿色生产发展指数(GPPI 2021) (单位:分)

排名	地区	产业升级	资源增效	污染治理	GPPI	指数等级
1	湖南	91.18	89.48	88.67	89.66	1
2	山西	71.18	96.32	96.00	88.65	1
3	安徽	85.88	92.64	87.33	88.49	1
4	上海	80.59	86.85	95.33	88.36	1
5	河北	91.18	92.11	83.00	88.19	1
6	河南	85.29	88.43	90.00	88.12	1
7	江西	84.71	85.27	90.67	87.26	2
8	辽宁	85.29	87.37	88.00	87.00	2
9	新疆	88.24	88.43	85.00	87.00	2
10	四川	85.88	87.37	87.33	86.91	2
11	甘肃	89.41	83.16	87.33	86.71	2
12	云南	90.59	74.21	92.67	86.51	2
13	青海	95.29	76.85	87.00	86.44	2
14	贵州	82.94	92.64	83.33	86.01	2
15	重庆	88.24	81.58	86.00	85.35	2
16	湖北	87.65	79.48	86.67	84.8	3
17	天津	74.71	86.85	90.00	84.47	3
18	江苏	74.12	86.85	90.00	84.29	3
19	山东	75.29	90.00	86.67	84.26	3
20	浙江	87.65	87.11	78.67	83.89	3
21	黑龙江	77.65	77.37	93.33	83.84	3
22	海南	92.35	82.37	77.00	83.22	3

① GPPI 2021 等级划分方法与 ECPI 保持一致,综合运用平均值与标准差,将 31 个省份划分为四个等级,即发展指数高于均值 1 倍标准差以上的省份为第一等级;发展指数高于均值,但不足 1 倍标准差的省份为第二等级;低于均值,但不足 1 倍标准差的省份为第三等级;低于均值 1 倍标准差的省份为第四等级。

（单位：分）（续表）

排名	地区	产业升级	资源增效	污染治理	GPPI	指数等级
23	北京	77.06	87.37	84.00	82.93	3
24	吉林	81.76	75.79	89.00	82.87	3
25	西藏	74.12	85.53	85.00	81.89	3
26	陕西	84.12	80.53	80.00	81.39	3
27	广东	82.35	87.37	76.00	81.32	3
28	福建	88.24	81.06	74.67	80.65	4
29	广西	92.94	73.16	72.00	78.63	4
30	宁夏	86.47	72.11	76.00	77.97	4
31	内蒙古	89.41	64.21	74.00	75.69	4

表 6-6　各省份绿色生产指数(GPI 2021)

（单位：分）

排名	地区	产业结构	资源消耗	生产污染	GPI
1	天津	104.00	92.64	91.33	95.52
2	上海	104.25	86.32	90.67	93.44
3	北京	106.00	92.64	84.00	93.19
4	重庆	95.50	88.43	90.67	91.44
5	广东	100.50	92.11	80.00	89.78
6	江苏	99.00	87.90	82.67	89.14
7	湖南	85.00	89.48	89.33	88.08
8	河南	77.50	93.16	91.33	87.73
9	浙江	98.00	91.32	75.33	86.93
10	陕西	81.00	93.69	85.33	86.54
11	安徽	84.00	87.90	85.33	85.70
12	四川	87.00	81.58	87.33	85.51
13	湖北	85.50	86.85	84.00	85.30
14	山东	85.50	91.58	78.00	84.32
15	青海	79.50	77.90	91.00	83.62
16	吉林	80.75	82.63	85.00	83.02
17	福建	87.00	90.00	74.67	82.97
18	山西	84.50	79.48	82.00	81.99
19	河北	77.00	85.27	83.00	81.88
20	黑龙江	87.00	74.21	83.33	81.70
21	海南	87.00	84.48	75.00	81.44
22	贵州	75.00	81.58	86.00	81.37

（单位：分）（续表）

排名	地区	产业结构	资源消耗	生产污染	GPI
23	内蒙古	82.50	76.32	84.00	81.25
24	西藏	82.00	68.16	89.00	80.65
25	江西	81.00	79.48	80.00	80.14
26	新疆	79.00	73.16	85.00	79.65
27	云南	80.00	80.53	76.67	78.83
28	辽宁	86.50	78.95	70.67	77.90
29	广西	75.50	78.42	76.67	76.84
30	宁夏	81.50	73.16	74.00	76.00
31	甘肃	82.50	73.16	71.33	75.23

根据指标划分，绿色生产发展指数第一等级有 6 个省份，包括湖南、山西、安徽、上海、河北、河南。其中，湖南排名第一，各项指标都比较优秀且均衡，产业升级尤为突出，与湖南省政府重视绿色产业发展，积极推进绿色科技创新密切相关。其他 5 个省份 GPPI 2021 分值十分接近，并且分布在华中及华东地区，经济发展优势也比较明显。值得注意的是山西，除了产业升级得分最低，资源增效和环境污染治理得分都遥遥领先。作为资源驱动型省份，产业转型或升级的难度很大，因此山西政府在“十三五”期间，全力推进节能降耗、淘汰落后产能、全面改善环境质量、着力弥补生态短板，在生态建设方面取得了战略性的成效。

绿色生产发展指数第二等级包括江西、辽宁、新疆、四川、甘肃、云南、青海、贵州和重庆 9 个省份，绝大部分分布在中国的西部地区，绿色生产建设发展进步明显。重庆绿色生产建设水平最高，但发展速度最慢；甘肃绿色生产建设水平最低，而发展速度却保持在中游水平。甘肃省应结合黄河流域生态文明建设与高质量发展的国家战略，加强在资源增效与污染治理领域的发展。在具体领域中，青海产业升级发展指数最高，云南污染治理成效最显著，但青海、云南两省资源增效的发展速度在同等级省份中排名靠后。贵州在资源增效领域具备发展优势，但产业升级与污染治理领域在同等级省份中排名垫底。辽宁、新疆、四川等省份各领域发展相对均衡。

绿色生产发展指数第三等级覆盖的省份最多，包括湖北、天津、江苏、山东、浙江、黑龙江、海南、北京、吉林、西藏、陕西和广东等 12 个省份。在具体领域中，海南省产业升级发展指数最高，江苏、西藏的发展速度在同等级省份中排名靠后。江苏作为产业结构优势型省份，科技投入力度与创新水平较高，因此产业升级提速不明显；而西藏在科技创新领域水平很低，进展也不大，导致产业升级增速滞缓。山东省资源增效发展速度最快，而吉林发展速度最慢。黑龙江在污染治理领域表现突出，而广东污染治理发展速度垫底。整体而言，各省份绿色生产建设均面临不同领域之间发展不均衡的困局，后期建设应注重各领域协同推进的协同发展道路。

绿色生产发展指数第四等级是近两年绿色生产建设发展相对滞后的省份，分别是北部的内蒙古和宁夏及南部沿海福建和广西。内蒙古和宁夏由于先天地理条件、自然资源、经济发展水平的特殊性，转型升级和经济增长任务艰巨，要加快产业结构调整步伐，深入实施供给侧结构性改革，加强科技支撑作用，抓好污染防治、生态涵养和修复。南部沿海福建和广西，经济实力显著提升，尤其福建省，国民生产总值逐年攀升，2016 年首次进入全国前十。广西的产业转型升级力度显著加快，创新驱动成效明显。但两省还需培育加快绿色发展新动能，突破绿色发展瓶颈，完善绿色生产、绿色消费政策，推进绿色技术创新，壮大节能环保、清洁生产、清洁能源等绿色产业，提高清洁能源和可再生能源的消费比重。推进资源全面节约和循环利用，打好污染防治攻坚战，加强生态系统保护，巩固生态发展永续模式。

2. 各省份二级指标评价结果

在绿色生产建设发展各二级指标中，产业升级和污染治理在省份之间有较大差异，资源增效的发展情况相对均衡。由于各省地理条件、自然环境、经济发展水平、产业布局、文化历史等不同，发展路径各有侧重，优劣势也有区别，所以绿色生产建设发展各项指标增速不均衡，短板和优势都比较明显。

(1) 产业升级方面

2016—2017 年，全国产业升级速度整体呈负增长，各省份产业升级发展速度很不均衡。新疆产业升级的发展速度最快，达到 12.18%，吉林的发展速度垫底，为－14.9%(见图 6-3)。新疆作为产业升级进展最大的地区，高技术产值占地区生产总值比重增长率为 56.45%，居全国最高；第三产业就业人数占地区就业总人数比重增长率为 5.92%，居全国第 2。新疆自“十三五”以来，坚持把创新摆在产业发展的核心位置，利用高新技术改造传统产业，推动传统产业转型升级。加快优势矿产资源开发和转化，促进信息化与工业化深度融合，同时培育和壮大新兴战略性产业，提升产业智能水平。

云南取代陕西从往年排名中等飞跃到全国第 2，突飞猛进。从细化的指标来看，云南省的高技术产值占比增长率和第三产业就业人数占比增长率分别排名全国第 2 和第 3。随着国家“一带一路”倡议、长江经济带等重大战略的深入实施，云南省发展优势凸显。针对云南省第一产业比重偏大、第二产业较弱、第三产业比重偏小的现实，云南省在“十三五”期间，以“两型三化”(“两型”指的是开放型、创新型，“三化”指的是绿色化、信息化和高端化)为核心促进云南产业转型升级，着力优化升级传统产业、大力发展重点支柱产业、积极培育壮大战略性新兴产业，加快推动产业结构由中低端向中高端迈进，取得了令人瞩目的成绩。

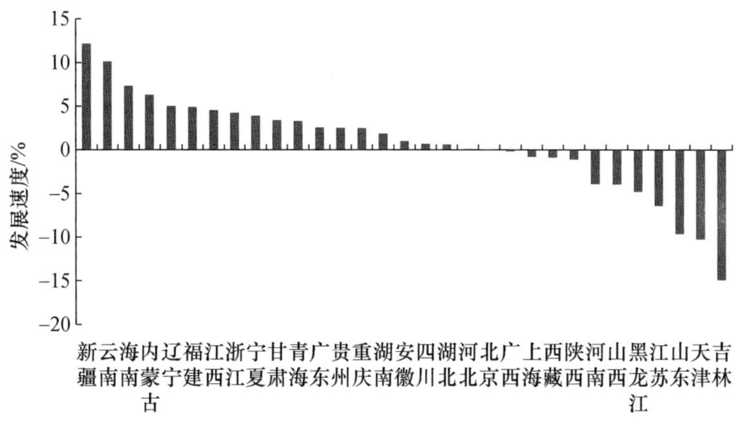

图 6-3　2016—2017 年各省份产业升级发展速度

从产业结构领域排名靠前的几个省份来看，如新疆、云南、海南、内蒙古、辽宁，作为中国“一带一路”倡议的重点省份，通过主动服务和融入国家发展战略，发挥自身地理和区位优势，实现了产业转型升级和经济的跨越发展。尤其是辽宁从 2016 年产业升级增速排名最后提高到 2017 年的全国前五，在产业升级领域进步最为显著。值得注意的是，还有 11 个省份产业优化升级的发展速度滞缓，出现负增长。尤其是北部和东北省份，如吉林、天津、山东、黑龙江、山西等。吉林、山东、天津的高技术产值占比增长率下滑幅度较大，分别为－69.05％、－49.3％和－32.59％，还有广西、青海、河北、江苏等省份高技术产值占比增长率也出现负增长，说明中国不少省份在产业结构调整和培育新型战略性产业方面压力较大，进步空间有待提升。

（2）资源增效方面

资源增效发展速度地区差异明显，东部沿海与中部地区增速显著，北部地区增速滞缓。山西与内蒙古同为煤矿大省，在资源增效领域的发展速度上截然不同，山西速度最快，达到 15.49％；而内蒙古速度垫底，仅为－25.32％（见图 6-4）。山西作为产煤大省，在能源资源增效和生态环境保护方面，面临更重的压力和责任。因此，山西省在“十三五”规划期间，加快建设国家清洁能源基地，构建现代能源体系，实现从“煤老大”到“全国能源革命排头兵”的历史性转变。坚持节能优先，实施能源消费总量和强度双控行动，推行能效领跑者制度。在推进能源资源集约节约利用方面，单位工业产值水耗下降率以及单位工业用地面积产值增长率都达到了全国第一的成绩，其他各项指标也都处于全国前列。此外，河北、安徽、江苏、河南、湖南五个省份资源增效发展速度均超过 5%，这五省资源增效领域的各项三级指标进步均衡，提升明显。

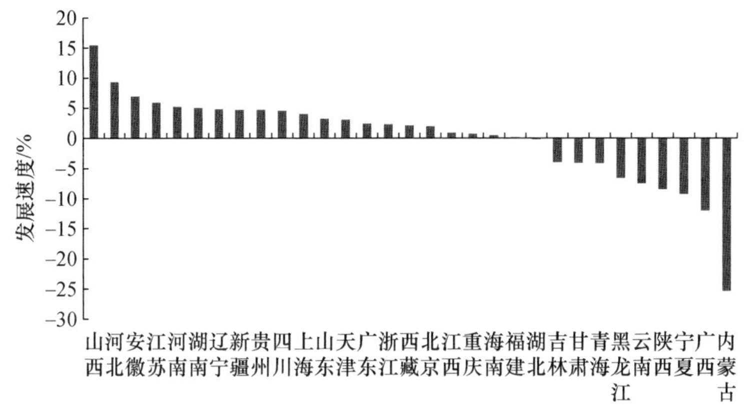

图 6-4　2016—2017 年各省份资源增效发展速度

资源增效排名靠后的有内蒙古、广西、宁夏、陕西、云南、黑龙江等 10 个省份，涉及北部和西南部地区。北部地区如内蒙古、宁夏、甘肃、黑龙江，水资源有限，但林业资源或矿产资源相对丰富。广西、云南等西南部省份城市水资源丰饶，由于自然资源储备的差异，导致以上北部省份工业能耗相对较多，南部省份工农业水资源利用相对不集约。整体来看，全国各省份工业固体废物综合利用率都比较低，绝大多数省份呈现负增长。这也表明我国工业固体废物综合利用的专业处理水平亟待提高、工业固体废物综合利用管理体系还不够完善，要坚持按照“减量化、无害化、资源化”的原则，推进一般固体废物、废旧产品等资源化利用、尾矿(共、伴生矿)综合利用。加强监管、多部门联动，不断提升固体废物规范化管理水平、提高危险废物处置能力，推进循环经济，减少环境危害。

(3) 污染治理方面

全国大部分省份污染治理进步较大，仅有广西、内蒙古、海南、福建四省处于负增长(见图 6-5)。其中，上海污染治理的发展速度达到 30.93%，排名第一；而排名最末的广西发展速度为−10.05%，省份间发展差距显著。从三级指标来看，工业污染物的排放治理成效显著好于农业生产污染的治理水平。自从工业废水、废气与废渣中相关污染物被国家列入约束性减量指标，工业领域防污治污能力与成效显著提高。随着产业结构与能源转型的稳步推进，工业生产也逐步向绿色化与清洁化转型。然而中国作为农业生产大国，近半数省份均面临化肥与农药的施用强度减量控制的压力。

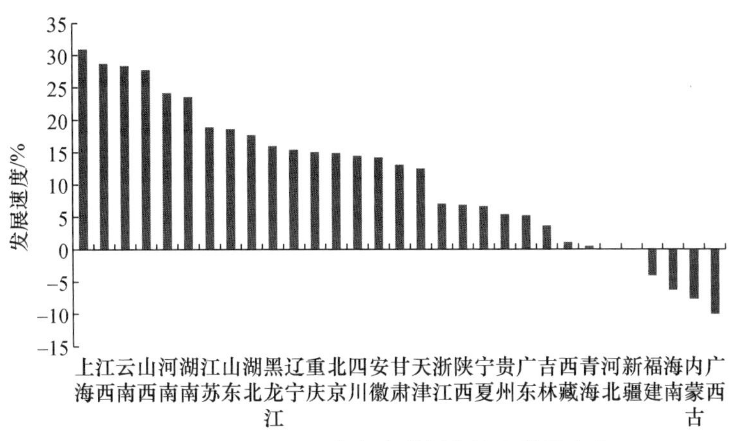

图 6-5　2016—2017 年各省份污染治理发展速度

“十三五”以来，全国各省积极响应中央决策部署，积极落实生态环保各项改革措施，打响蓝天碧水净土保卫战，持续开展大气、土壤和水污染防治行动，取得积极进展和成效。此外，国家建立了资源环境承载能力监测预警机制，开展了京津冀、长三角、珠三角战略环评，推进“三线一单”试点城市以及对重点省份和城市加强环境督办等一系列措施，对相关省份的环境污染防治和改善起到了非常大的促进作用，全国大气和水环境质量进一步改善。为确保农用地环境安全，保障居民粮食安全，生态环境部从两个方面展开了土壤污染防治工作。一方面强化污染源头的防控，主要针对重金属污染物进入农田链条的排查整治；另一方面推进农用地安全利用，配合农业农村部开展农用地分类管理和受污染耕地安全利用工作。经过政府与市场的共同努力，我国土壤污染加重趋势得到初步遏制，农用地土壤环境状况总体稳定。

(三) 绿色生产建设发展评价总结与启示

中国经济从高速度发展迈向高质量发展阶段，绿色发展观深入人心。全国各省各地区各行业企业积极贯彻落实党和国家关于生态文明建设和绿色发展的一系列战略部署，按照协调、绿色、开放、共享的发展理念，以改善生态环境质量为核心，以节能、降耗、减污为目标，大力推进绿色生产，在绿色管理体制机制改革、促进绿色科技创新、优化传统产业、积极培育壮大战略性新兴产业、资源集约高效使用和实施环境保护方面，取得了显著进步和成效。

(1) 产业升级领域，“三二一”产业结构稳步推进，以科技创新为核心的高技术产业进入攻坚期。

生态文明建设纳入“五位一体”的国家战略以来，我国围绕产业结构深度调整、推进供给侧结构性改革，不断改造提升传统产业，培育发展战略性产业，提升新兴产业的支撑作用，加快推动服务业优质高效发展，积极打造跨界融合的制造业新业态，构建三产融合发展的新型产业发展格局。进入新时代，我国抓住以信息技术为主导的发展新优势，加深产学研深度融合发展，通过建设一批世界一流的院校与专业来加强高技术的科学研究与人才储备，也鼓励一批如华为、中芯等高技术企业加强自主创新的核心优势，以期更好地应对日益复杂的国际环境与国内经济转型的需要。

(2) 资源增效领域，资源能源的降耗与增效持续推进，化石能源与清洁能源交叉互补性加强。

我国推进两型社会的建设以来，通过树立节约集约循环利用的资源观，坚持全面节约和高效利用资源相结合的原则，加强生产各环节节约高效，实行能源和水资源消耗、建设用地等总量和强度双控，推动资源利用方式根本转变，加强全过程节约管理，用最少的资源消耗支撑经济社会持续健康发展。同时，积极推动多种形式的新能源革命，以绿色低碳技术创新和应用为重点，大幅提升新能源的应用比例，积极构建绿色低碳、安全高效、覆盖城乡的现代能源体系，进而加强清洁能源的利用程度与效率。

(3) 污染治理领域，蓝天碧水净土保卫战成效显著，工农业面源污染得到有效整治。

十八大以来，我国生态环境体制改革进展顺利，法规标准政策体系不断完善，生态环境执法力度不断加大，生态系统保护和修复重大工程进展顺利，生态环境风险防控水平不断提升，生态环境治理体系和治理能力现代化加快推进。在大气污染治理方面，京津冀、长三角、珠三角区域细颗粒物($PM_{2.5}$)平均浓度比 2013 年分别下降 39.6%、34.3%、27.7%，《大气污染防治行动计划》空气改善目标和重点工作任务全面完成。在水污染治理方面，全国地表水优良水质断面比例不断提升，Ⅰ～Ⅲ类水体比例达到 67.9%，劣Ⅴ类水体比例下降到 8.3%，大江大河干流水质稳步改善。在土壤污染治理方面，我国农药使用量连续三年负增长，化肥施用量提前三年实现零增长，在强化污染源头防控的同时，推进农用地安全利用，土壤环境风险有所遏制。

然而，全国绿色生产建设发展在取得持续进步的同时，与生态文明建设的整体目标还存在不小差距，需要在以下几方面补齐短板：① 服务国家发展战略，更加注重增强原始创新能力，以科技创新为核心，深入实施全面创新改革。② 要把战略性新兴产业摆在经济社会发展更加突出的位置，加快壮大战略性新兴产业，大力构建现代产业体系，打造经济社会发展新引擎。③ 要着眼经济发展的提质增效，增强经济内生增长动力，调整三次产业内部结构，加快形成创新引领、技术密集、价值高端的经济结构。④ 深入推进能源革命，着力推动能源生产利用方式变革,优化能源供给结构,提高能源利用效率,建设清洁低碳、安全高效的现代能源体系。⑤ 要构建资源节约、环境友好的绿色生产体系,还需完善绿色生产制度设计,强化市场机制的激励和约束作用。

二、绿色生产建设发展类型划分

按照绿色生产水平指数与发展指数的等级分组合,全国各省绿色生产建设发展类型被划分为五大类型,分别是领跑型、追赶型、前滞型、后滞型、中间型。从各省份的绿色生产建设发展类型分布来看,领跑型和追赶型的省份共有 14 个,前滞型和后滞型的省份占 12 个,全国各省份绿色生产的发展速度呈现两极化趋势。从地区分布来看,中西部地区表现活跃,发展速度良好,成为领跑型和追赶型地区的主力军(见表 6-7)。

表 6-7 全国绿色生产建设水平和发展速度的得分、等级及类型

地区	建设水平	建设水平等级分	发展速度	发展速度等级分	等级分组合	类型
上海	93.44	3	88.36	3	3-3	领跑型
重庆	91.44	3	85.35	3	3-3	领跑型
湖南	88.08	3	89.66	3	3-3	领跑型
河南	87.73	3	88.12	3	3-3	领跑型
安徽	85.70	3	88.49	3	3-3	领跑型
四川	85.51	3	86.91	3	3-3	领跑型
山西	81.99	1	88.65	3	1-3	追赶型
河北	81.88	1	88.19	3	1-3	追赶型
贵州	81.37	1	86.01	3	1-3	追赶型
江西	80.14	1	87.26	3	1-3	追赶型
新疆	79.65	1	87.00	3	1-3	追赶型
云南	78.83	1	86.51	3	1-3	追赶型
辽宁	77.90	1	87.00	3	1-3	追赶型
甘肃	75.23	1	86.71	3	1-3	追赶型
天津	95.52	3	84.47	2	3-2	中间型
江苏	89.14	3	84.29	2	3-2	中间型
湖北	85.30	2	84.80	2	2-2	中间型
山东	84.32	2	84.26	2	2-2	中间型
青海	83.62	2	86.44	3	2-3	中间型
北京	93.19	3	82.93	1	3-1	前滞型
广东	89.78	3	81.32	1	3-1	前滞型
浙江	86.93	3	83.89	1	3-1	前滞型

（续表）

地区	建设水平	建设水平等级分	发展速度	发展速度等级分	等级分组合	类型
陕西	86.54	3	81.39	1	3-1	前滞型
吉林	83.02	1	82.87	1	1-1	后滞型
福建	82.97	1	80.65	1	1-1	后滞型
黑龙江	81.70	1	83.84	1	1-1	后滞型
海南	81.44	1	83.22	1	1-1	后滞型
内蒙古	81.25	1	75.69	1	1-1	后滞型
西藏	80.65	1	81.89	1	1-1	后滞型
广西	76.84	1	78.63	1	1-1	后滞型
宁夏	76.00	1	77.97	1	1-1	后滞型

通过类型分析，课题组分析了中国各省份绿色生产建设发展的共性和差异。研究发现，资源增效发展速度的差异是影响各省份绿色生产领跑与滞后（包括前滞型和后滞型）的关键因素。一些绿色生产发展指数得分排名靠前和靠后的地区，其绿色生产建设发展速度与资源增效的发展速度表现出一定的相关性，如山西、安徽等省份的绿色生产发展指数得分排名靠前，其资源增效的发展速度也较高；宁夏、广西、内蒙古等省份的资源增效发展速度较低，其绿色生产建设发展速度也较低。

三、绿色生产建设发展态势及驱动因素分析

1. 绿色生产建设发展态势分析

2016—2017 年，全国绿色生产建设发展速度进步率为－0.42%，呈现降速增长态势。从具体领域的发展态势来看，污染治理增速领先，呈现加速增长态势，而资源增效发展速度仅呈现小幅回落，产业升级发展速度进步率为－2.95%，降速幅度最大。十八大以来，全国绿色生产领域的发展整体向好，但全国绿色生产建设发展速度呈现逐步减速增长的态势。2013—2017 年，全国绿色生产年均发展速度为 3.95%，仅有 2012—2013 年和 2013—2014 年的发展速度高于平均值。在资源增效与污染治理稳步前进的同时，产业升级的发展瓶颈愈加凸显，从而牵制了绿色生产的发展速度。

2. 绿色生产建设发展驱动因素分析

通过相关性分析发现，污染治理和资源增效与绿色生产发展指数（GPPI 2021）显著相关，而产业升级与 GPPI 2021 呈低度不显著负相关。各二级指标间的相关性显示，产业升级、资源增效与污染治理均显著相关。十八大以来，全国绿色生产领域的发展整体向好，但全国绿色生产建设发展速度逐步放缓，这与产业

升级领域发展速度波浪式下行紧密相关。现阶段,资源增效和污染治理成效显著,产业结构升级已成为制约中国绿色生产建设与发展进程的核心因素。如何突破这一瓶颈,实现生产结构的绿色转型是当前急需破解的难题。

四、绿色生产建设发展评价思路与框架体系

绿色生产是我国推进生态文明建设、实现绿色发展的必然选择。我国改革开放以来形成的粗放发展模式不可持续,并产生了发展路径惯性,成为绿色生产转型的最大阻力。开展绿色生产发展指数评价,既要遵循科学化原则,又要抓住绿色生产的本质,真实、客观地反映绿色生产建设的全貌。课题组在 GPPI 2016 研究基础上,进一步调整与完善绿色生产量化评价的框架和指标体系,从产业升级、资源增效、污染治理三个维度构建绿色生产发展指数量化评价的框架和指标体系。其中,产业升级是绿色生产建设发展的内生动力,资源增效和污染治理是绿色生产的核心目标和主要抓手。

1. 指标体系

在分析我国绿色生产转型的压力、辨析绿色生产核心要素的基础上,课题组从产业升级、资源增效、污染治理三个维度优化了绿色生产发展指数(表 6-8)、绿色生产指数(表 6-9)的量化评价框架与指标体系,分别从动态发展与静态水平两方面描述、分析与评价我国绿色生产建设发展进展、类型特征、发展态势与驱动因素。

表 6-8　绿色生产发展指数评价指标体系(GPPI 2021)

一级指标	二级指标	三级指标	指标性质
绿色生产建设发展指标体系(GPPI)	产业升级	第三产业产值占地区生产总值比重增长率	正指标
		第三产业就业人数占地区就业总人数比重增长率	正指标
		研发投入强度增长率	正指标
		高技术产值占地区生产总值比重增长率	正指标
	资源增效	单位工业产值能耗下降率	正指标
		单位工业产值水耗下降率	正指标
		单位农业产值水耗下降率	正指标
		工业固体废物综合利用率增长率	正指标
		单位工业用地面积产值增长率	正指标
	污染治理	工业废水排放强度下降率	正指标
		工业二氧化硫排放强度下降率	正指标
		农药施用强度下降率	正指标
		化肥施用强度下降率	正指标

表 6-9　绿色生产指数评价指标体系(GPI 2021)

一级指标	二级指标	三级指标	指标性质
绿色生产指标(GPI)	产业结构	第三产业产值占地区生产总值比重	正指标
		第三产业就业人数占地区就业总人数比重	正指标
		研发投入强度	正指标
		万人专利授权数	正指标
		高技术产值占地区生产总值比重	正指标
	资源消耗	单位工业产值能耗	逆指标
		单位工业产值水耗	逆指标
		单位农业产值水耗	逆指标
		工业固体废物综合利用率	正指标
		单位工业用地面积产值	正指标
	生产污染	工业废水排放强度	逆指标
		工业二氧化硫排放强度	逆指标
		农药施用强度	逆指标
		化肥施用强度	逆指标

产业升级是衡量绿色生产建设发展的基础性指标。通过结构优化升级促进绿色生产建设发展的途径有两条:一是通过化解产能过剩、培育发展现代服务业和战略性新兴产业所进行的结构优化;另一条是发展现代产业体系,运用高新技术改造传统产业,即转型的动力来自技术创新和升级。因此,产业升级的指标着眼于结构和创新两个维度,包括 4 个三级指标:第三产业产值占地区生产总值比重增长率、第三产业就业人员占地区就业人员比重增长率、研发经费投入强度增长率和高技术产值占地区生产总值比重增长率。前两个三级指标指向产业结构布局,后两个指标指向创新维度。

资源增效考察绿色生产建设发展节约高效的特征,包括能耗与能效两个方面。能耗包括生产中消耗的水、能源的总量与增量控制,能效强调资源的重复、可循环利用。资源增效包括 5 个三级指标:单位工业产值能耗下降率、单位工业产值水耗下降率、单位农业产值水耗下降率、工业固体废物综合利用率增长率、单位工业用地面积产值增长率①。

污染治理主要考察绿色生产中工业生产污染物排放以及农业生产中农药化

① 资源增效还应考量能源消费结构的优化,如新能源与可再生能源消费比重增长率,但由于我国地方统计年鉴中对能源消费结构的统计口径不统一,导致无法从地方统计年鉴中找到可用于比较的能源消费结构数据,因此 GPPI 2021 中对各省份的绿色生产发展评价舍弃了新能源与可再生能源消费比重增长率指标,但全国绿色生产发展速度评价中予以考虑,赋予权重分为 5 分,相应各三级指标的权重也相应调整。

肥对环境的影响。污染物排放既要着眼于总量维度，也要考虑排放强度和施用强度的问题。污染治理包括4个三级指标：工业废水排放强度下降率、工业二氧化硫排放强度下降率、农药施用强度下降率、化肥施用强度下降率。

2. 算法和分析方法

研究采用相对评价法，计算各省份GPPI 2021得分和排名，反映各省份绿色生产建设发展速度；并运用相关性分析、聚类分析等描述与分析我国绿色生产建设的类型、发展态势与驱动因素。

（1）相对评价的算法

与ECPI 2021保持一致，研究采用Z分数（标准分数）计算各省GPPI 2021得分。首先，将三级指标原始数据利用SPSS软件转换为Z分数；然后根据各指标权重加权求和，计算出二级指标、一级指标的Z分数；最后，将Z分数分布转换为T分数，实现对各省份生态文明建设发展状况的量化评价。研究在数据标准化处理、特殊值处理、Z分数计算、T分数计算等方面，与ECPI采用相同的方法与步骤（详见第一章）。

在指标体系权重分配方面，经过专家咨询以及对绿色生产三要素的分析，GPPI 2021二级指标权重分配为，产业升级30%、资源增效30%、污染治理40%。三级指标权重采用德尔菲法确定，各三级指标权重分配如表所示（见表6-10）。

表6-10　绿色生产发展指数评价体系（GPPI 2021）

一级指标	二级指标	二级指标权重/%	三级指标	三级指标权重分	三级指标权重/%
绿色生产建设发展指标体系（GPPI）	产业升级	30	第三产业产值占地区生产总值比重增长率	6	10.59
			第三产业就业人数占地区就业总人数比重增长率	3	5.29
			研发投入强度增长率	4	7.06
			高技术产值占地区生产总值比重增长率	4	7.06
	资源增效	30	单位工业产值能耗下降率	5	7.89
			单位工业产值水耗下降率	3	4.74
			单位农业产值水耗下降率	3	4.74
			工业固体废物综合利用率增长率	5	7.89
			单位工业用地面积产值增长率	3	4.74

（续表）

一级指标	二级指标	二级指标权重/%	三级指标	三级指标权重分	三级指标权重/%
绿色生产建设发展指标体系(GPPI)	污染治理	40	工业废水排放强度下降率	5	13.33
			工业二氧化硫排放强度下降率	4	10.67
			农药施用强度下降率	3	8.00
			化肥施用强度下降率	3	8.00

表 6-11　绿色生产指数评价指标体系(GPI 2021)

一级指标	二级指标	二级指标权重/%	三级指标	三级指标权重分	三级指标权重/%
绿色生产指标(GPI)	产业结构	30	第三产业产值占地区生产总值比重	6	9.00
			第三产业就业人数占地区就业总人数比重	3	4.50
			研发投入强度	4	6.00
			万人专利授权数	3	4.50
			高技术产值占地区生产总值比重	4	6.00
	资源消耗	30	单位工业产值能耗	5	7.89
			单位工业产值水耗	3	4.74
			单位农业产值水耗	3	4.74
			工业固体废物综合利用率	5	7.89
			单位工业用地面积产值	3	4.74
	生产污染	40	工业废水排放强度	5	13.33
			工业二氧化硫排放强度	4	10.67
			农药施用强度	3	8.00
			化肥施用强度	3	8.00

(2) 分析方法

研究采聚类分析描述我国绿色生产建设发展类型特征，找寻区域绿色生产建设发展的共性与个性特征；运用进步率分析、相关性分析描述我国绿色生产建设的发展态势与驱动因素，为推动绿色生产转型找准方向和突破口。相应分析方法与 ECPI 2016 保持一致(详见第一章)。

第七章　绿色生产建设发展类型分析

绿色生产发展指数与水平指数相互影响，相互制约。绿色生产建设发展速度以一定的建设水平为基础，而良好的发展速度又会促进建设水平的提升，反之则会导致建设水平的停滞和倒退。因此，绿色生产发展指数与水平指数的相互影响和制约会形成不同的绿色生产建设发展类型。本章在科学评价各省份绿色生产发展指数和水平指数的基础上，将各省份的绿色生产区分为不同的发展类型，分析各省份绿色生产建设发展的共性和差异，为推动绿色生产的进一步发展提供思路。

一、绿色生产建设发展类型概况

绿色生产建设发展类型是对绿色生产建设水平指数和发展指数分别进行等级赋分，将全国各省份（港澳台地区除外）的绿色生产建设发展分为不同的类型。根据各省份 2017 年绿色生产水平指数和 2016—2017 年发展指数的不同，可以将全国各省份的绿色生产建设发展分为领跑型、追赶型、中间型、前滞型、后滞型 5 种类型（见表 7-1）。领跑型省份有 6 个，包括上海、重庆、湖南、河南、安徽、四川，它们的水平指数和发展指数都处于全国领先水平。追赶型省份有 8 个，包括河北、山西、辽宁、江西、贵州、云南、甘肃、新疆，它们呈现出水平指数较低，但发展指数较高的特征。中间型省份有 5 个，包括天津、江苏、山东、重庆、青海，这些省份的水平指数和发展指数至少有一项处于中等水平，而另一项处于中等或中等以上水平。前滞型省份有 4 个，包括北京、浙江、广东、陕西，它们水平指数排名靠前，但发展指数呈现较低水平。后滞型省份有 8 个，包括内蒙古、黑龙江、吉林、福建、广西、海南、西藏、宁夏，它们的水平指数和发展指数均排名靠后。

从各省份的绿色生产建设发展类型分布来看，领跑型和追赶型省份占据一定数量优势，而前滞型和后滞型省份数量也较多，呈现两极化趋势。从地区分布来看，中西部地区表现活跃，发展速度良好，成为领跑型和追赶型省份的主力军。

表 7-1　各省份绿色生产水平指数和发展指数的得分、等级及类型　（单位：分）

地区	水平指数	水平指数等级分	发展指数	发展指数等级分	等级分组合	类型
上海	93.44	3	88.36	3	3-3	领跑型
重庆	91.44	3	85.35	3	3-3	领跑型
湖南	88.08	3	89.66	3	3-3	领跑型
河南	87.73	3	88.12	3	3-3	领跑型
安徽	85.70	3	88.49	3	3-3	领跑型
四川	85.51	3	86.91	3	3-3	领跑型
山西	81.99	1	88.65	3	1-3	追赶型
河北	81.88	1	88.19	3	1-3	追赶型
贵州	81.37	1	86.01	3	1-3	追赶型
江西	80.14	1	87.26	3	1-3	追赶型
新疆	79.65	1	87.00	3	1-3	追赶型
云南	78.83	1	86.51	3	1-3	追赶型
辽宁	77.90	1	87.00	3	1-3	追赶型
甘肃	75.23	1	86.71	3	1-3	追赶型
天津	95.52	3	84.47	2	3-2	中间型
江苏	89.14	3	84.29	2	3-2	中间型
湖北	85.30	2	84.80	2	2-2	中间型
山东	84.32	2	84.26	2	2-2	中间型
青海	83.62	2	86.44	3	2-3	中间型
北京	93.19	3	82.93	1	3-1	前滞型
广东	89.78	3	81.32	1	3-1	前滞型
浙江	86.93	3	83.89	1	3-1	前滞型
陕西	86.54	3	81.39	1	3-1	前滞型
吉林	83.02	1	82.87	1	1-1	后滞型
福建	82.97	1	80.65	1	1-1	后滞型
黑龙江	81.70	1	83.84	1	1-1	后滞型
海南	81.44	1	83.22	1	1-1	后滞型
内蒙古	81.25	1	75.69	1	1-1	后滞型
西藏	80.65	1	81.89	1	1-1	后滞型
广西	76.84	1	78.63	1	1-1	后滞型
宁夏	76.00	1	77.97	1	1-1	后滞型

二、领跑型省份的绿色生产进展

领跑型省份有上海、安徽、河南、湖南、重庆、四川 6 个省份，该类型的绿色生产水平指数平均值达到 88.65 分，高于全国平均值 84.10 分；绿色生产发展指数较高，均处于全国前列，类型平均得分达到 87.82，高于全国平均值 84.61（见图 7-1）。领跑型省份的变动，反映了中国绿色生产建设发展的变化。在近几年的绿色生产建设发展过程中，湖南、河南、安徽、四川等省份脱颖而出，成为领跑型省份，表现出良好的发展态势，反映出中西部地区开始成为绿色生产建设发展的排头兵。但是，这 4 个省份的绿色生产建设水平低于同类型省份平均值，尤其是安徽、四川，还有明显的提升空间。上海和重庆保持了领跑型省份的态势，但是重庆在绿色生产建设发展速度上低于同类型其他省份；上海的绿色生产建设水平处于高位，能否进一步保持绿色生产建设发展速度则面临挑战。

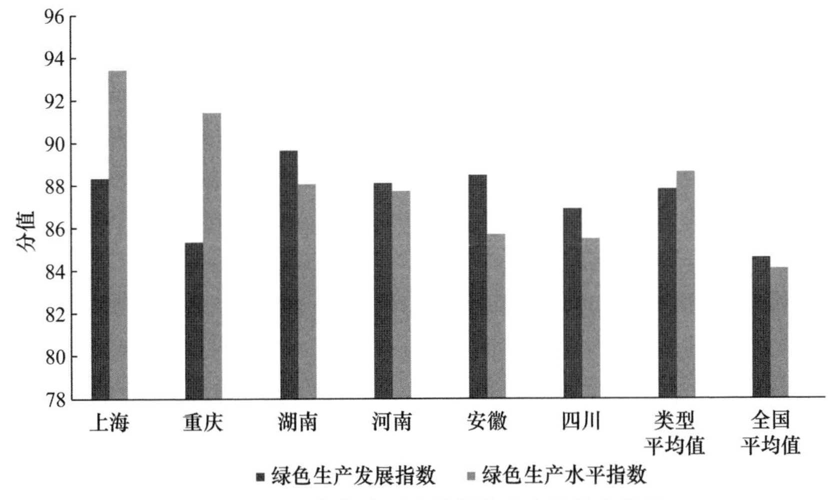

图 7-1 2017 年领跑型省份绿色生产的基本状况

领跑型省份绿色生产建设发展速度明显高于全国平均发展速度，不同省份在产业升级、资源增效和污染治理上，表现出各自不同的特点（见表 7-2）。上海作为同类型省份中绿色生产建设水平最高的省份，在污染治理方面排名同类型省份最前，但在产业升级方面则排名同类型省份最后，优缺点都非常明显。从绿色生产建设发展速度来看，湖南在领跑型省份中表现最为突出，除了在产业升级方面表现亮眼外，在资源增效方面仅次于安徽，在污染治理方面也仅次于上海、河南。河南和安徽则各有优势，安徽在资源增效方面远高于其他省份，河南则在资源增效和污染治理方面具有一定的优势。

表 7-2　GPPI 2021 领跑型省份绿色生产的发展状况

地区	产业升级		资源增效		污染治理		GPPI 2021	
	发展速度/%	T 分数/分	发展速度/%	T 分数/分	发展速度/%	T 分数/分	发展速度/%	T 分数/分
上海	3.06	80.59	3.68	86.85	4.53	95.33	3.84	88.36
安徽	3.59	85.88	4.26	92.64	3.73	87.33	3.85	88.49
河南	3.53	85.29	3.84	88.43	4.00	90.00	3.81	88.12
湖南	4.12	91.18	3.95	89.48	3.87	88.67	3.97	89.66
重庆	3.82	88.24	3.16	81.58	3.60	86.00	3.53	85.35
四川	3.59	85.88	3.74	87.37	3.73	87.33	3.69	86.91
类型平均值	3.62	86.18	3.77	87.73	3.91	89.11	3.78	87.82
全国平均值	3.46	84.57	3.39	83.87	3.52	85.18	3.46	84.61

此外,领跑型省份区域特点鲜明。除上海为沿海省份以外,其他 5 个省份均处于中西部地区,并处于相邻区域,表现出一定的区域联动性,如河南与安徽相连,湖南与重庆、四川相接。这说明随着国家政策的调整,一些中西部地区开始成为绿色生产建设和发展的新的增长点,在产业升级、资源增效、污染治理方面开始发力。从具体数据来看,这些中西部省份在绿色生产建设发展速度上已经形成一些明显的优势,如在第三产业产值占地区生产比重增长率上,上海地区为 −0.86%,而中西部 5 个省份平均值接近 5%;在单位农业生产值水耗下降率上,中西部省份平均值接近 4.59%,远远高于上海;在研发经费投入强度、工业固体废物综合利用率增长率、工业废水排放强度下降率、农药施用强度下降率上,中西部省份发展速度的平均值也明显高于上海(见图 7-2)。

当然,中西部地区在高技术产值占地区生产总值比重增长率、单位工业产值能耗下降率、单位工业产值水耗下降率、单位工业用地面积产值增长率、工业二氧化硫排放强度下降率、农药施用强度下降、化肥施用强度下降率方面仍然落后于上海。这一方面说明,中西部地区第三产业中的人口优势、工业和农业生产的节能减排优势开始显现,另一方面也说明这些地区的绿色生产建设发展仍然存在较大空间,如在工业生产中进一步降低单位工业产值的能耗和水耗,在农业生产中进一步降低农药化肥的施用强度。个别中西部省份在绿色生产建设发展中,还存在明显的短板,如河南省高技术产值占地区生产总值比重增长率、单位工业用地面积产值增长率远低于其他省份;重庆在单位工业产值能耗下降率、工业固体废物综合利用率增长率方面应对乏力。

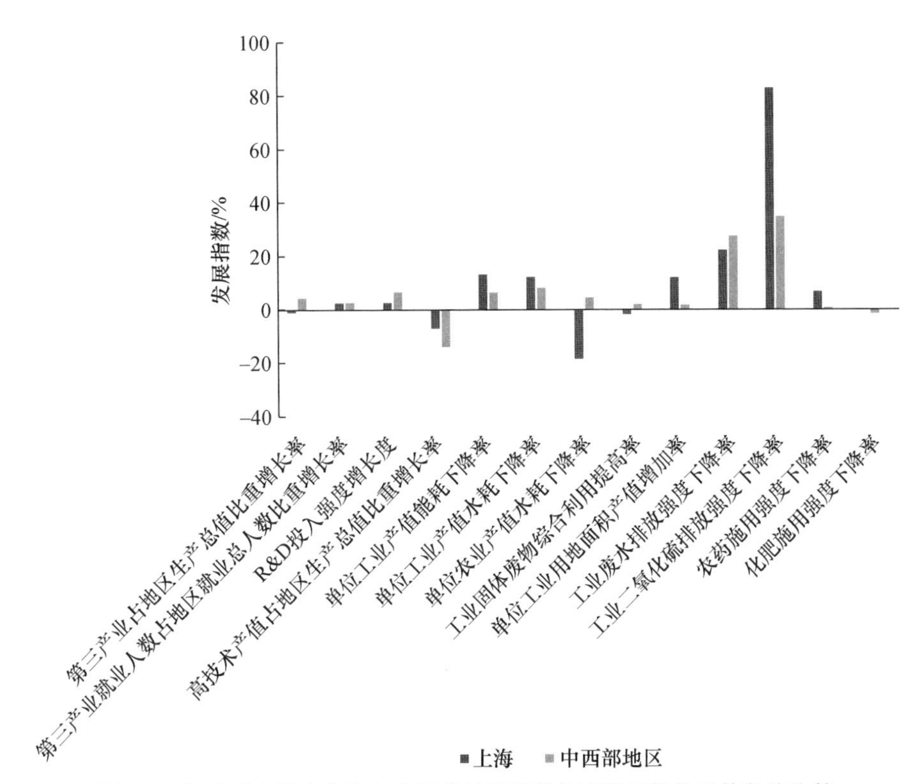

图 7-2　领跑型省份中上海与中西部地区绿色生产发展指数具体数值比较

三、追赶型省份的绿色生产进展

追赶型省份包括河北、山西、辽宁、江西、贵州、云南、甘肃、新疆等 8 个省份。追赶型省份的共同特征是绿色生产水平指数在 5 个类型地区中是最低的，均值仅为 79.62，但绿色生产发展指数较高，均值为 87.17，高于全国平均水平（见图 7-3）。近几年，河北、贵州、云南、新疆保持了追赶态势，而山西、辽宁、江西、甘肃成为新的追赶型省份。

从区域分布来看，追赶型省份的行政区域分布较为均衡，华北、东北、华东、西南、西北地区均存在追赶型省份。河北、山西是华北地区环境污染，尤其是大气污染较为严重的省份，随着近些年不断加大环境治理力度，这两个地区生态环境状况总体向好，对区域绿色生产建设和发展的带动作用明显。辽宁是东北地区的唯一和新增的追赶型省份，在 2015 年、2016 年的统计数据中，辽宁均为中间型省份，这说明随着中央振兴东北老工业基地战略的持续推进，东北地区的绿色生产也在加快发展。华东地区的江西与西南地区的贵州和云南，均具有良好的生态环境基

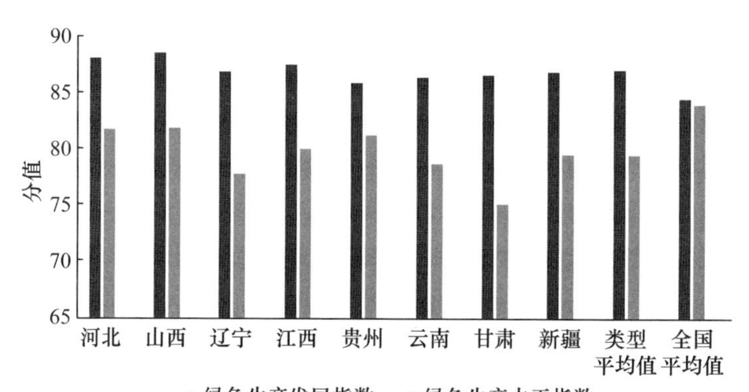

图 7-3　2017 年追赶型省份绿色生产基本状况

础，近些年也一直保持了追赶态势，绿色生产建设发展速度进步明显。甘肃和新疆均处于西北地区，但甘肃的绿色生产建设水平在同类型省份中最低，在 2015 年、2016 年统计数据中分别为追赶型和后滞型省份，这说明甘肃绿色生产建设发展速度具有一定的波动性，尚未形成良好的发展态势，而新疆近些年则一直保持了良好的发展态势。

追赶型省份虽然都表现出较高的绿色生产建设发展速度，但由于各省份的自然、经济和社会条件各不相同，在产业升级、资源增效和污染治理方面的具体情况各不相同(见表 7-3)。

表 7-3　GPPI 2021 追赶型省份绿色生产的发展状况

省份	产业升级		资源增效		污染治理		GPPI 2021	
	发展速度/%	T 分数/分	发展速度/%	T 分数/分	发展速度/%	T 分数/分	发展速度/%	T 分数/分
河北	4.12	91.18	4.21	92.11	3.3	83.00	3.82	88.19
山西	2.12	71.18	4.63	96.32	4.6	96.00	3.86	88.65
辽宁	3.53	85.29	3.74	87.37	3.8	88.00	3.70	87.00
江西	3.47	84.71	3.53	85.27	4.07	90.67	3.73	87.26
贵州	3.29	82.94	4.26	92.64	3.33	83.33	3.60	86.01
云南	4.06	90.59	2.42	74.21	4.27	92.67	3.65	86.51
甘肃	3.94	89.41	3.32	83.16	3.73	87.33	3.67	86.71
新疆	3.82	88.24	3.84	88.43	3.50	85.00	3.70	87.00
类型平均值	3.54	85.44	3.74	87.44	3.82	88.25	3.72	87.17
全国平均值	3.46	84.57	3.39	83.87	3.52	85.18	3.46	84.61

在产业升级领域，河北的发展速度具有明显优势。其中，第三产业产值占地区

生产总值比重增长率最高，第三产业就业人数占地区就业总人数比重增长率、研发投入强度增长率也表现不错，但高技术产值占地区生产总值比重增长率非常低（见表7-4）。因此，河北省要保持追赶态势，一方面需要增强自身在高技术产业的实力；另一方面也需要在京津冀协同发展产业布局中，进一步加强对高技术产业的扶持。

表7-4　追赶型省份产业升级具体指标数据　（单位：%）

地区	第三产业产值占地区生产总值比重增长率	第三产业就业人数占地区就业总人数比重增长率	研发投入强度增长率	高技术产值占地区生产总值比重增长率（2016—2018）
河北	6.45	3.31	10.83	−22.58
山西	−6.74	0.25	−7.77	1.02
辽宁	1.99	−0.67	8.88	9.92
江西	1.73	1.57	13.27	2.18
贵州	0.52	3.53	12.70	−5.47
云南	2.47	5.92	7.87	27.10
甘肃	5.31	4.63	−2.46	5.58
新疆	1.82	5.92	−11.86	56.45

山西省在资源增效方面的表现最为突出。这主要是因为单位工业产值能耗、水耗下降率的大幅提升，单位工业用地面积产值增长率突出，远高于其他省份（见表7-5）。但是，山西第三产业产值占地区生产总值比重增长率、第三产业就业人数占地区就业总人数比重增长率都低于同类型其他地区，反映出第三产业还有很大的提升和发展空间；工业固体废物综合利用提升率下降严重，需要进一步加大对工业固体废物的处理能力。

表7-5　追赶型省份资源增效具体指标数据　（单位：%）

地区	单位工业产值能耗下降率	单位工业产值水耗下降率	单位农业产值水耗下降率	工业固体废物综合利用率增长率	单位工业用地面积产值增长率
河北	2.20	9.80	22.54	3.15	17.90
山西	24.43	24.77	6.81	−26.22	69.52
辽宁	3.89	11.39	5.70	0.69	5.97
江西	5.53	7.32	2.31	−3.96	−6.67
贵州	16.14	15.84	4.35	−4.83	−9.25
云南	−0.03	−5.53	1.74	−23.34	−4.66
甘肃	−1.70	6.62	12.56	−10.91	−24.05
新疆	11.67	7.87	8.19	−6.02	4.42

云南在污染治理方面表现最为突出，高于同类型其他省份，这主要是由于工业废水排放强度下降率、工业二氧化硫排放强度下降率的大幅提升，反映了云南污水治理能力的显著增强，对保护区域水生态环境、防治大气污染具有重要意义（见表 7-6）。但是，在农业生产中农药、化肥施用强度下降率方面，云南表现较差，影响了绿色生产建设发展的速度，需要特别注意。

表 7-6　追赶型省份污染治理具体指标数据　（单位：%）

地区	工业废水排放强度下降率	工业二氧化硫排放强度下降率	农药施用强度下降率	化肥施用强度下降率
河北	—	—	1.18	−0.93
山西	39.39	52.99	1.85	0.53
辽宁	16.92	32.88	0.50	4.30
江西	55.35	29.17	6.14	6.24
贵州	7.47	1.94	3.12	8.74
云南	60.03	37.00	−3.84	−3.85
甘肃	20.20	13.70	15.68	−2.57
新疆	—	—	0.06	0.13

在该类型省份中，辽宁在产业升级、资源增效和污染治理方面相对均衡，都接近同类型平均值。但是，从具体数据来看，辽宁第三产业就业人数占地区就业总人数比重增长率为负值，低于同类型其他省份。这说明辽宁应进一步加强第三产业以及研发投入强度。

贵州与同类型其他省份相比较，虽然产业升级发展速度低于其他省份，但研发投入强度较高，对产业升级具有一定的带动作用。在资源增效和污染治理发展速度方面，贵州表现较好，尤其是单位工业产值能耗、水耗下降率方面表现突出，单位农业产值水耗下降率也有提升。但是，在工业固体废物综合利用率增长率、单位工业用地面积产值增长率方面均为负值，仍有很大的提升空间。

江西在同类型省份中表现一般，相比较而言在污染治理方面具有一定优势。这主要体现在工业废水、废弃排放强度下降率以及农药化肥施用强度下降率方面。同时，江西研发投入强度也是同类型地区中最高的。

甘肃和新疆同属于西北地区，二者在产业升级发展速度方面基本一致，但在具体数据上有明显差异。新疆在高技术产值占地区生产总值比重增长率上远高于同类型其他省份，而甘肃在第三产业产值占地区生产总值比重增长率方面明显高于新疆。同样，在资源增效和污染治理方面，甘肃与新疆差异也比较明显，新疆的优势主要体现在资源增效方面，而甘肃则体现在污染治理方面。

四、前滞型省份的绿色生产进展

前滞型省份包括北京、浙江、广东和陕西。从前滞型省份的总体情况来看，前滞型省份绿色生产水平指数普遍高于全国水平，但绿色生产发展指数则普遍低于全国平均水平，绿色生产水平指数和发展指数呈两极化状态（见图 7-4）。

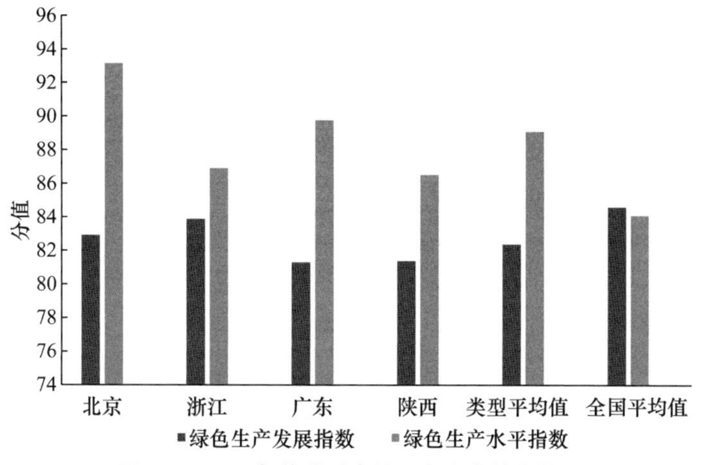

图 7-4　2017 年前滞型省份绿色生产基本状况

从绿色生产发展指数的二级指标来看，前滞型省份在产业升级、污染治理方面低于全国水平，但在资源增效方面则高于全国平均水平，尤其是北京、浙江、广东优势明显（见表 7-7）。另外，浙江在产业升级、北京在污染治理方面也表现出了良好的发展速度，均高于全国和类型平均水平。这说明前滞型省份虽然在绿色发展速度上明显降低，但在具体二级或三级指标上，仍具有一定的优势，表现出一定的发展潜力。

表 7-7　GPPI 2021 前滞型省份绿色生产的发展状况

地区	产业升级		资源增效		污染治理		GPPI 2021	
	发展速度/%	T 分数/分	发展速度/%	T 分数/分	发展速度/%	T 分数/分	发展速度/%	T 分数/分
北京	2.71	77.06	3.74	87.37	3.40	84.00	3.29	82.93
浙江	3.76	87.65	3.71	87.11	2.87	78.67	3.39	83.89
广东	3.24	82.35	3.74	87.37	2.60	76.00	3.13	81.32
陕西	3.41	84.12	3.05	80.53	3.00	80.00	3.14	81.39
类型平均值	3.28	82.8	3.56	85.6	2.97	79.67	3.24	82.38
全国平均值	3.46	84.57	3.39	83.87	3.52	85.18	3.46	84.61

前滞型省份是绿色生产建设和发展过程中必然会出现的省份类型。随着全国绿色生产建设水平的不断提升，一些绿色生产建设水平较高的省份如果不能在产业升级、资源增效和污染治理方面寻求突破，很容易成为前滞型省份。以北京和广东为例，这两个省份曾长期居于领跑型省份，对中国绿色生产发展起到了重要的推动作用。但随着绿色生产的推进，前期积累的问题逐渐显现，绿色生产建设发展速度放缓，成为前滞型省份。例如，北京的绿色生产建设水平远高于全国平均值，也高于同类型省份平均值，但北京的绿色生产建设发展速度低于全国平均值，仅略高于同类型省份平均值。

前滞型省份虽然面临着绿色生产建设发展放缓的共性问题，但在具体发展路径上又存在各自不同的问题。北京绿色生产建设发展速度放缓主要受制于产业升级的调整。从具体数据来看，北京在第三产业产值占地区生产总值比重增长率、第三产业就业人数占地区就业总人数比重增长率方面，基本处于停滞状态，分别为 0.40% 和 0.62%；而研发投入强度增长率更呈现负值，为－5.37%（见表 7-8）。这都制约了北京绿色生产建设发展的速度。

从产业升级转型和转移的角度来看，北京与天津、河北呈现反向联动，在北京第三产业和科研投入放缓或减少的情况下，河北在第三产业增加比重、研发投入强度增长率方面上升明显。但是，在高技术产值占地区生产总值比重增长率方面，北京增长明显，而河北、天津则下降严重。这都凸显了在京津冀协同发展过程中，北京在人口控制、疏解非首都功能方面呈现出的变化。从绿色生产建设发展的角度看，河北、天津在承接北京非首都功能疏解、促进区域协同发展的过程中，也应当加强高技术产值占地区生产总值的比重，推动产业升级，加速绿色生产的发展。

表 7-8　前滞型省份产业升级指标数据　（单位：%）

地区	第三产业产值占地区生产总值比重增长率	第三产业就业人数占地区就业总人数比重增长率	研发投入强度增长率	高技术产值占地区生产总值比重增长率（2016—2018）
北京	0.40	0.62	－5.37	4.41
天津	3.04	2.89	－17.67	－32.59
河北	6.45	3.31	10.83	－22.58

从同类型省份比较来看，浙江除了农药、化肥施用强度下降率呈现负值、表现较差外，其他指标都表现良好，绿色生产建设发展速度和绿色生产建设水平相对均衡，具有进一步提升的空间和潜力。同浙江一样，广东的农药、化肥施用强度下降率也呈现负值，分别为－13.57%和－13.09%（见表 7-9），而且在同类型地区中

最低，这也影响了广东绿色生产建设发展的整体速度。因此，浙江、广东作为东部地区经济发达省份，在绿色生产建设发展过程中，应正确处理工农业生产的关系，提升农业领域的污染治理能力，尤其是化肥、农药施用强度，进一步促进绿色生产的协调发展。

陕西成为前滞型省份，与北京、浙江、广东等东部经济发达省份不同，主要因为在绿色生产建设水平提升的同时，绿色生产建设发展速度未能同步跟进。从具体数据来看，陕西绿色生产建设水平相对于往年有明显提升，但由于工业固体废物综合利用率增长率明显偏低，为－53.66%，严重拉低了绿色生产建设发展速度，致使绿色生产建设水平和绿色生产建设发展速度呈两极化趋势。

表 7-9 前滞型省份资源增效、污染治理指标数据 （单位：%）

地区	单位工业产值能耗下降率	单位工业产值水耗下降率	单位农业产值水耗下降率	工业固体废物综合利用率增长率	单位工业用地面积产值增长率	工业废水排放强度下降率	工业二氧化硫排放强度下降率	农药施用强度下降率	化肥施用强度下降率
北京	7.02	13.22	4.92	－14.13	6.23	6.02	65.11	－12.63	－9.74
浙江	—	8.76	2.74	1.67	0.35	9.37	29.23	－7.43	－12.22
广东	5.20	9.35	4.45	－4.17	－0.07	8.67	28.51	－13.57	－13.09
陕西	11.90	8.76	3.66	－53.66	3.76	5.02	27.54	－6.40	－4.79

五、中间型省份的绿色生产进展

中间型省份包括天津、江苏、山东、湖北和青海，绿色生产发展指数与绿色生产水平指数的得分相对均衡，绿色生产建设发展速度较为接近，但绿色生产建设水平相差较大。因此，中间型省份的绿色生产发展指数与全国平均值持平，但绿色生产水平指数高于全国平均值(见图 7-5)。中间型的 5 个省份呈现出三种类型，天津、江苏的绿色生产建设水平较高，但绿色生产建设发展速度放缓而进入中间型地区；湖北、山东的绿色生产建设发展速度和绿色生产建设水平均处于中间位置，较为均衡；青海的绿色生产建设发展速度较快，但绿色生产建设水平处于中间位置。

从中间型省份的区域分布来看，天津、江苏、山东属于东部地区，湖北属于中部地区，青海属于西部地区，涵盖了全国不同的区域。天津在东部地区绿色生产水平指数排名中最高，但绿色生产建设发展速度放缓，绿色生产建设发展遭遇到了瓶颈。东部地区的江苏、山东经济发展水平较高，但绿色生产建设发展速度和绿色生产建设水平长期维持中间型状态，发展较为稳定。中部地区的湖北也长期维持了中间型状态，但其绿色生产建设发展速度和绿色生产建设水平都超过了山

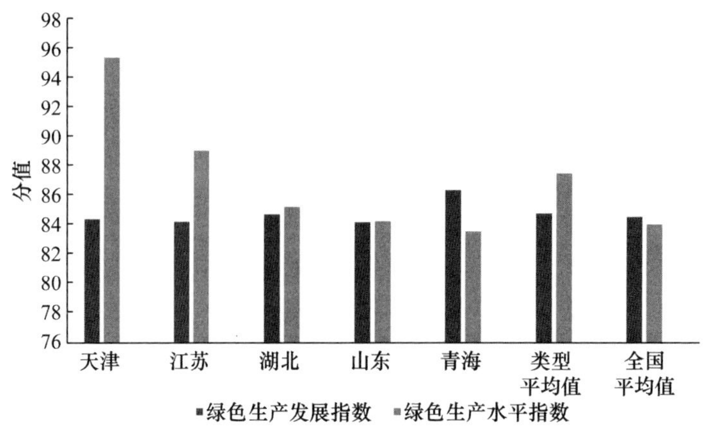

图 7-5　2017 年中间型省份绿色生产基本状况

东，表现出良好的发展潜力。西部地区的青海徘徊在中间型和后滞型之间，在同类型省份中，绿色生产建设发展速度最高，而绿色生产建设水平最低，如果能保持绿色生产建设发展速度，则具备进一步提升空间。

中间型省份在产业升级、资源增效和污染治理方面各有优势和不足(见表 7-10)。从产业升级二级指标来看，天津、江苏、山东等三个省份数据接近，明显偏低，不仅低于全国平均水平，也低于同类型平均值。从具体数据来看，天津主要受到研发投入强度增长率、高技术产值占地区生产总值比重增长率的影响；江苏的高技术产值占地区生产总值比重增长率也明显偏低，其第三产业占地区生产总值比重增长率也不高；山东省则是高技术产值占地区生产总值比重增长率严重拉低了产业升级的发展速度(见表 7-11)。

表 7-10　GPPI 2021 中间型省份绿色生产的发展状况

省份	产业升级		资源增效		污染治理		GPPI 2021	
	发展速度/%	T 分数/分	发展速度/%	T 分数/分	发展速度/%	T 分数/分	发展速度/%	T 分数/分
天津	2.47	74.71	3.68	86.85	4.00	90.00	3.45	84.47
江苏	2.41	74.12	3.68	86.85	4.00	90.00	3.43	84.29
山东	2.53	75.29	4.00	90.00	3.67	86.67	3.43	84.26
湖北	3.76	87.65	2.95	79.48	3.67	86.67	3.48	84.80
青海	4.53	95.29	2.68	76.85	3.70	87.00	3.64	86.44
类型平均值	3.14	81.41	3.40	84.01	3.81	88.07	3.49	84.85
全国平均值	3.46	84.57	3.39	83.87	3.52	85.18	3.46	84.61

表 7-11 中间型省份产业升级具体指标数据 (单位:%)

省份	第三产业产值占地区生产总值比重增长率	第三产业就业人数占地区就业总人数比重增长率	研发投入强度增长率	高技术产值占地区生产总值比重增长率(2016—2018)
天津	3.04	2.89	−17.67	−32.59
江苏	0.55	2.54	−1.13	−28.80
山东	2.82	1.69	2.99	−49.30
湖北	5.90	3.24	5.91	−14.50
青海	8.92	2.16	25.93	−26.92

湖北和青海在产业升级方面表现优异,远高于全国平均值和同类型平均值。青海产业升级发展速度较快,主要得益于第三产业产值占地区生产总值比重增长率的大幅增长,以及研发投入的大幅提升。湖北产业升级的各项数据在同类型地区中,均处于前列,除了高技术产值占地区生产总值比重增长率为负值外,其他各项指标都有较好的增长。

从资源增效的角度来看,中间型省份平均值高于全国平均值。从中间型省份内部来看,天津和江苏二级指标数据接近,山东最高,三省份资源增效发展指数均高于全国平均值;湖北和青海的资源增效发展指数低于全国平均值,也明显低于天津、江苏、山东三省份。从具体数据来看(见表 7-12),天津在同类型省份中各项资源增效的指标都比较均衡,但整体上偏弱,提升空间不足。青海在单位工业产值能耗下降率、水耗下降率以及单位工业用地面积产值增长率方面,都呈现负值,远低于同类型其他地区。这说明青海工农业生产的基础仍然比较薄弱,在资源增效方面仍有很大的提升和发展空间。

表 7-12 中间型省份资源增效具体指标数据 (单位:%)

省份	单位工业产值能耗下降率	单位工业产值水耗下降率	单位农业产值水耗下降率	工业固体废物综合利用率增长率	单位工业用地面积产值增长率
天津	6.60	0.86	11.46	−0.06	−3.81
江苏	10.62	9.89	−0.83	2.85	5.88
山东	8.09	9.54	5.64	−5.67	1.22
湖北	2.75	7.79	−1.98	3.08	−16.41
青海	−15.14	−11.50	7.59	10.21	−14.09

江苏和山东的工农业生产基础较好,在工农业生产的能耗、水耗下降率方面进步也非常明显。这说明江苏、山东虽然处于中间型省份,但其绿色生产的整体

态势仍然向好。不过，山东的工业固体废物综合利用率增长率下降较多，有很大的提升空间。湖北在资源增效方面，单位工业用地面积产值增长率下降严重，也降低了整体速率，从中也可以看出湖北在资源增效方面也有很大的提升空间。

从污染治理的角度看，中间型省份的绿色生产发展指数明显超过全国平均值，这体现了中间型省份对污染治理的重视。其中天津和江苏的污染治理的发展指数最高，同为 90；青海次之，达到了 87；山东和湖北较低，均为 86.67，但也高于全国平均值。从具体数据来看（见表 7-13），中间型省份增速最快的是工业二氧化硫排放强度下降率。从具体省份来看，江苏在工业废水排放强度下降率方面表现最好，达到 24.19%，相比较而言天津仅有 0.40%。不过，天津在农药、化肥施用强度下降率方面进步则明显高于其他省份，分别达到 24.42%和 8.29%，相比较而言青海仅有 2.26%和 0.07%。

表 7-13　中间型省份污染治理具体指标数据　（单位：%）

省份	工业废水排放强度下降率	工业二氧化硫排放强度下降率	农药施用强度下降率	化肥施用强度下降率
天津	0.40	23.06	22.42	8.29
江苏	24.19	37.81	2.43	1.20
山东	12.81	45.28	6.51	4.78
湖北	13.65	39.92	7.98	4.45
青海	—	—	2.26	0.07

从以上分析可以看出，中间型省份在产业升级、资源增效和污染治理方面均表现出一定的进步，但进展不明显，维持在中间型状态。从具体数据来看，各省份均有指标表现突出，也有发展指标处于停滞状态，还有发展指标呈现倒退趋势。如青海在五个省份中，绿色生产发展指数得分最高，第三产业占地区生产总值比重增长率、研发投入、工业固体废物综合利用率增长率等方面均表现出良好的发展态势，但在单位工业产值能耗、水耗下降率方面均为负值，呈现倒退态势。这说明，中间型省份在绿色生产建设发展速度上，仍有上升空间，如果能挖掘绿色生产建设发展的潜力，有望成为领跑型省份。

六、后滞型省份的绿色生产进展

后滞型省份包括内蒙古、吉林、黑龙江、福建、广西、海南、西藏、宁夏。这些省份无论是绿色生产水平指数和发展指数，都低于全国平均值。但是，在后滞型省份内部也存在差异，吉林、黑龙江、福建、海南、西藏五省份的绿色生产发展指数和绿色生产水平指数都超过同类型地区平均值，相对较好；内蒙古、广西、宁夏三省份的绿色生产发展指数都低于同类型地区的平均值(见图 7-6)。

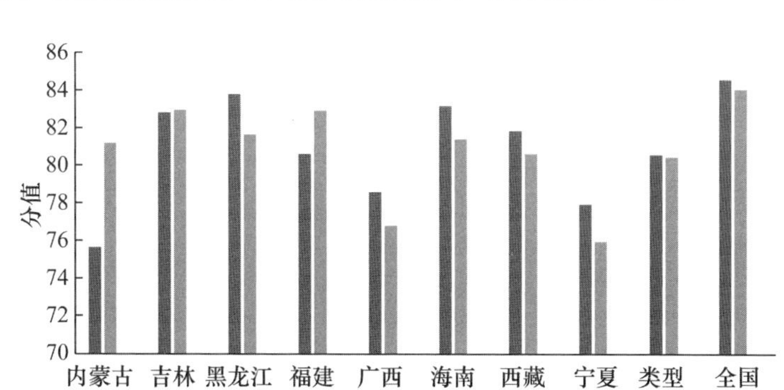

图 7-6　2017 年后滞型省份绿色生产基本状况

从区域分布来看,后滞型省份分布比较广,基本涵盖了各类型区域,但以西部和边疆省份为多,尤其是广西和宁夏的绿色生产建设水平在全国排名末位。后滞型地区对国家的生态安全极为重要,像内蒙古、西藏、宁夏等省份的生态环境较为脆弱,其绿色生产的发展速度和水平关系到中国生态文明建设的整体状况;吉林、黑龙江、海南、广西等省区都拥有良好的生态资源,如何将生态资源转换为绿色生产建设发展速度和建设水平的优势,不仅关系到区域生态文明建设的发展,也关系到整个中国生态文明建设的进展。

从产业升级、资源增效、污染治理等各项二级指标的平均值来看,后滞型省份仅有产业升级一项指标高于全国平均值,而资源增效和污染治理两项二级指标均低于全国平均值(见表 7-14)。但是,不同省份在具体数据上又有明显差异。如在产业升级方面,内蒙古产业升级的发展指数达到了 89.41,而西藏的得分仅为 74.12。相反,在资源增效方面,西藏的分数为 85.53,远高于同类型省份平均值,而内蒙古仅有 64.21。同样,在污染治理方面,黑龙江的发展指数高达 93.33,而福建省的发展指数仅为 74.67。这说明,虽然同为后滞型省份,但各省在绿色生产建设发展速度上却面临着不同的具体问题。

表 7-14　GPPI 2021 后滞型省份绿色生产的发展状况

省份	产业升级		资源增效		污染治理		GPPI 2021	
	发展速度/%	*T* 分数/分	发展速度/%	*T* 分数/分	发展速度/%	*T* 分数/分	发展速度/%	*T* 分数/分
内蒙古	3.94	89.41	1.42	64.21	2.4	74.00	2.57	75.69
吉林	3.18	81.76	2.58	75.79	3.9	89.00	3.29	82.87

（续表）

省份	产业升级		资源增效		污染治理		GPPI 2021	
	发展速度/%	T 分数/分	发展速度/%	T 分数/分	发展速度/%	T 分数/分	发展速度/%	T 分数/分
黑龙江	2.76	77.65	2.74	77.37	4.33	93.33	3.38	83.84
福建	3.82	88.24	3.11	81.06	2.47	74.67	3.07	80.65
广西	4.29	92.94	2.32	73.16	2.2	72.00	2.86	78.63
海南	4.24	92.35	3.24	82.37	2.7	77.00	3.32	83.22
西藏	2.41	74.12	3.55	85.53	3.5	85.00	3.19	81.89
宁夏	3.65	86.47	2.21	72.11	2.6	76.00	2.80	77.97
类型平均值	3.54	85.37	2.65	76.45	3.01	80.13	3.06	80.60
全国平均值	3.46	84.57	3.39	83.87	3.52	85.18	3.46	84.61

从产业升级来看，广西和海南的发展得分高，分别达到了 92.94 和 92.35。广西除了高技术产值占地区生产总值比重增长率表现较差以外，其他三个二级指标都表现优良，尤其是第三产值占地区生产总值比重增长率、研发投入强度增长率，都表现良好（见表 7-15）。内蒙古在产业升级方面也表现很好，尤其是第三产业产值占地区生产总值比重增长率远高于同类型其他省份。宁夏在产业升级方面表现也不错，其研发投入强度增长率达到了 18.95%，在同类型省份中居于首位。

表 7-15　后滞型省份产业升级具体指标数据　（单位：%）

省份	第三产业产值占地区生产总值比重增长率	第三产业就业人数占地区就业总人数比重增长率	研发投入强度增长率	高技术产值占地区生产总值比重增长率（2016—2018）
内蒙古	14.18	−2.93	3.80	3.82
吉林	7.98	3.05	−8.51	−69.05
黑龙江	3.29	1.79	−7.07	−19.45
福建	5.89	1.90	6.29	4.30
广西	11.81	1.24	18.46	−37.67
海南	3.40	2.79	−3.70	27.62
西藏	−2.31	−2.18	15.79	−14.29
宁夏	3.13	3.53	18.95	−9.62

在产业升级方面，黑龙江和西藏排名靠后。黑龙江主要是由于研发投入强度和高技术产值占地区生产总值比重增长率均为负值，暴露了黑龙江在研发和高科技投入和产出方面的不足。西藏主要是由于第三产业二级指标呈现负增长，高技

术产值占地区生产总值比重也呈下降趋势，因此西藏的产业升级有赖于第三产业的发展。吉林的产业升级速度也较低，主要是因为高技术产值占地区生产总值比重增长率呈现负增长，高科技产值比重下降严重，如果进一步推动产业升级，必须提升高技术产值占地区生产总值的比重。

从资源增效来看，西藏分值最高，这主要是因为单位工业产值水耗下降率、单位工业用地面积产值增长率表现优异，分别达到了15.39％和57.53％；内蒙古得分最低，各项三级指标均为负值，除了工业固体废物综合利用率增长率外，其他四个三级指标均在同类型省份中排名靠后（见表7-16），说明内蒙古的资源增效存在巨大提升空间，急需改进。广西和宁夏在资源增效方面表现也较差，其中广西单位工业产值能耗、水耗下降率以及单位工业用地面积产值增长率均为负值，排名较低；宁夏则是在单位工业能耗下降率、工业固体废物综合利用率两项指标表现较差。吉林、黑龙江、福建、海南四个省份在资源增效方面也高于同类型平均值，吉林主要是单位工业产值水耗下降率相对较高，但单位农业产值水耗下降率较低；黑龙江则是单位农业产值水耗下降率提升比较快，单位工业产值水耗下降率却呈现负值；福建在单位工业产值能耗、水耗下降率方面在同类型省份中都表现比较好，但其他三项指标均呈现负值，影响资源增效；海南省主要是工业固体废物综合利用率增长率影响了资源增效的总体提升和发展。

表7-16　后滞型省份资源增效具体指标数据　（单位：％）

省份	单位工业产值能耗下降率	单位工业产值水耗下降率	单位农业产值水耗下降率	工业固体废物综合利用率增长率	单位工业用地面积产值增长率
内蒙古	－42.96	－27.74	－2.17	－18.72	－27.65
吉林	2.10	13.21	－4.42	－19.81	－4.43
黑龙江	－7.90	－4.66	7.35	－13.43	－8.67
福建	9.71	13.36	－4.59	－10.30	－6.88
广西	－21.32	－8.13	8.91	－12.19	－20.91
海南	—	11.61	3.78	－33.43	43.38
西藏	—	15.39	7.15	－39.95	57.53
宁夏	－12.42	1.64	2.30	－25.07	0.32

从污染治理来看，黑龙江表现最好，发展指数得分达到93.33，远高于全国平均值，在同类型省份中排名最前，各项三级指标也均处于同类型省份前列（见表7-17）。吉林在污染治理方面也比较好，能够统计的数据仅有农药、化肥的施用强度下降率两项指标，这两项指标均处于同类型省份前列。西藏的污染治理发展速度接近全国平均值，但可以统计的数据也只有农药、化肥的施用强度下降率两项

指标，其中化肥施用强度下降率为正值，表现较好。

表 7-17 后滞型省份污染治理具体指标数据 （单位：%）

省份	工业废水排放强度下降率	工业二氧化硫排放强度下降率	农药施用强度下降率	化肥施用强度下降率
内蒙古	−26.36	−7.45	3.21	11.97
吉林	—	—	10.29	7.77
黑龙江	17.43	14.48	15.09	16.39
福建	6.38	38.61	−41.48	−41.12
广西	−29.28	−8.06	12.92	−3.61
海南	—	—	−13.94	−17.89
西藏	—	—	−0.10	5.39

福建在工业污染治理方面较好，但农药、化肥施用强度下降率均为负值，农药、化肥的施用量不降反升，而且增幅较大。内蒙古、广西则在工业领域的污染增加明显，在农业领域内蒙古农药、化肥的施用强度呈下降趋势，而广西则是一升一降。海南地区大力发展第三产业，缺少工业污染治理的具体数据，从农药化肥施用强度下降率来看，均为负值，且较低，表明化肥、农药施用量增加明显。

七、绿色生产建设发展类型分析小结

（一）各省份绿色生产建设发展类型变动明显，中西部地区呈现两极化态势

受统计数据和各省份具体情况的影响，各省份的绿色生产水平指数和发展指数都处在变动中。与《中国生态文明建设发展报告 2016》的数据相较，中间型省份减少，从 10 个省份减少为 5 个省份；前滞型省份从无到有，达到 4 个省份；领跑型、追赶型、后滞型省份数量基本保持不变，但具体省份类型变化明显。除上海、重庆以外，天津、广东、福建、北京 4 个省份已经退出领跑团队，并且北京、广东已经落入前滞型省份，天津则落入中间型省份，而福建则成为后滞型省份。相反，湖南、河南、安徽、四川等省份表现抢眼，成为新的领跑型省份，表现出良好的生态建设水平和发展速度。河北、贵州、新疆、云南等省份保持了追赶型态势，而山西、江西、甘肃 3 个省份则从后滞型省份跃入追赶型省份，辽宁也从中间型省份进入追赶型省份。黑龙江、内蒙古、西藏 3 个省份维持在后滞型省份，而吉林、福建、广西、海南、宁夏 5 个省份成为新的后滞型省份。无论是在领跑型、追赶型，还是后滞型省份中，中西部省份都占据了数量优势，呈现出明显的两极化态势。这一方面是因为中西部地区具备资源、环境优势，具有很大的发展潜力，国家对中西部地区的扶持政策开始发挥作用；另一方面也说明，中西部地区仍然面临着很大的生

态压力，如何协调生态与资源、环境之间的矛盾关系，依然是绿色生产建设发展面临的主要问题。另外，国家大力推进的区域发展战略，也对各省份的绿色生产建设发展产生了明显的影响。以京津冀地区为例，北京、天津曾长期处于领跑型梯队，但随着产业升级、资源增效和污染治理的推进，绿色生产建设发展速度明显放缓，分别进入前滞型和中间型省份，而河北则长期维持了追赶型态势。

（二）产业升级对类型驱动的优势尚未凸显，大部分省份进展缓慢

产业升级转型对提升绿色生产建设水平和发展速度具有重要作用。从统计数据来看，目前产业升级对整个绿色生产建设发展速度的带动作用还不够明显，尤其是第三产业产值占地区生产总值比重增长率、第三产业就业人数占地区就业总人数比重增长率都比较低。一些产业升级发展速度较高的省份，如青海、广西、海南等，其绿色生产建设发展速度排名靠后。相反，一些绿色生产建设发展速度靠前的省份，如山西、安徽、上海等，其产业升级发展速度排名靠后。因此，领跑型和追赶型省份的绿色生产建设发展速度主要依靠资源增效和污染治理来推动。从实际情况来看，短期内资源增效和污染治理对绿色生产建设发展速度的提升具有明显效果，这也是一些中西部地区迅速进入领跑型和追赶型省份的重要因素。但是，资源增效和污染治理一旦达到一定阶段，就难以持续发挥带动作用。近些年，一些省份的生产建设发展类型出现明显的波动，即由于资源增效和污染治理后继乏力，难以维持较高的发展速度。例如，长期居于领跑型省份的北京，在产业转型升级的过程中由于资源增效和污染治理发展的潜力不足，致使绿色生产建设发展速度放缓，进而影响北京的绿色生产建设发展类型由领跑型转变为前滞型。推动产业升级，一方面需要加速推动第三产业的发展，提升第三产业产值和就业人数的比重；另一方面则需要推动高新技术产业的发展，增加研发投入，提升高技术产值占地区生产总值的比重。

（三）资源增效是类型区分的关键因素，与绿色生产的进展速度存在关联

提高资源的利用效率是推动绿色生产建设发展的重要途径，也是节约资源、减少环境污染的重要方式。从全国范围来看，大部分省份在资源增效方面都有一定进展，这其中以山西表现最为突出，发展速度远超其他省份，反映出山西作为能源大省在资源增效方面进步明显。但是，也有些省份资源增效处于停滞，甚至倒退，值得警惕。例如，内蒙古作为绿色生产建设发展速度最低的省份，其资源增效也表现最差，各项三级指标均为负值，与其他省份差距巨大。从二级指标数据来看，一些绿色生产建设发展速度排名靠前和靠后的省份，其绿色生产建设发展速度与资源增效的发展速度表现出一定的相关性，如山西、安徽等省份的绿色生产建设发展速度排名最前，其资源增效的发展速度也较高；宁夏、广西、内蒙古等省份的资源增效发展速度较低，其绿色生产建设发展速度也较低。从三级指标数据

来看，单位工业用地面积产值增长率波动比较大，不同省份相差悬殊，山西省的增加率达到 69.52%，而内蒙古则为−27.65%。因此，从资源增效的角度来看，一些资源增效落后省份，应进一步提升单位工业用地面积产值增长率，尤其是高附加值产值工业的落地生根。从绿色生产建设发展的角度来看，各省份只有不断降低单位工农业产值的能耗、水耗，提升单位工业用地面积产值增长率，才能真正促进绿色生产的发展，节约资源，减少环境污染。

(四) 各类型地区工业污染防治成效显著，农业污染防治力度有待加强

污染防治是当前生态文明建设的重点，是党的十九大报告提出的三大攻坚战之一。近几年，国家大力推进污染治理，尤其是大气污染治理和水污染治理，实施蓝天保卫战、碧水保卫战，工业领域的污染治理水平不断提升。从污染治理的各项三级指标数据来看，工业废水、二氧化硫排放强度下降率增速明显，绝大部分省份都呈现正值，表现出较高的增长速度。但是，从农业领域的污染治理来看，效果不明显，尤其是化肥、农药施用强度下降率在许多省份呈现负值，这除了直接导致土壤污染外，还会影响河流、地下水源和水质。农业生产造成的环境污染与农业生产的发展紧密相连，既要保障粮食安全，又要防止农业面源污染的扩展，存在诸多困难。尤其是农药、化肥的施用强度所造成的环境污染具有一定的隐性和潜在性，短期内还难控制，缺少具体的治理措施。要加强农业领域的污染治理，减少农药、化肥的施用量，不断提升生态农业的比重，加强绿色农业的宣传推广。

第八章　绿色生产建设发展态势与驱动分析

绿色生产发展指数(GPPI)是对本年和上年的绿色生产建设绝对水平进行量化比较,探究的是绿色生产水平年度间的发展速度;而绿色生产建设发展速度进步率则是对本年和上年的绿色生产发展指数进行量化比较,也即对绝对速度进行量化比较,是发展速度的加速度,反映的是绿色生产建设进程是加快、平稳还是放缓的状态。进步率为正,表明其相应方面在加速发展;反之,则在减速发展。绿色生产的驱动因素分析考察对绿色生产建设起到关键影响作用的因素以及各因素间的相互作用,采用了皮尔逊(Pearson)积差相关,选择可信度较高的双尾(Two-tailed)检验方法,通过 SPSS 统计软件对一、二、三级指标的原始数据进行了相关性分析。

从发展速度上看,全国层面和大多数省份绿色生产建设均处于进步状态。从发展速度进步率上看,全国层面和三分之二的省份绿色生产建设发展态势放缓,而辽宁、云南和江西等九省份保持加速态势。在驱动分析方面,污染治理和资源增效与 GPPI 2021 显著相关,提示节能减排治污对绿色生产的重要性。

一、绿色生产建设发展态势分析

2017 年,绿色生产建设稳步向前推进,绿色生产建设发展速度为 3.31%。在 GPPI 评价体系的三个二级指标中,除产业升级出现退步外,资源增效与污染治理的发展速度均高于绿色生产整体的发展速度。在 14 个三级指标中,除工业二氧化硫排放强度下降率(没有更新统计数据)无法进行比较外,其余 13 个指标大部分呈现增速态势(11 个指标呈增速态势,2 个呈退步态势——高技术产值占地区生产总值比重增长率、工业固体废物综合利用率增长率)。

十八大以来,全国绿色生产建设水平多年持续上升。但是进步有快慢之分,发展趋势有加速与放缓之别。为了表示进步的程度与趋势,进行了绿色生产建设发展速度进步率的计算和分析。

(一) 全国绿色生产建设发展呈现降速增长态势,污染治理增速领先

2016—2017 年,全国绿色生产建设发展速度进步率为－0.42%,呈现小幅减速态势。在三个二级指标中,绿色生产的各二级指标发展速度快慢不一,各指标

背后所代表领域优化发展的难易程度已经清晰可见。其中,产业升级发展速度进步率为－2.95%,降速幅度最大;资源增效发展速度也呈现小幅回落,仅有污染治理发展速度呈现持续加速态势,其发展速度进步率为 1.42%(见表 8-1)。

表 8-1　2016—2017 年全国绿色生产建设发展速度进步率　(单位:%)

	2015—2016	2016—2017	发展速度进步率
产业升级发展速度	2.37	－0.58	－2.95
资源增效发展速度	4.40	4.05	－0.35
污染治理发展速度	4.25	5.67	1.42
绿色生产建设发展速度	3.73	3.31	－0.42

十八大期间,全国绿色生产领域的发展整体向好,但全国绿色生产建设发展速度呈现逐步减速增长的态势(见图 8-1)。2013—2017 年,全国绿色生产年均发展速度为 3.95%,仅有 2012—2013 年和 2013—2014 年的发展速度高于平均值,而 2017 年的发展速度比平均值低 0.64%。在资源增效与污染治理稳步前进的同时,产业升级的发展瓶颈愈加凸显,从而牵制了绿色生产的发展速度。

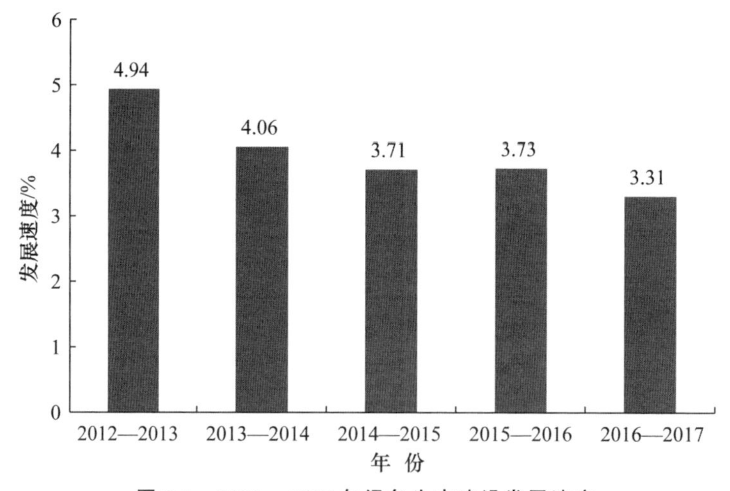

图 8-1　2013—2017 年绿色生产建设发展速度

1. 产业升级内在驱动力不足,科技创新发展速度大幅度回落

2016—2017 年,产业升级发展速度进步率为－2.95%,产业结构优化升级速度明显放缓。除第三产业就业人数占地区就业总人数比重增长率的进步率保持小幅增速外,第三产业产值占地区生产总值比重增长率、研发投入强度增长率和高技术产值占地区生产总值比重增长率的进步率均为负值。其中,高技术产值占地区生产总值比重增长率的进步率为－8.41%,减速幅度最大(见表 8-2)。

2016—2017 年,全国高技术产值进步率为 3.63%,而国内生产总值的进步率为 10.9%(按当年价格计算),高技术产值的增速低于国内生产总值的增速 3 倍多,导致高技术产值占地区生产总值比重增长率的进步率呈现负增长态势。

表 8-2　2016—2017 年全国产业升级进步率　(单位:%)

	2015—2016	2016—2017	进步率
第三产业产值占地区生产总值比重增长率	2.58	0.17	−2.41
第三产业就业人数占地区就业总人数比重增长率	2.59	3.22	0.62
研发投入强度增长率	2.42	1.42	−1.00
高技术产值占地区生产总值比重增长率	1.85	−6.56	−8.41
产业升级发展速度	2.37	−0.58	−2.95

2013—2017 年,产业升级发展速度呈现波浪式下行的发展趋势,产业升级受政策影响较为明显。党的十八大对生态文明建设的战略布局,揭开了全国绿色发展的序幕,2013 年我国产业升级发展速度达到 3.96%。自 2015 年国务院推出制造强国战略第一个十年的行动纲领《中国制造 2025》,产业升级发展速度达到 3.85%(见图 8-2)。2014 年和 2016 年的产业升级发展速度均保持在 2013—2017 年的年均发展速度水平,而 2017 年由于科技创新发展速度的大幅度回落,产业升级的发展速度仅为−0.58%。当前,中国正处于经济结构调整转型升级的关键期,产业升级除了受政策激励外,更应该注重以科技创新为核心驱动力的升级路径,充分释放"互联网+"的力量,改造提升传统动能,培育新的经济增长点,发展新经济,加快推动"中国制造"提质增效升级,实现从工业大国向工业强国迈进。

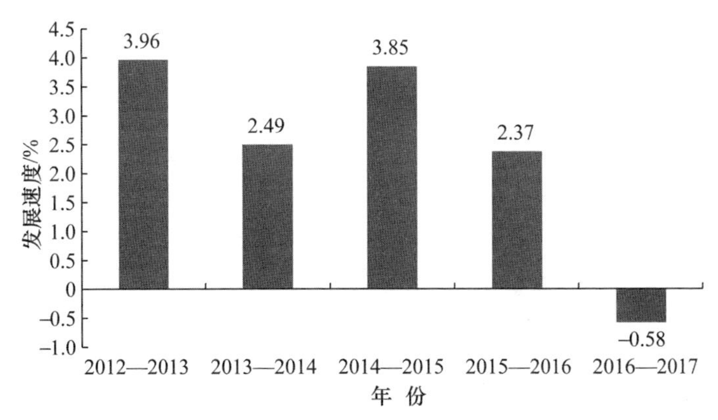

图 8-2　2013—2017 年产业升级发展速度

我国服务业产值超过第二产业产值后,第三产业产值与第三产业就业人数均在稳步上升(见图 8-3)。2013—2017 年,第三产业产值占地区生产总值比重增长率是 10.7%，而第三产业就业人数占地区就业总人数比重增长率达到 16.6%。具体来看，2015 年作为“十二五”规划的收官之年，第三产业产值占地区生产总值比重增长率唯一一次超过第三产业就业人数占地区就业总人数比重增长率，而在 2017 年，第三产业就业人数占地区就业总人数比重增长率以 18.9 倍的增速差距快于第三产业产值占地区生产总值比重增长率。这充分说明我国在推进产业结构转型升级过程中，提质增效的发展方向并未进入一个稳定的模式，我国第三产业的劳动生产率依然停留在较低水平。

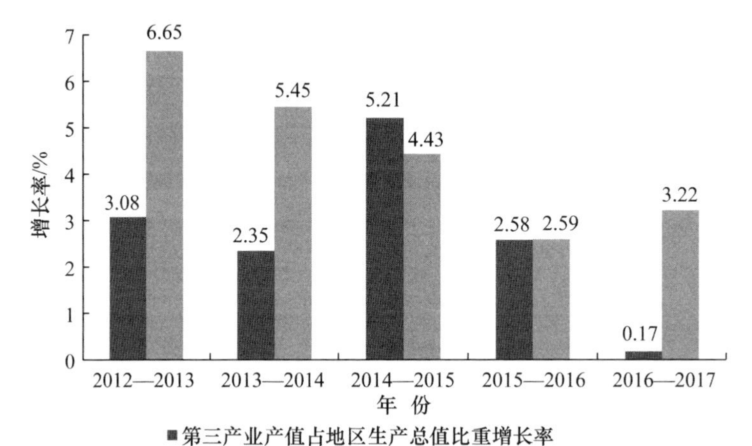

图 8-3　2013—2017 年第三产业产值与第三产业就业人数增长情况

科技创新方面，尽管研发经费投入强度增长率呈现减速态势，但 2014—2019 年我国研发经费投入强度始终保持在 2%以上（见图 8-4）。2019 年，全国共投入研究与试验发展（R&D）经费 22 143.6 亿元，研发经费投入强度占国内生产总值的 2.23%。中国四十多年的改革与持续开放，使得高技术产业已深度融入全球分工体系，但总体来看，中国高技术产业仍处于全球价值链的中低端环节。中国高技术产业的发展面临发达国家和其他发展中国家“双向挤压”的严峻挑战，例如，美国在中美贸易战中针对《中国制造 2025》十大重点新兴和高科技产业的关税清单，加剧了科技创新发展速度的大幅度回落。而中国以往依靠大量劳动力要素投入支撑的高技术产业，其规模和成本优势正在受到其他发展中国家的市场挤压。随着中国经济进入中高速增长阶段，产业升级迫切需要加强自主创新，将规模和成本优势转化为核心技术的竞争优势，高技术产业的发展需要新的突破口（见图 8-5）。

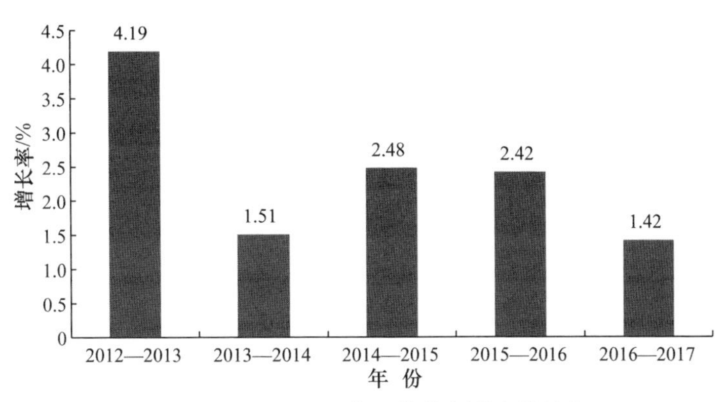

图 8-4　2013—2017 年研发投入强度增长率

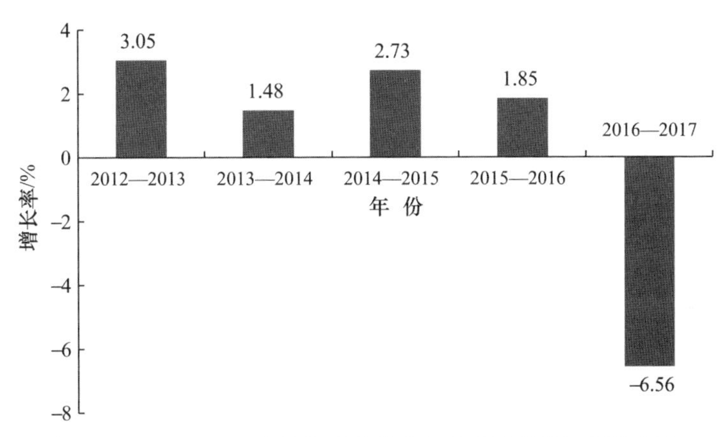

图 8-5　2013—2017 年高技术产值占地区生产总值比重增长率

2. 资源增效发展放缓，工业固体废物综合利用率短板突出

2016—2017 年，资源增效发展速度进步率为－0.35%，资源增效发展态势稍有放缓。2017 年，资源增效领域半数三级指标呈现降速增长态势，工业固体废物综合利用增长率负增长态势突出(见表 8-3)。其中，单位工业产值能耗下降率、单位工业产值水耗下降率和单位工业用地面积产值增长率均呈现加速增长态势，单位工业产值水耗下降率达到 6.55%，加速进步幅度最大。新能源、可再生能源消费比重增长率、单位农业产值水耗下降率则呈现减速发展态势，而工业固体废物综合利用率增长率的进步率为－6.18%，退步幅度最大，牵制了资源增效的发展速度。

表 8-3 2016—2017 年全国资源增效进步率 (单位:%)

	2015—2016	2016—2017	发展速度进步率
单位工业产值能耗下降率	4.98	9.60	4.62
新能源、可再生能源消费比重增长率	9.92	3.76	−6.16
单位工业产值水耗下降率	6.50	13.05	6.55
单位农业产值水耗下降率	4.74	4.17	−0.57
工业固体废物综合利用率增长率	−2.05	−8.22	−6.18
单位工业用地面积产值增长率	2.55	6.63	4.08
资源增效发展速度	4.40	4.05	−0.35

2013—2017 年,资源增效年均发展速度达到 3.72%,且大体上各年度的发展速度相对稳定(见图 8-6)。2015 年资源增效发展速度仅为 1.91%,低于年均发展速度,主要受制于工业固体废物综合利用率增长率和单位工业用地面积产值增长率负增长。在生态文明建设纳入我国五位一体的战略布局之后,国家对节能减排工程的投入力度持续增加,相关政策体系也不断完善,国务院办公厅印发的《2014—2015 年节能减排低碳发展行动方案》以及环保部会同相关部门印发的《煤电节能减排升级与改造行动计划(2014—2020 年)》等文件,有力推进了全国节能减排工程的建设。2015 年供给侧结构性改革的提出,在优化产业结构、合理配置资源、提高能源生产效率方面取得了诸多进展。在优化产业结构方面,高污染、高消耗、高排放的工业生产模式逐渐低碳化、低耗化;在去产能、去库存方面,疏解了地产以及地产后周期行业诸多原材料的库存压力;在提高能源生产效率方面,单位工业能耗和水耗的下降率也在加速进步。

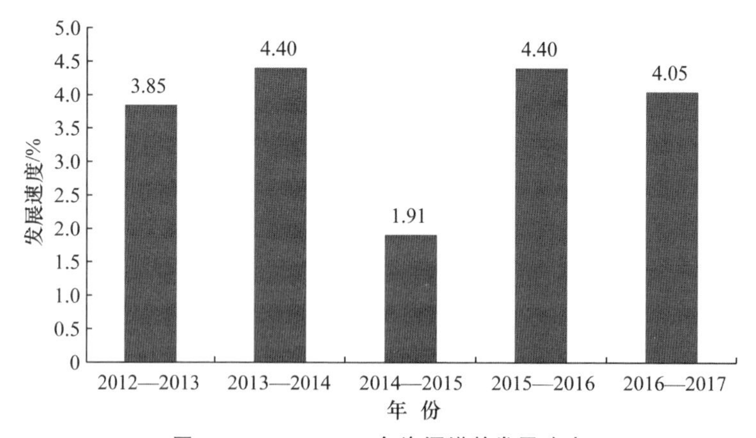

图 8-6 2013—2017 年资源增效发展速度

中国作为资源能源消耗大国，多年来持续推进循环经济和低碳经济的努力，取得了非常不易的成绩。资源增效领域中，单位工业产值能耗下降率、单位工业产值水耗下降率和单位工业用地面积产值增长率均在 2015 年之后呈现加速进展态势，其中，单位工业产值水耗下降率的进步率最为显著(见图 8-7)。资源增效在 2016 年和 2017 年均与绿色生产发展指数呈高度正相关，离不开这三个三级指标的加速进展，而资源能源生产效率的提高，也助力了我国绿色生产建设成效。

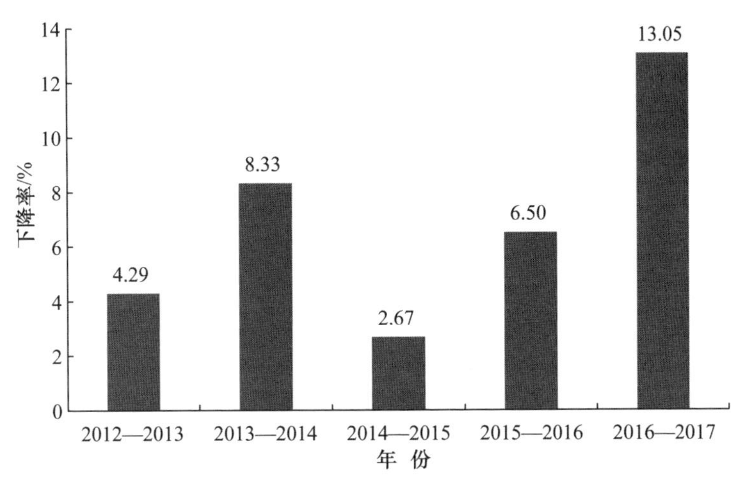

图 8-7　2013—2017 年单位工业产值水耗下降率

2013—2017 年中国工业固体废物综合利用量逐渐减少，而工业固体废物产生量的减速却不明显，导致工业固体废物综合利用率增长率已经连续四年呈现负增长，且负增长有继续扩大的态势(见图 8-8)。2017 年全国工业固体废物综合利用率为 54.6%，与 2003 年工业固体废物综合利用率 55.8%的水平相当，而 2009 年是 21 世纪以来我国工业固体废物综合利用率最高的水平，达到 67.8%。国务院在《中国制造 2025》中设定了 2020 年和 2025 年制造业的主要指标，其中绿色发展领域旨在将 2020 年的工业固体废物综合利用率提高至 73%，在 2025 年达到 79%。而 2017 年全国仅有 11 个省份的工业固体废物利用率超过了 70%，工业固体废物利用率的提高已然成为资源增效领域的棘手短板。尽管 2020 年 9 月 1 日《中华人民共和国固体废物污染环境防治法》最新修订版的正式施行，标志着固体废物“大锅烩”式的处理模式一去不复返，但是三分之二的省份工业固体废物利用率提高的目标任务仍然充满挑战。

3. 污染治理加速发展，工业废水排放控制成效显著

2016—2017 年，污染治理发展速度进步率为 1.42%，各三级指标均呈现加速进展态势(见表 8-4)。在工业生产污染治理方面，2015 年实施“最严格”环保法以

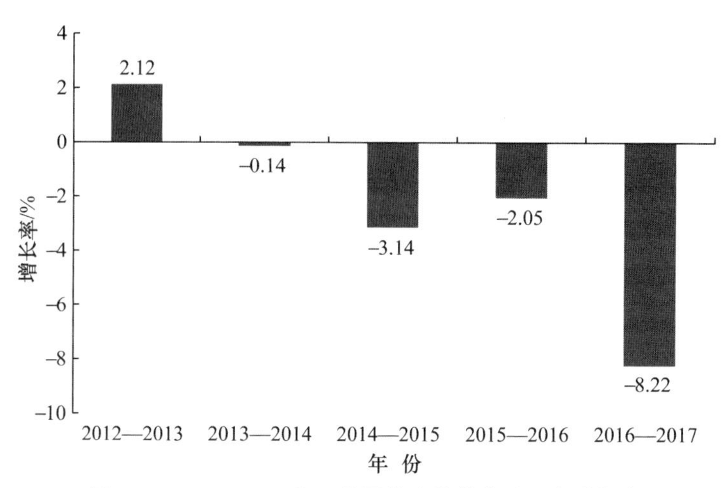

图 8-8 2013—2017 年工业固体废物综合利用率增长率

来，污染治理成效显著，特别是在工业生产污染治理方面，工业废水排放强度与工业二氧化硫排放强度大幅下降。根据生态环境部、国家统计局、农业农村部于 2020 年发布的《第二次全国污染源普查公报》，2017 年末，我国工业企业脱硫设施 7.67 万套，脱硝设施 3.44 万套，除尘设施 89.79 万套，污染治理能力明显提升。

表 8-4 2016—2017 年全国污染治理进步率① （单位：%）

	2015—2016	2016—2017	发展速度进步率
工业废水排放强度下降率	10.85	13.23	2.38
工业二氧化硫排放强度下降率	—	—	—
农药施用强度下降率	2.45	4.56	2.11
化肥施用强度下降率	0.70	1.73	1.02
污染治理发展速度	4.25	5.67	1.42

在农业生产污染治理方面，我国农药施用强度和化肥使用强度已过拐点。数据分析表明，农药施用强度下降率的发展进步率比化肥施用强度下降率的发展进步率快，但就指标自身的下降速度而言，2017 年化肥施用强度下降率的进步速度比 2016 年的进步速度快了 1.5 倍。虽然中国农药和化肥使用强度大，但是农药和化肥使用强度持续高涨的局面得到了有效的控制。

十八大以来，随着生态文明建设、绿色发展、美丽中国、新发展理念等建设思路的陆续推行，中国的环境污染问题明显改善。2013—2017 年，中国污染治理保

① 2016 年全国工业二氧化硫排放量数据缺失。

持着相对稳定的发展速度，期间年均发展速度达到5.27%，领先于产业升级与资源增效领域(见图8-9)。中国环境质量建设的加速发展，既得益于《大气污染防治行动计划》《水污染防治行动计划》和《土壤污染防治行动计划》等法规和政策文件的制度保障，也离不开环保督察巡视机制对地方政府主体环保责任的推动与监督。从工业废水排放强度下降率V形发展趋势可以看出，2015年推出环保督察巡视机制之后，其治理速度明显快于2015年之前工业废水排放强度的下降速度(见图8-10)。

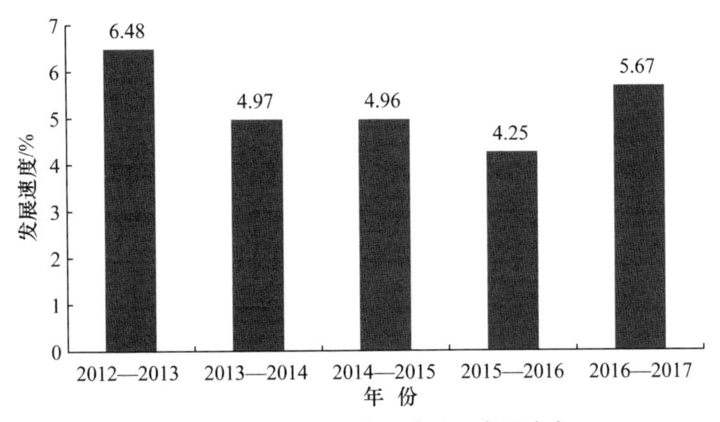

图8-9 2013—2017年污染治理发展速度

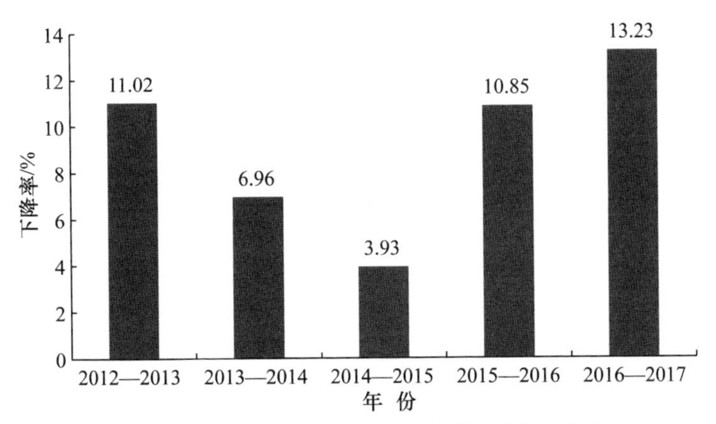

图8-10 2013—2017年工业废水排放强度下降率

(二) 各省份绿色生产建设发展态势分析

为了解各地区绿色生产建设的变化情况，对全国31个省份绿色生产建设发展速度进步率的分析和排名如下。

1. 三分之二的省份绿色生产呈现减速进展态势，各省份进步快慢差距缩小

2016—2017 年，31 个省份绿色生产建设发展速度进步率数据显示，有 9 个省份绿色生产建设发展增速，22 个省份发展减速（见图 8-11，表 8-5）。绝大多数省份总体绿色生产建设发展速度进步率绝对值在 15%以内，其中增速最大的省份是辽宁（12.65%），减速最多的是广西（−23.88%）。

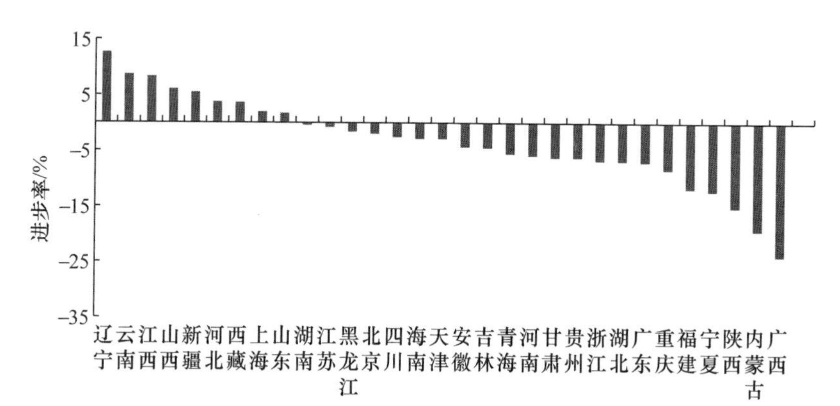

图 8-11　2016—2017 年全国 31 个省份绿色生产建设发展速度进步率

表 8-5　2016—2017 年全国 31 个省份绿色生产建设发展速度进步率及排名

（单位：%）

排名	地区	进步率	排名	地区	进步率
1	辽宁	12.65	17	安徽	−4.29
2	云南	8.70	18	吉林	−4.49
3	江西	8.34	19	青海	−5.55
4	山西	6.12	20	河南	−5.86
5	新疆	5.53	21	甘肃	−6.22
6	河北	3.71	22	贵州	−6.23
7	西藏	3.62	23	浙江	−6.79
8	上海	1.94	24	湖北	−6.86
9	山东	1.72	25	广东	−7.02
10	湖南	−0.46	26	重庆	−8.40
11	江苏	−0.81	27	福建	−11.78
12	黑龙江	−1.60	28	宁夏	−12.26
13	北京	−1.95	29	陕西	−15.17
14	四川	−2.54	30	内蒙古	−19.33
15	海南	−2.86	31	广西	−23.88
16	天津	−2.88			

总体来看,辽宁绿色生产建设发展速度进步率最高,得益于资源增效和污染治理领域的加速发展,但是产业升级进展态势放缓。广西绿色生产建设发展速度进步率最低,其产业升级、资源增效和污染治理领域均呈现减速进展态势。前三名和后三名省份各二级指标的进步率表明,资源增效与污染治理对绿色生产进步率的影响起主要促进作用,两个领域的发展进步率与绿色生产建设发展速度进步率的排名密切相关(见表 8-6)。

表 8-6　绿色生产建设发展速度进步率的前三名与后三名　(单位:%)

排名	省份	产业升级进步率	资源增效进步率	污染治理进步率	绿色生产进步率
1	辽宁	−7.52	31.44	13.69	12.65
2	云南	0.99	−8.01	27.01	8.70
3	江西	−2.05	7.16	17.02	8.34
29	陕西	−7.64	−15.7	−20.42	−15.17
30	内蒙古	2.01	−21.45	−33.73	−19.33
31	广西	−3.71	−18.99	−42.68	−23.88

2. 多数省份产业升级压力凸显,高技术产值占比呈现负增长态势

2016—2017 年,各省产业升级发展进步态势与绿色生产进步态势大体一致,超 6 成省份呈现减速发展态势,多数省份产业升级压力凸显(见图 8-12,表 8-7)。其中,西藏发展进步率最快,达到 10.92%;吉林发展进步率最慢,为 −19.44%。在 10 个加速进步的省份中,经济欠发达的省份居多,其中,西藏、新疆和海南产业升级发展进步率排前三,而浙江、上海和北京等发达地区也在加速推进产业升级,呈现强者恒强的发展局面。

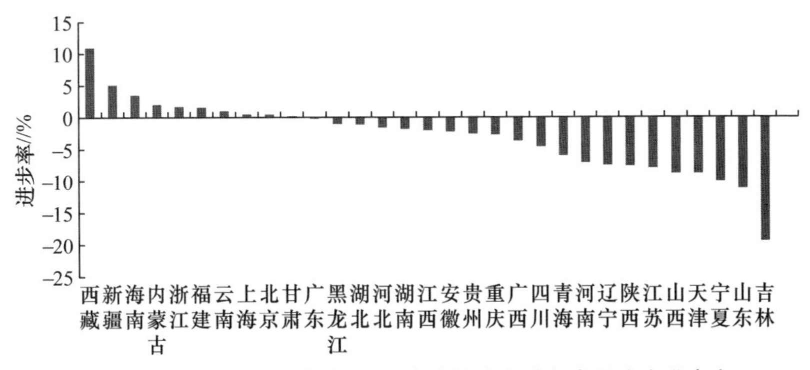

图 8-12　2016—2017 年全国 31 个省份产业升级发展速度进步率

表 8-7 2016—2017 年全国 31 个省份产业升级发展速度进步率及排名（单位：%）

排名	地区	进步率	排名	地区	进步率
1	西藏	10.92	17	安徽	−2.27
2	新疆	5.07	18	贵州	−2.59
3	海南	3.48	19	重庆	−2.72
4	内蒙古	2.01	20	广西	−3.71
5	浙江	1.69	21	四川	−4.62
6	福建	1.58	22	青海	−6.01
7	云南	0.99	23	河南	−7.14
8	上海	0.49	24	辽宁	−7.52
9	北京	0.48	25	陕西	−7.64
10	甘肃	0.22	26	江苏	−7.97
11	广东	−0.22	27	山西	−8.88
12	黑龙江	−1.05	28	天津	−8.89
13	湖北	−1.14	29	宁夏	−10.10
14	河北	−1.63	30	山东	−11.19
15	湖南	−1.83	31	吉林	−19.44
16	江西	−2.05			

产业升级领域的前后三名省份，除了西藏受研发投入强度增长率的发展进步率的绝对支撑，对其他省份而言，贡献率最大的是高技术产值占地区生产总值比重增长率的进步率[①]（见表 8-8）。尽管出于数据处理的原因，高技术产值占比的进步率比 2016—2017 年实际的进步率大，但多数省份高技术产值占比呈现负增长态势却是事实。2018 年，仅有广东、江苏、重庆、上海、江西 5 个省份的高技术产值占地区生产总值比重超过 20%。一般而言，成功迈入高收入社会的经济体，普遍具有发达的高技术产业。根据典型国家经验，高技术产业增速应领先 GDP 增速 1 倍左右，而目前我国高技术产业产值的增速仍慢于国内生产总值的增速。

① 由于 2017 年各省份高技术产值统计数据缺失，2016—2017 年各省高技术产值占地区生产总值比重增长率的进步率是通过计算 2015—2016 年和 2016—2018 年高技术产值占地区生产总值比重增长率而得出，所得数据较之 2016—2017 年的真实值偏大。

表 8-8　产业升级发展进步率的前三名与后三名　（单位：%）

排名	省份	第三产业产值占地区生产总值比重增长率	第三产业就业人数占地区就业总人数比重增长率	研发投入强度增长率	高技术产值占地区生产总值比重增长率	二级指标产业升级
1	西藏	−0.21	−3.06	52.46	−3.43	10.92
2	新疆	0.89	2.39	−17.22	35.65	5.07
3	海南	1.62	1.71	−21.1	32.17	3.48
29	宁夏	1.11	−2.06	10.99	−54.03	−10.10
30	山东	−0.22	0.84	−0.09	−47.76	−11.19
31	吉林	−1.44	−4.45	−1.58	−75.55	−19.44

3. 半数省份资源增效保持加速进展态势，工业能耗和水耗表现突出

资源增效作为绿色生产建设进展态势最好的领域，半数省份呈现加速发展态势（见图 8-13，表 8-9）。其中，辽宁资源增效的加速态势最好，达到 31.44%；而内蒙古减速幅度最大，为−21.45%。从各省的进步率来看，东北三省有辽宁、吉林 2 个省份保持加速发展态势，东部地区有河北、山东、天津、江苏 4 个省份保持加速发展态势，西部地区有新疆、贵州、四川、甘肃、西藏 5 个省份保持加速发展态势，中部地区有山西、江西、安徽、湖南、河南 5 个省份保持加速发展态势；这表明全国各地区资源增效领域正趋向于均衡发展。

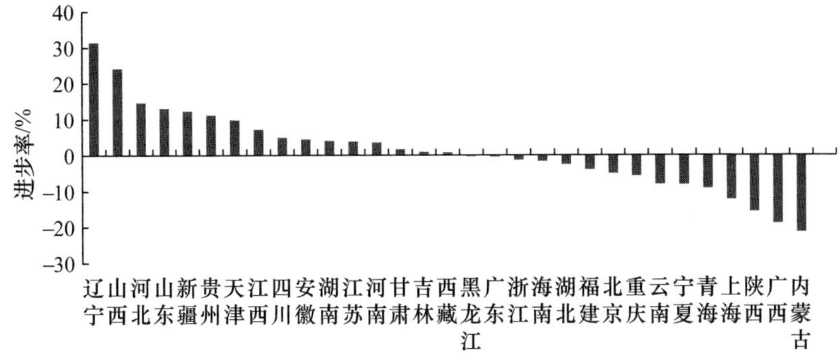

图 8-13　2016—2017 年全国 31 个省份资源增效发展速度进步率

资源增效领域发展进步率排在前三名的省份是辽宁、山西和河北，排在后三名的省份是陕西、广西和内蒙古。无论是加速进步态势还是减速进步态势的省份，其三级指标的进步率均呈现出一定的发展共性，而这样的发展共性也与全国整体的发展趋势相吻合。其中，单位工业产值能耗下降率、单位工业产值水耗下降率和单位工业用地面积产值增长率的进步率对资源增效的贡献率最高，而工业

固体废物综合利用率增长率普遍呈现负增长态势(见表 8-10)。

表 8-9　2016—2017 年全国 31 个省份资源增效发展速度进步率及排名　(单位:%)

排名	地区	进步率	排名	地区	进步率
1	辽宁	31.44	17	黑龙江	−0.29
2	山西	24.18	18	广东	−0.44
3	河北	14.62	19	浙江	−1.28
4	山东	13.05	20	海南	−1.69
5	新疆	12.30	21	湖北	−2.56
6	贵州	11.15	22	福建	−3.90
7	天津	9.78	23	北京	−5.07
8	江西	7.16	24	重庆	−5.78
9	四川	4.92	25	云南	−8.01
10	安徽	4.43	26	宁夏	−8.14
11	湖南	3.99	27	青海	−9.20
12	江苏	3.84	28	上海	−12.34
13	河南	3.53	29	陕西	−15.70
14	甘肃	1.64	30	广西	−18.99
15	吉林	0.96	31	内蒙古	−21.45
16	西藏	0.81			

表 8-10　资源增效发展进步率的前三名与后三名　(单位:%)

排名	省份	单位工业产值能耗下降率	单位工业产值水耗下降率	单位农业产值水耗下降率	工业固体废物综合利用率增长率	单位工业用地面积产值增长率	二级指标资源增效
1	辽宁	60.96	62.79	30.1	−31.99	57.94	31.44
2	山西	30.01	23.71	28.58	−13.5	73.30	24.18
3	河北	−3.51	1.6	65.78	4.45	23.62	14.62
29	陕西	9.35	2.02	−1.20	−71.04	2.59	−15.70
30	广西	−26.38	−24.42	−1.00	−15.02	−25.86	−18.99
31	内蒙古	−29.74	−28.71	−6.8	−18.14	−20.56	−21.45

4. 大部分省份污染治理进展速度放缓,进步幅度差距明显

2016—2017 年,我国有 21 个省份污染治理呈现减速发展态势,而中西部地区占了 13 个省份(见图 8-14,表 8-11)。其中,云南发展速度的进步率最大,达到 27.01%;而广西的进步率最小,为−42.68%,进步幅度差距明显。十八大以来,我国污染治理的发展速度始终领先于其他领域的发展速度,污染治理的成效也相

对显著。但是,经济发展与绿色发展并轨齐驱的发展模式,对于经济发展相对落后,产业结构倚重高污染、高消耗的传统生产模式的中西部地区,仍充满挑战。

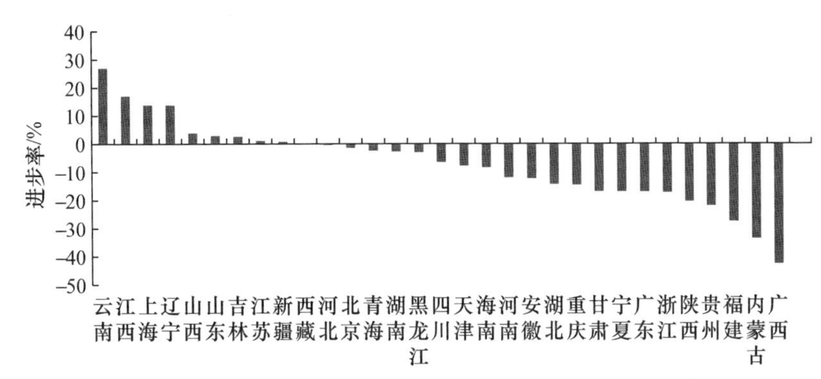

图 8-14　2016—2017 年全国 31 个省份污染治理发展速度进步率

表 8-11　2016—2017 年全国 31 个省份污染治理发展速度进步率及排名（单位:%）

排名	地区	进步率	排名	地区	进步率
1	云南	27.01	17	天津	−7.87
2	江西	17.02	18	海南	−8.48
3	上海	13.74	19	河南	−11.96
4	辽宁	13.69	20	安徽	−12.34
5	山西	3.83	21	湖北	−14.38
6	山东	2.89	22	重庆	−14.62
7	吉林	2.63	23	甘肃	−16.94
8	江苏	1.09	24	宁夏	−16.97
9	新疆	0.79	25	广东	−17.07
10	西藏	0.25	26	浙江	−17.28
11	河北	−0.46	27	陕西	−20.42
12	北京	−1.44	28	贵州	−21.99
13	青海	−2.48	29	福建	−27.71
14	湖南	−2.76	30	内蒙古	−33.73
15	黑龙江	−2.99	31	广西	−42.68
16	四川	−6.58			

污染治理领域排名前三名和后三名省份三级指标的进步率表明,工业废水排放强度下降率和工业二氧化硫排放强度下降率的进步率主导了各省份污染治理发展态势。云南、江西、内蒙古和广西四省工业废水排放强度下降率的进步率分别排在前列和倒数,与污染治理发展变化率的排名完全一致(见表 8-12)。而各省农药和化肥施用强度的下降态势虽然有快慢之分,但各省份在控制施用总量下行

的努力上都卓有成效。

表 8-12 污染治理发展进步率的前三名与后三名 (单位:%)

排名	省份	工业废水排放强度下降率	工业二氧化硫排放强度下降率	农药施用强度下降率	化肥施用强度下降率	二级指标污染治理
1	云南	65.1	24.11	−3.62	−1.95	27.01
2	江西	62.61	−22.01	4.67	5.45	17.02
3	上海	−3.81	43.97	9.18	7.21	13.74
29	福建	−23.42	−12.42	−42.00	−40.94	−27.71
30	内蒙古	−53.94	−64.02	−3.06	9.66	−33.73
31	广西	−81.26	−76.6	27.11	−2.93	−42.68

二、绿色生产建设发展驱动分析

本节利用相关性分析来探讨绿色生产建设发展的驱动要素。分析表明,当前制约中国绿色生产建设发展速度快慢的主要因素是资源增效和污染治理,资源增效与污染治理两个二级指标的发展态势与绿色生产建设发展态势呈现高度一致;产业升级由于处在瓶颈期,是刺激绿色生产发展速度的后期驱动力。

(一) GPPI 2021 与各二级指标的相关性

绿色生产发展指数(GPPI 2021)与各二级指标的相关性程度,由高到低依次是污染治理、资源增效、产业升级。其中,GPPI 2021 与污染治理及资源增效呈显著正相关,产业升级与 GPPI 2021 呈不显著负相关(见表 8-13)。污染治理与资源增效领域的发展较之产业升级相对容易,因此在当前主导着绿色生产建设发展的进步情况。而产业升级涉及第三产业产值增量与第三产业内部结构的优化等问题,同时科技创新领域也深受高技术产业“卡脖子”技术和国际知识产权贸易壁垒的限制,导致近年来产业升级发展速度呈现负增长态势,给绿色生产建设发展拖了后腿。

表 8-13 绿色生产与二级指标及二级指标间的相关性

	产业升级	资源增效	污染治理
绿色生产	−0.021	0.704**	0.759**
产业升级	1	−0.401*	−0.437*
资源增效		1	0.400*
污染治理			1

** 在 0.01 水平(双侧)上显著相关。后同。

* 在 0.05 水平(双侧)上显著相关。后同。

各二级指标间的相关性显示，产业升级、资源增效与污染治理均显著相关。其中，产业升级与污染治理和资源增效呈显著负相关，而资源增效与污染治理呈显著正相关。按照产业发展的预期，资源能源的利用处于产业结构的上游，而污染物排放处于产业结构的下游，产业结构的转型升级会进一步释放资源能源的效能和污染治理的成效，但产业升级的实际发展状况并未促进资源增效和污染治理的发展。由于产业升级发展放缓，科技创新动力不足，加之2020年新冠肺炎疫情之后国内国外市场环境的剧烈动荡，产业结构升级转型的前路任务艰巨。

（二）二级指标与三级指标的相关性分析

1. 第三产业占比需持续上升，科技创新亟待突破核心技术限制

第三产业产值占地区生产总值比重增长率和研发投入强度增长率与产业升级显著相关，相关系数分别为0.670和0.472（见表8-14）。大力发展第三产业是产业结构转型升级的主要方向，而高技术产业作为产业升级的内生动力，受制于一系列"卡脖子"技术。中国应坚持基础研究，加强自主创新，早日突破如芯片、AI技术等核心技术的限制，助力国内产业结构转型升级的飞跃。

表8-14 产业升级与其三级指标的相关性

	第三产业产值占地区生产总值比重增长率	第三产业就业人数占地区就业总人数比重增长率	研发投入强度增长率	高技术产值占地区生产总值比重增长率
产业升级	0.670**	0.265	0.472**	0.273

2. 大力推进节能增效的循环经济，资源能源集约化发展成效显著

2017年，单位工业能耗与水耗的下降率和单位工业用地面积产值增长率对资源增效的建设起到了重要的推进作用。其中，单位工业产值能耗和水耗的下降率与资源增效的相关系数分别为0.832和0.769，单位工业用地面积产值增长率与资源增效的相关系数为0.482（见表8-15）。近些年我国对循环经济的推进，在提高资源能源利用效率，促进水资源和工业固体废物综合利用率方面成效显著。尽管我国能源消费结构依然以化石能源为主，但新能源和可再生能源消费比例也在逐步扩大。大力推进节能增效的循环经济、低碳经济，加快清洁能源的替代消费，将进一步提高资源能源的生产效率，同时减少对环境质量的排放污染。

表 8-15 资源增效与其三级指标的相关性

	单位工业产值能耗下降率	单位工业产值水耗下降率	单位农业产值水耗下降率	工业固体废物综合利用率增长率	单位工业用地面积产值增长率
资源增效	0.832**	0.769**	0.258	0.339	0.482**

3. 工业废水废气重点治理,农药化肥减量压力不小

污染治理与四个三级指标均显著相关,其中工业废水排放强度下降率与污染治理的相关系数最高,达到0.726。十八大以来,在党中央的领导下,全国蓝天、碧水、净土保卫战取得了阶段性进展。与2015年相比,2019年全国地表水优良水质断面比例上升了8.9个百分点,全国337个地级及以上城市空气质量优良天数平均比例达到82%。“十三五”规划确定的生态环境保护九项约束性指标,其中七项已在2019年提前完成。我国在坚持走绿色发展、高质量发展之路的背景下,由于产业结构升级转型发展受到阻滞,工业生产过程中废气废水的污染治理仍是重中之重。而在农业生产领域,我国面临14亿人的粮食安全问题,在尚未更新农业生产模式与技术之前,农药化肥减量压力仍然不小。

表 8-16 污染治理与其三级指标的相关性

	工业废水排放强度下降率	工业二氧化硫排放强度下降率	农药施用强度下降率	化肥施用强度下降率
污染治理	0.726**	0.524**	0.501**	0.522**

(三) GPPI 2021 与三级指标的相关性分析

GPPI与三级指标的相关性分析显示,三项三级指标与GPPI 2021高度相关,三项指标显著相关,七项三级指标相关性不显著。

1. 三项三级指标与GPPI 2021高度相关,三项显著相关

六项与GPPI高度相关或显著相关的三级指标依次是:工业废水排放强度下降率、单位工业产值能耗下降率、工业固体废物综合利用率增长率、工业二氧化硫排放强度下降率、单位工业产值水耗下降率和第三产业产值占地区生产总值比重增长率(表8-17,表8-18)。其中,资源增效领域3个,污染治理领域2个,产业升级领域1个。我国资源节约型社会与环境友好型社会的建设,积极促进了绿色生产的发展。

表 8-17 与 GPPI 2021 高度相关的三级指标

相关度排名	三级指标	与 GPPI 2021 相关系数	所属二级指标
1	工业废水排放强度下降率	0.737**	污染治理
2	单位工业产值能耗下降率	0.635**	资源增效
3	工业固体废物综合利用率增长率	0.498**	资源增效

表 8-18 与 GPPI 2021 显著相关的三级指标

相关度排名	三级指标	与 GPPI 2021 相关系数	所属二级指标
1	工业二氧化硫排放强度下降率	0.502*	污染治理
2	单位工业产值水耗下降率	0.445*	资源增效
3	第三产业产值占地区生产总值比重增长率	−0.375*	产业升级

2. 七项三级指标与 GPPI 2021 相关性不显著

与 GPPI 2021 相关性不显著的三级指标有 7 个，各二级指标均有涉及。其中，产业升级占 3 个，资源增效和污染治理分别占 2 个（见表 8-19）。

表 8-19 与 GPPI 2021 不显著相关的三级指标

相关度排名	三级指标	与 GPPI 2021 相关系数	所属二级指标
1	第三产业就业人数占地区就业总人数比重增长率	0.319	产业升级
2	研发投入强度增长率	−0.059	产业升级
3	高技术产值占地区生产总值比重增长率	0.090	产业升级
4	单位农业产值水耗下降率	0.159	资源增效
5	单位工业用地面积产值增长率	0.214	资源增效
6	农药施用强度下降率	0.268	污染治理
7	化肥施用强度下降率	0.219	污染治理

三、总结与展望

从以上分析可以发现，2016—2017 年中国绿色生产建设呈现减速进展态势，这主要源于产业升级的小幅度退步与资源增效的增速放缓。十八大至十九大期间，全国绿色生产领域的发展整体向好，但全国绿色生产建设发展速度逐步放缓，这与产业升级领域发展速度波浪式下行紧密相关。现阶段，资源增效和污染治理成效显著，产业结构升级已成为制约中国绿色生产建设与发展进程的核心因素。如何突破这一瓶颈，实现生产结构的绿色转型是当前亟须破解的难题。

（1）加强科学基础研究，让自主创新成为产业升级的新动力

产业结构的转型升级是实现绿色生产的基础。新常态下，产业升级进入慢车道，高技术产业发展态势放缓。当前，中国既要面对多变不定的国际局势，又要完成建设创新型国家的目标。科技创新作为推进发展动力转换的关键举措，应加强科学基础研究，让自主创新成为产业升级的新动力，加快产业从低附加值转向高附加值，从粗放发展转向集约生产，促进我国产业基础高级化和产业链现代化，从而推动产业迈向中高端水平。

（2）资源增效持续推进，提高新能源与可再生能源消费比重

能源绿色化是绿色生产的关键，也是实现绿色发展的突破口。中国作为全球最大的能源消费国，如何解决未来的能源需求将成为全球遏制气候变化能否成功的关键因素。立足我国现实国情，应以能源结构清洁化和低碳化为转型方向，围绕提高能源效率、大力发展可再生能源和清洁能源技术三大路径，选择以“核煤油气”作为组合式过渡能源，从节能减排、净化空气和能源安全考虑，多维度推进能源绿色革命。通过调整经济结构和能源结构，培育壮大节能环保产业、清洁生产产业、清洁能源产业，实现生产系统和生活系统循环连接。

（3）加强农业面源污染防治力度，走高质量的绿色发展道路

绿色发展是构建高质量现代化经济体系的必然要求，是解决污染问题的根本之策。长期以来，我国农业高投入、高消耗，资源透支、过度开发。农业面源污染加重，农业生态环境亮起了“红灯”。我国农业生态资源环境面临化肥、农药等投入品过量使用，农作物秸秆资源化利用率、农膜回收率、畜禽粪污处理和资源化利用率偏低等突出问题。推进农业绿色发展，就是要依靠科技创新和劳动者素质提升，提高土地产出率、资源利用率、劳动生产率，走出一条产出高效、产品安全、资源节约、环境友好的农业现代化道路。

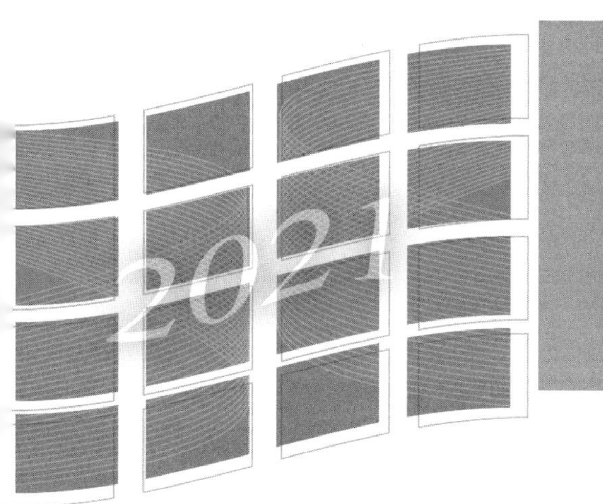

第三部分

绿色生活建设发展评价报告

第九章　绿色生活建设发展评价年度报告

绿色生活建设在全国范围内正全面铺开。在“十二五”规划纲要中已经明确提出，要推动形成与我国国情相适应的绿色生活方式和消费模式。党的十九大报告指出，坚持人与自然的和谐共生，就要“形成绿色发展方式和生活方式，坚定走生产发展、生活富裕、生态良好的文明发展道路”①。全国生态环境保护大会确立了绿色生活建设的时间表：至 2035 年节约资源和保护环境的生活方式总体形成，至 21 世纪中叶绿色生活方式全面形成②。《绿色生活创建行动总体方案》的发布，进一步推动低碳、绿色的生活方式在机关、家庭、学校、社区、出行、商场和建筑等领域的具体落实。课题组以绿色生活建设发展评价指标体系 GLPI 2021(Green Living Progress Index 2021)为工具，对 2016—2017 年全国及 31 个省份的绿色生活建设发展状况进行量化评价和分析③。

一、绿色生活建设发展评价结果

(一) 全国绿色生活建设发展建设稳步推进

2016—2017 年，全国绿色生活建设进展明显，整体建设的发展速度为 5.15%。两个主要建设领域中，美好生活建设的发展速度为 7.32%，提升幅度明显；环保生活的发展速度为 2.98%(见图 9-1，表 9-1)。

与 2016 年相较，2017 年的绿色生活建设速度略有提升，进步的整体态势较为平稳。绿色生活建设发展速度进步率为 0.53%，美好生活发展速度进步率为 0.17%，环保生活发展速度进步率为 0.88%(见图 9-2、表 9-1)。这表明，在“十三五”规划实施的头两年，绿色生活建设的发展态势较好。从整体来看，绿色生活建设在全国范围得到了持续积极推动。与 2015—2016 年相比较，绿色生活在 2016—2017 年不仅延续了进步的态势，并且在建设速度上还有所提升。

---

① 习近平. 决胜全面建成小康社会 夺取新时代中国特色社会主义伟大胜利——在中国共产党第十九次全国代表大会上的报告(2017 年 10 月 18 日)[R]. 北京：人民出版社，2021.

② 习近平. 推动我国生态文明建设迈上新台阶[J]. 求是，2019(3)：4—19.

③ 受环境类数据公布相对滞后的限制，课题组取 2016—2017 年为评价阶段，确保数据年份的一致性和来源统一性。

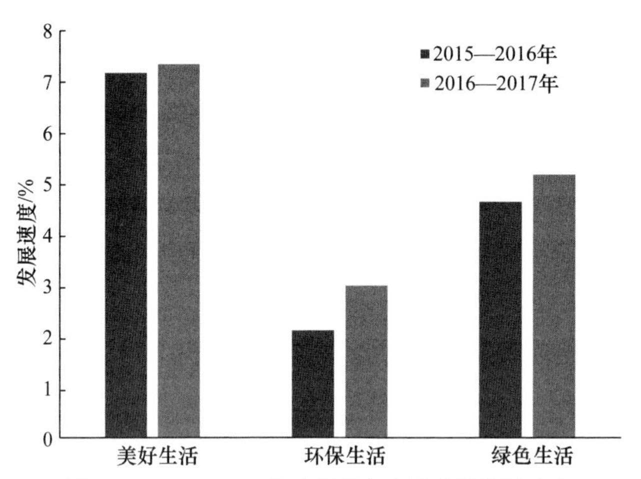

图 9-1　2015—2017 年全国绿色生活建设发展速度

表 9-1　2015—2017 年全国绿色生活建设发展速度　（单位:%）

年份	美好生活	环保生活	绿色生活
2015—2016	7.15	2.10	4.62
2016—2017	7.32	2.98	5.15

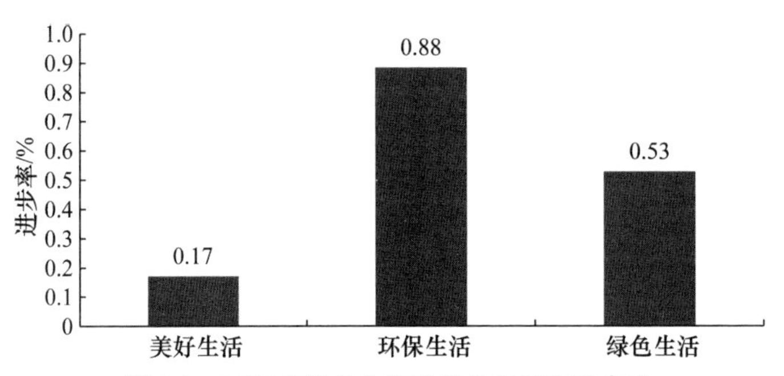

图 9-2　2017 年绿色生活建设发展速度进步率

就绿色生活量化评价考查的两个二级指标领域建设状况来看，在 2016—2017 年间，两个领域呈现出不同的发展特点。美好生活是绿色生活建设的基础和支撑，相关建设领域进展顺畅，与全面建设小康社会的步调一致。环保生活领域的建设在基础设施、硬件方面的进展显著，但在减少排放、节约资源方面还有待加强。

1. 消费结构升级幅度明显，民生福祉得到提升

美好生活建设相关领域在 2016—2017 年全面进步。其中，反映医疗卫生政

府、社会及个人资金投入强度的人均卫生总费用，进步幅度最大，达到12.89%。除恩格尔系数下降率之外，其余三个指标都达到了7%以上的进步幅度。

表9-2 美好生活建设领域三级指标发展指数 (单位：%)

	人均可支配收入增长率	恩格尔系数下降率	人均消费水平增长率	人均卫生总费用增长率	人均教育经费增长率
全国	9.04	2.58	7.08	12.89	8.87

从收入水平和支出水平的变动来看，居民收入和支出都实现了稳步增长，为绿色生活消费结构的升级提供了强有力的支撑，反映了人民生活水平的提升。2017年全国人均可支配收入比2016年增长9.04%，突破2.5万元。人均消费水平年增长7.08%。从2013—2017年的数据来看，居民人均可支配收入和人均消费水平的增长率均持续高于国内生产总值以及人均GDP增长率。虽然2016—2017年人均消费水平增长率有一定回落，但仍高于GDP总量和人均GDP的增长率。

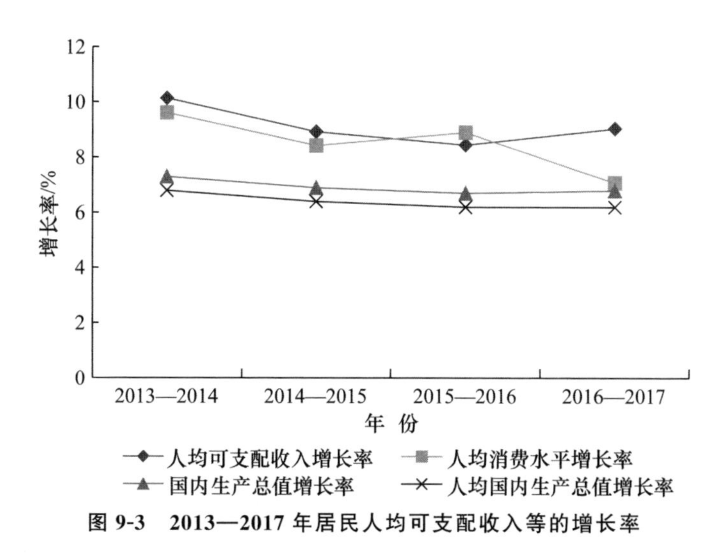

图9-3 2013—2017年居民人均可支配收入等的增长率

从消费结构来看，居民消费进一步改善。2017年全国居民恩格尔系数下降率高于2014年、2015年、2016年(图9-4)，并且恩格尔系数下降到了30%以下，表明我国居民生活水平迈上了一个新的台阶，在提升消费结构的质量方面获得进步。

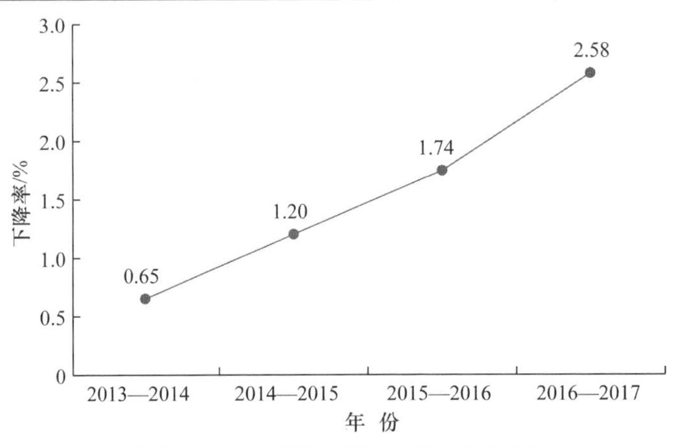

图 9-4　2013—2017 年恩格尔系数下降率

2016—2017 年人均卫生费用增长率为 12.89%，高于 2015—2016 年 0.45 个百分点，整体来看，卫生费用投入持续增加。2016 年，中共中央、国务院印发《"健康中国 2030" 规划纲要》，提出"共建共享、全民健康"的战略主题，明确了持续提高人民健康水平，有效控制主要健康危险因素，大幅提升健康服务能力，显著扩大健康产业规模，完善促进健康的制度体系等目标①。

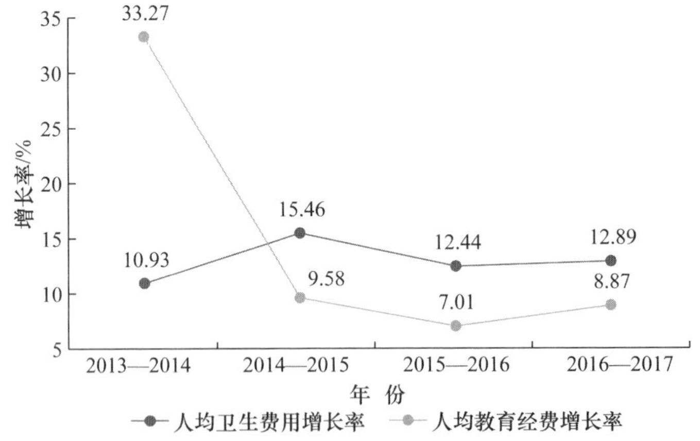

图 9-5　2013—2017 年人均卫生费用增长率和人均教育经费增长率

在教育经费投入方面，也呈现出连年增长的趋势。2016—2017 年人均教育经费增长率为 8.87%，高出 2015—2016 年增长率 1.86 个百分点。2017 年与上年度

① 新华社. 中共中央 国务院印发《"健康中国 2030"规划纲要》[EB/OL]. (2016-10-25)[2020-9-12]. http://www.gov.cn/xinwen/2016-10/25/content_5124174.htm

相比，全国各类学校、各级各类学历教育在校生和专任教师数，非学历教育注册人数，校舍面积和学校教学、科研仪器设备资产总值等均有不同程度增长。教育总体发展水平已经进入世界中上行列①。

2. 环保生活硬件设施完善，环保节约生活方式待深入推进

环保生活建设相关领域2016—2017年整体进步。不同三级指标有不同表现，总体而言居住环境、居住条件、绿色出行系统方面的建设进步成效显著（见表9-3）。反映居住智能化、智慧社区的三级指标表现最为出众，家庭宽带接入户数增长率达到18.56%。但反映人均节约资源、能源，减少生活污染物排放的三级指标均表现欠佳，有所退步。

表9-3 环保生活建设领域三级指标发展指数 （单位：%）

	人均公园绿地面积增长率	农村卫生厕所普及率	家庭宽带接入户数增长率	万人拥有公共交通车辆增长率	人均城市生活垃圾清运量下降率	人均生活用水量下降率
全国	2.26	1.74	18.56	6.40	−3.03	−1.47

绿色宜居环境建设是打造绿色生活方式的重要内容。在城市宜居环境推进方面，2017年建设进展良好。“十三五”规划纲要将绿色城市建设作为新型城市建设的重要方面，强调公园绿地等城市生态设施的建设。2016—2017年人均公园绿地面积增长率为2.26%，保持了自2013年以来2%以上的增长率（见图9-6）。在城镇人口不断增加的背景下，人均公园绿地的不断增加，显示了城市规划和建设在满足城市居民休闲、锻炼、交往和集体活动场所方面的长足进步。城市绿道绿廊、郊野公园建设得到积极推进，乡村绿化同时也得到加强②。

农村居民的绿色生活方式形成在人居环境方面，也有赖于居住卫生条件的改善。随着美丽宜居乡村建设的深入，农村卫生厕所普及率持续提高，2017年农村卫生厕所普及增长率为1.74%，但与2014年、2015年和2016年的增长率相比，略有回落（见图9-7）。加快建设美丽宜居乡村是推动新农村建设协调发展的重要途径。“十三五”规划纲要提出，要加快农村饮水、环卫等设施改造。2016年，环保部与农业部（现农业农村部）等制订《培育发展农业面源污染治理、农村污水垃圾处理市场主体方案》，吸引多方资源参与，加强推进农村环境治理。中共中央办公

① 教育部. 中国教育概况——2017年全国教育事业发展情况[EB/OL]. (2018-10-18)[2020-9-12]. http://www.moe.gov.cn/jyb_sjzl/s5990/201810/t20181018_352057.html

② 全国绿化委员会办公室. 2017年中共国土绿化状况公报[R]. (2018-03-13)[2020-09-13]. http://www.forestry.gov.cn/gzsl/4681/20180312/1082049.html

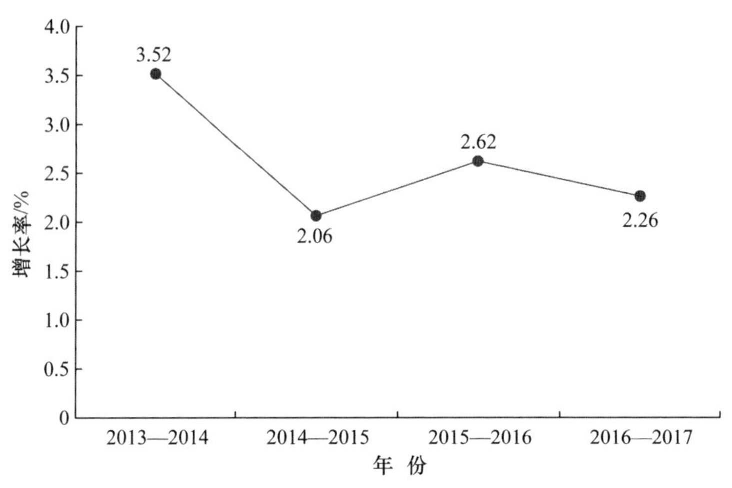

图 9-6　2014—2018 年人均公园绿地面积增长率

厅、国务院办公厅在 2017 年 11 月 20 日印发了《农村人居环境整治三年行动方案》[①]，农村生活垃圾治理、农村厕所粪污治理、生活污水治理等被列为重点任务。可以预见到，农村人居环境水平建设将得到更大力度的推进。

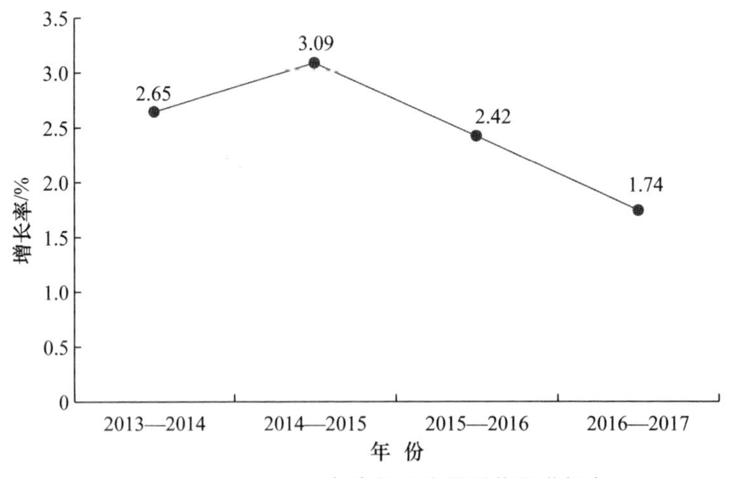

图 9-7　2013—2017 年农村卫生厕所普及增长率

绿色智慧社区建设是提升生活便捷度、促进信息流动，从技术的角度推动生活方式满意度提升、环境友好性提高的建设路径。从家庭宽带入户数增长率来

① 中共中央办公厅. 农村人居环境整治三年行动方案[EB/OL]. (2018-02-05)[2020-09-12]. http://www.gov.cn/zhengce/2018-02/05/content_5264056.htm

看,2016—2017 年达到 18.56%,仍保持了较快的增长率(见图 9-8)。大数据和物联网的发展会进一步提升居民生活的舒适度、便捷度,也能够为绿色低碳的生活方式提供有力支撑。

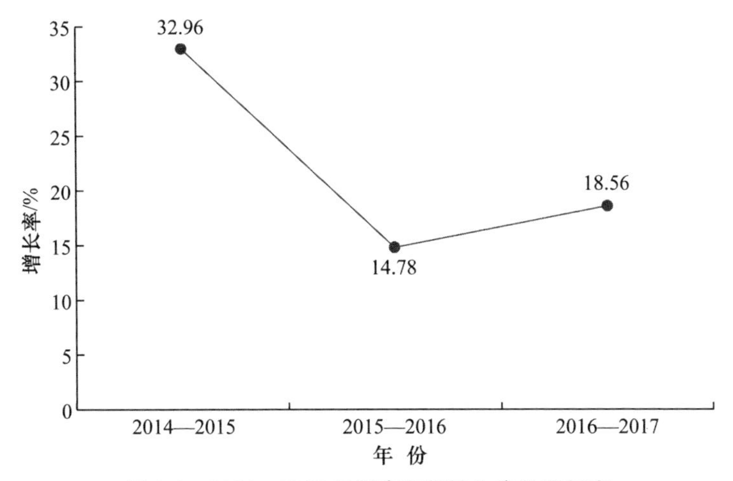

图 9-8　2014—2017 年家庭宽带接入户数增长率

在绿色出行方面,公共交通系统建设不断加强,为居民低碳出行提供更便捷、充分的选择。2016—2017 年万人拥有公共交通车辆增长率达到 6.40%,为 2013 年以来增长率最高(见图 9-9)。城市步道和自行车交通设施建设被纳入城市基础设施建设"十三五"规划纲要之中。2016 年,中共中央、国务院提出《关于进一步加强城市规划建设管理工作的若干意见》[①],优先发展公共交通被纳入完善城市公共服务的重点内容中,并明确加强自行车道和步行道系统建设,推进绿色出行。

在生活废弃物排放方面,城市生活垃圾产生总量持续上涨,人均城市生活垃圾排放量也一路走高。2016—2017 年人均城市生活垃圾下降率为负数,结合 2013 年以来的走势可以看到,生活垃圾排放强度的下降仍未实现(见图 9-10)。从源头削减生活垃圾排放,推进生活垃圾分类推广势在必行。2017 年 3 月 18 日,国务院办公厅转发国家发展和改革委与住房和城乡建设部《生活垃圾分类制度实施方案》的通知[②]。方案规定 2021 年底前,在全国所有直辖市、省会城市、计划单列市及第一批生活垃圾分类示范城市在内的 46 座城市的城区范围内率先实施生活

① 中共中央 国务院.关于进一步加强城市规划建设管理工作的若干意见[EB/OL].(2016-02-21)[2020-09-13]. http://www.gov.cn/zhengce/2016-02/21/content_5044367.htm

② 国务院办公厅.国务院办公厅关于转发国家发展改革委 住房城乡建设部生活垃圾分类制度实施方案的通知[EB/OL].(2017-03-18)[2020-09-12]. http://www.gov.cn/zhengce/content/2017-03/30/content_5182124.htm

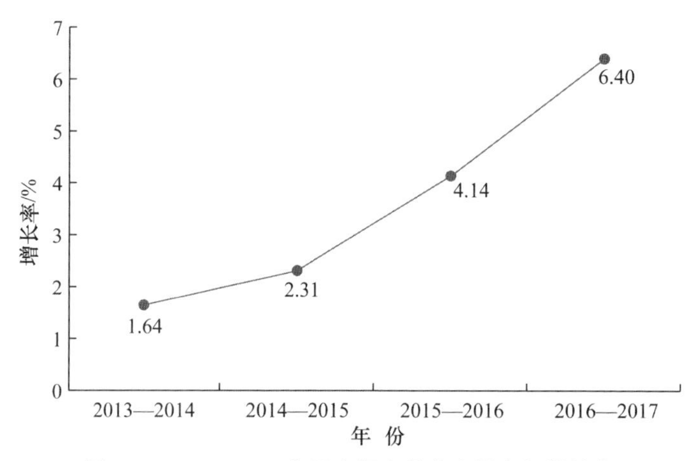

图 9-9 2013—2017 年万人拥有公共交通车辆增长率

垃圾强制分类，生活垃圾回收利用率达到 35%以上。随着这一举措的推进，各地生活垃圾分类将得到快速发展。

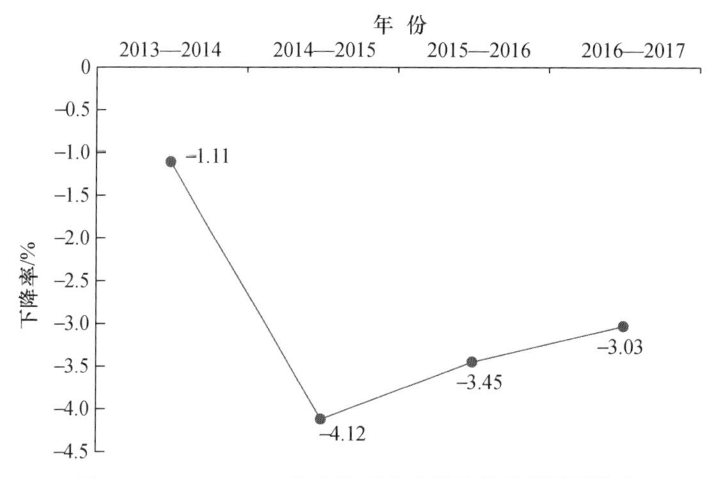

图 9-10 2013—2017 年人均城市生活垃圾清运量下降率

节约适度地取用资源是绿色生活方式的重要内容。在资源消耗方面，从整体来看，生活用水消耗总量在逐年增加，人均生活用水量也在不断提升。2016—2017 年下降率为负值，表明人均用水量在增加（见图 9-11）。"十二五"规划纲要中特别指出要加强水资源节约，在"十三五"规划纲要中把全面推进节水型社会建设作为推进资源节约集约利用的重要内容进行明确和强调。2016 年，国家发展和改革委与水利部等 9 个部门联合发布了《全民节水行动计划》，其中包含了城镇节水降损行动、节水产品推广普及行动、公共机构节水行动、全民节水宣传行动等加强城市节约用水，促进居民生活节水的内容[①]。中国淡水资源人均占有量低，时空分布不均，加强水资源管理、提升居民节水意识、提高生活用水节水技术水平仍是重要的课题。此外，从1983—2017年人均生活消费能源量的走势来看，一直呈持续走高态势，尚未呈现平台期或拐点。进入21世纪后，增长速度较快(见图9-12)。根据“十三五”规划纲要要求，国家发展和改革委等13个部门制定了《“十三五”全民节能行动计划》[②]，将居民节能行动等列出，动员居民参与节能，推进家庭节能。但2016—2017年，不论是节水还是节能，建设成效都还不显著，仍待继续加强推进。

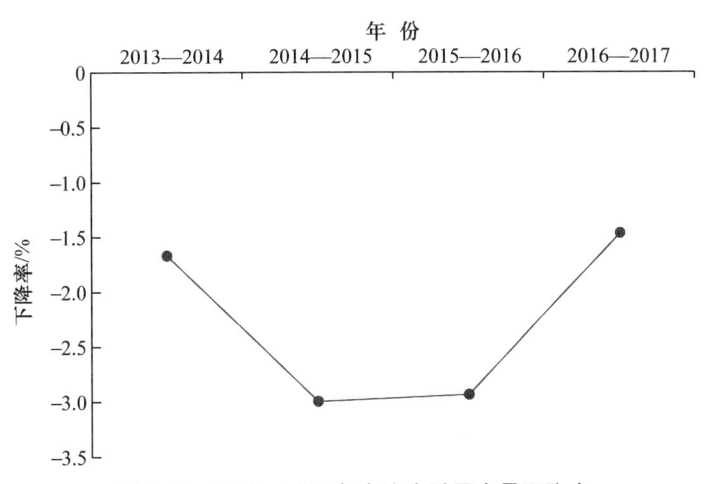

图9-11　2013—2017年人均生活用水量下降率

(二)各省份绿色生活发展指数GLPI 2021

基于修改和完善的绿色生活建设发展评价指标体系，以及《中国统计年鉴》和《中国环境统计年鉴》公布的最新数据，课题组测算了各省2016—2017年绿色生活建设的进展情况，获得了各省份绿色生活发展指数GLPI 2021，并对其进行了相应的等级划分。

1. 各省份绿色生活建设发展总体情况

2016—2017年各省份绿色生活建设发展均取得明显成效。GLPI 2021的第

① 国家发展和改革委员会等. 全民节水行动计划[EB/OL]. (2016-10-23)[2020-09-13]. http://www.gov.cn/xinwen/2016-10/31/5126615/files/1aeb49b94cb049c8aed267f15a5b3d56.pdf

② 国家发展和改革委员会等. “十三五”全民节能行动计划[EB/OL]. (2017-01-05)[2020-09-14]. http://www.gov.cn/xinwen/2017-01/05/content_5156903.htm

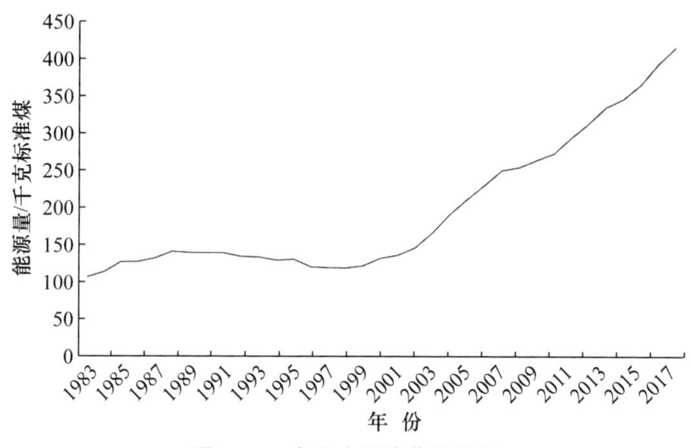

图 9-12　人均生活消费能源量

一等级梯队中，有西藏、云南、江西、海南和广西 5 个省份。2017 年，西藏绿色生活发展指数得分 96.32，排名各省第 1；美好生活发展指数得分为 103.48 分，为各省份第 1 名；环保生活发展指数得分为 89.17 分，在各省份中排名第 7。云南的绿色生活发展指数、美好生活发展指数和环保生活发展指数都在各省份中排名第 2，发展指数排名高度一致。江西的美好生活发展指数排名第 3，环保生活发展指数排名第 8。广西和海南则是环保生活发展指数排名略高于美好生活发展指数。

2017 年西藏大力改善人民生活，脱贫攻坚取得重大进展，社会保障基本实现了城乡全覆盖，教育事业长足发展，医疗卫生公共服务得到提升；大力改善基础设施，着力推进城镇化垃圾、污水处理等基础设施建设，改善农村人居环境。云南精准扶贫、精准脱贫措施取得显著成效，深入推进教育、医药卫生改革，人民健康水平、医疗卫生水平大幅提高；持续开展城乡环境综合整治，持续改善人居环境。江西着力推进“整洁美丽、和谐宜居”新农村建设，大力开展城乡环境综合整治。海南在 2017 年实现农村生活垃圾处理基本覆盖，全面推进建制镇污水处理设施建设，有力推动生活污染排放减量及处理。广西在 2017 年民生福祉增进显著，美丽广西乡村建设和宜居城市建设活动深入开展。

绿色生活发展指数第二等级，包含 10 个省份，从得分高到低分别是四川、贵州、河南、河北、湖南、安徽、宁夏、重庆、新疆和甘肃。第二等级的省份绿色生活建设发展呈现出三种样态。第一种样态中，四川、贵州、河南、河北、湖南、重庆 6 省份美好生活对绿色生活建设发展的带动较为突出，环保生活领域的进展相对较慢。例如，四川省绿色生活发展指数为 88.80 分，美好生活发展指数得分 92.61，排名第7,环保生活发展指数85分,排名第16。四川省在“十二五”以来坚持绿色发展,共享发展,建设美丽四川,大力改善民生,有力促进绿色生活的发展。贵州省大力推进脱贫攻坚,大力增进民生福祉,乡村基础设施得到完善,城乡协调发展取得重大进展。第二种样态中,宁夏和甘肃则是环保生活领域表现突出,推进绿色生活建设发展。第三种样态中,安徽和新疆在两个主要领域的建设进展则相对均衡。

绿色生活发展指数第三等级包含的省份数量最多,有11个,分别是广东、浙江、福建、湖北、青海、上海、山东、北京、山西、陕西、吉林。在第三等级的省份中,美好生活和环保生活两个领域进展速度均处于第二或第三等级的省份占多数,进展相对均衡,包括广东、浙江、福建、湖北、青海、上海和陕西。山东和北京则是在环保生活领域发展相对于美好生活领域排名等级要更靠后些,环保生活发展指数得分等级处于第四等级。山西和吉林的环保生活发展指数表现要好于美好生活发展指数,环保生活得分在第二等级,美好生活得分在第四等级。

广东省在继续提高保障和改善民生水平的同时,加强对农村人居环境和基础设施建设的财政投入,并推动城市环境改造。浙江省扎实推进新型城市化,展开小城镇环境综合整治和美丽乡村建设,推进城乡区域深度融合。福建省着力提升城市规划管理水平,城市生活污水处理率、垃圾无害化处理率水平得到切实提升,乡村生活垃圾转运系统全面铺开,行政村生活垃圾常态化处理得到大范围普及。湖北省加快形成节约资源和保护环境的生活方式,在人民生活明显改善的基础上,城乡生态环境好转,基本实现农村安全饮用水全面覆盖。

第四等级包含5个省份,为内蒙古、江苏、黑龙江、辽宁和天津。除辽宁外,其他省份的美好生活发展指数和环保生活发展指数得分均在第三或第四等级。辽宁的环保生活发展指数得分属于第一等级,但美好生活发展指数得分在第四等级,使得绿色生活发展指数的整体得分也靠后。

内蒙古着力改善和保障民生,推进贫困人口异地搬迁、贫困人口免费体检、安全饮用水建设、偏远农牧区用电升级等工程;推进资源枯竭型城市综合治理,妥善安置矿区居民,改善城区生态环境。江苏在城乡环境综合整治方面深入推进,开展自然村整治、城市环境整治项目,推进城市绿色建设,加强国家生态市县、国家生态园林城市、国家生态文明建设示范市县建设。黑龙江省一方面在经济下行压力下,持续改善民生;另一方面,围绕大气、水污染防治行动计划,淘汰城区燃煤小锅炉,淘汰黄标车,提升城市污水处理率,推动生态文明生活方式转变相关建设。辽宁省通过新型城镇化建设发展,推进基础设施建设,增强区域发展协调性;同时，不断提高人民生活，完善社会保障体系，促进民生普惠。天津大力建设美丽村庄和美丽社区，开展城市市容环境综合整治，通过“煤改电”“煤改气”工程优化生活能源消费结构，减少环境污染排放压力。

表 9-4　各省份绿色生活发展指数(GLPI 2021)

排名	省份	绿色生活	美好生活	环保生活	等级
1	西藏	96.32	103.48	89.17	1
2	云南	93.44	95.22	91.67	1
3	江西	91.98	95.22	88.75	1
4	海南	91.72	92.61	90.83	1
5	广西	90.66	91.74	89.58	1
6	四川	88.80	92.61	85.00	2
7	贵州	88.43	94.78	82.08	2
8	河南	88.18	92.61	83.75	2
9	河北	88.15	91.30	85.00	2
10	湖南	87.58	93.91	81.25	2
11	安徽	87.42	86.09	88.75	2
12	宁夏	86.87	79.57	94.17	2
13	重庆	86.67	90.00	83.33	2
14	新疆	86.36	85.22	87.50	2
15	甘肃	86.09	82.17	90.00	2
16	广东	85.31	84.78	85.83	3
17	浙江	84.27	84.78	83.75	3
18	福建	83.78	81.30	86.25	3
19	湖北	83.67	86.09	81.25	3
20	青海	83.13	80.43	85.83	3
21	上海	82.76	82.61	82.92	3
22	山东	82.42	86.09	78.75	3
23	北京	81.97	84.78	79.17	3
24	山西	81.83	77.83	85.83	3
25	陕西	81.66	79.57	83.75	3
26	吉林	81.19	76.96	85.42	3
27	内蒙古	80.57	77.39	83.75	4
28	江苏	80.25	82.17	78.33	4
29	黑龙江	78.92	78.26	79.58	4
30	辽宁	78.26	66.52	90.00	4
31	天津	77.81	74.78	80.83	4

四大区域相较，西部和中部地区省份绿色生活建设进展相对较快，东部和东北相对较慢。从绿色生活发展指数得分等级来看，在第一等级中，西部省份占据3席，超过半数，西藏和云南在总分上分列第1和第2。西藏的绿色生活建设发展速度遥遥领先于其他省份（图9-13）。第二等级中，西部省份有四川等6个省份，也超过半数。第三等级中，西部省份有青海和陕西2个。第四等级有1个西部省份，为内蒙古。在发展速度超过全国平均水平（5.38%）的13个省份中，西部省份有8个。

中部6省份在得分上主要分布在第二和第三等级。江西的得分属于第一等级，河南、湖南和安徽为第二等级，湖北和山西为第三等级。东部省份得分主要集中在第三等级，第一等级有海南，第二等级有河北，第三等级有广东等6省，第四等级有江苏和天津。东北三省的吉林得分处在第三等级，黑龙江和辽宁在第四等级。

全国各省间绿色生活建设发展速度并不均衡，过半省份的建设发展速度还有待提升。全国2017年绿色生活建设发展速度平均值为5.38%，有13个省份的绿色生活建设发展速度超过平均水平。绿色生活建设发展速度最快的是西藏，达到13.91%；最慢的是黑龙江，为2.92%。有21个省份的发展速度处在3%～6%的区间内（见图9-13）。

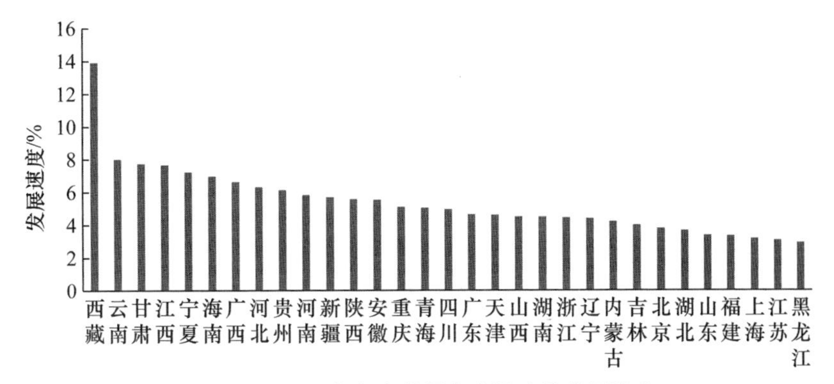

图9-13　2017年各省份绿色生活建设发展速度

2. 各省份美好生活建设发展情况

2016—2017年，各省份美好生活建设呈现出快速发展的良好局面。根据美好生活发展指数，各省的得分可以划分为四个等级。2016—2017年美好生活发展指数处于第一等级的省份有西藏、云南、江西、贵州和湖南5个；得分在第二等级的省份有海南、四川、河南、广西、河北、重庆、安徽、湖北和山东9个；第三等级的省份有新疆、广东、浙江、北京、上海、江苏、甘肃、福建、青海、宁夏、陕西、黑龙江12

个;得分处在第四等级的省份有山西、内蒙古、吉林、天津、辽宁 5 个(见表 9-5)。

美好生活建设,中部省份进展表现较好。中部省份美好生活发展指数得分集中在第一和第二等级中。2016 年底,国务院通过了国家发展和改革委报送的《促进中部地区崛起"十三五"规划》,中部六省围绕相关发展目标,充分利用区位优势,在经济增长的质量和效益方面不断提升,有力带动了民生改善。西部省份在美好生活发展上表现各自有别,四个得分等级均有分布,大部分集中在前三个等级中,只有内蒙古处于第四等级。东部省份得分除第一等级外均有分布,主要集中在第三等级中。东北三省在美好生活发展上得分相对靠后,得分分属第三、第四等级。

2016—2017 年,西藏美好生活发展指数得分在各省份中最高,为 103.48 分,体现了西藏在民生保障和改善方面取得的巨大、快速进展。近年来,西藏大力开展精准扶贫,将产业扶贫项目全面铺开,建立专业合作组织、壮大集体经济,实施异地扶贫搬迁,减少了大量贫困人口,农牧区人口中农村贫困人口比重不断下降。至 2017 年,西藏全区 14 万贫困人口脱贫,25 个贫困县达到脱贫摘帽标准。[①] 西藏城乡居民人均可支配收入大幅提升,2016—2017 年增长率为 13.33%,恩格尔系数下降率为 4.56%,人均消费水平增长率为 10.75%。各级各类医疗卫生机构总数、医疗卫生专业技术人员总数、医院床位数不断增加,民众享受到了更高质量的医疗服务。2016—2017 年,西藏人均卫生总费用增长率为 9.26%。学前教育、农村义务教育基础及配套建设得到着力加强,教师待遇不断提高。人均教育经费增长率达到 26.24%。

辽宁美好生活发展指数得分为 66.52,虽然在各省份中排名相对靠后,但在各指标的表现上都有长足进步,表现不俗。2017 年,辽宁省 25.3 万脱贫人口实现脱贫,566 个贫困村和 4 个省级贫困村摘帽,新增就业人口 44.8 万人。同期,人均可支配收入增长率为 6.90%,恩格尔系数下降率为 0.36%,人均消费水平增长率为 3.08%。城乡居民低保标准、城乡居民医保补助标准普遍提高。人均卫生总费用增长率为 8.39%。普惠性学前教育覆盖率提升至 68%,实施 15 年免费特殊教育。[②] 人均教育经费增长率为 5.05%。

---

① 毛娜. 五年来西藏民生持续改善 让百姓向着幸福出发[EB/OL]. (2018-01-08)[2020-09-14]. 中国西藏新闻网. http://www.xzxw.com/xw/xzyw/201801/t20180108_2085463.html

② 唐一军. 2018 年辽宁省政府工作报告(2018 年 1 月 27 日辽宁省第十三届人民代表大会第一次会议)[R]. (2018-03-02)[2020-09-13]. 中国发展门户网. http://cn.chinagate.cn/reports/2018-03/02/content_50637786_0.htm

表 9-5　各省份美好生活发展指数

排名	省份	美好生活发展指数	等级
1	西藏	103.48	1
2	云南	95.22	1
3	江西	95.22	1
4	贵州	94.78	1
5	湖南	93.91	1
6	海南	92.61	2
7	四川	92.61	2
8	河南	92.61	2
9	广西	91.74	2
10	河北	91.30	2
11	重庆	90.00	2
12	安徽	86.09	2
13	湖北	86.09	2
14	山东	86.09	2
15	新疆	85.22	3
16	广东	84.78	3
17	浙江	84.78	3
18	北京	84.78	3
19	上海	82.61	3
20	江苏	82.17	3
21	甘肃	82.17	3
22	福建	81.30	3
23	青海	80.43	3
24	宁夏	79.57	3
25	陕西	79.57	3
26	黑龙江	78.26	3
27	山西	77.83	4
28	内蒙古	77.39	4
29	吉林	76.96	4
30	天津	74.78	4
31	辽宁	66.52	4

从发展速度来看，有 11 个省份美好生活发展的速度快于全国平均水平。美好生活发展速度最快的是西藏，达到 11.52%。西藏和贵州是全国美好生活发展速度超过 10%的省份。辽宁美好生活发展速度为 4.15%（见图 9-14）。

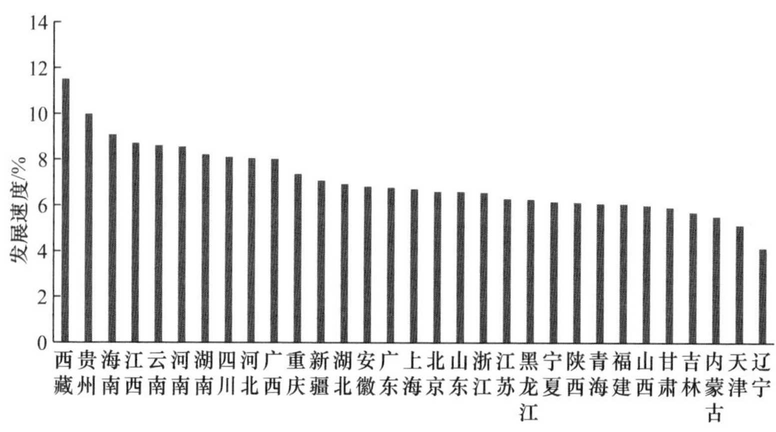

图 9-14 2016—2017 年各省份美好生活发展速度

3. 环保生活发展指数

2016—2017 年,大部分省份环保生活建设推进步幅明显,个别省份有所退步。将环保生活发展指数分为四个等级,第一等级有宁夏、云南、海南、甘肃、辽宁、广西 6 个省份。第二等级有西藏、江西、安徽、新疆、福建、青海、山西、广东、吉林 9 个省份。第三等级有四川、河北、河南、浙江、陕西、内蒙古、重庆、上海、贵州、湖南、湖北 11 个省份。第四等级有天津、黑龙江、北京、山东、江苏 5 个省份。

从地域分布来看,西部省份环保生活进展相对较快,东部相对慢一些。东部地区经济发展水平相对领先,绿色生活建设硬件基础好,在一些建设领域的提升幅度相对较小。西部省份进步势头最快,得分主要分布在前三个等级。中部六省得分集中在第二和第三等级中。东北三省表现差异较大,辽宁属于第一等级,吉林属于第二等级,黑龙江属于第三等级。东部省份各得分等级均有分布,但在第四等级最多。

2016—2017 年,环保生活发展指数得分最高的是宁夏,为 94.17 分。宁夏在 2017 年将城乡环境治理作为工作重点进行推进,在协调城乡建设、打造绿色生活环境和方式上成绩斐然。在城镇区域,共淘汰燃煤锅炉 1640 个,淘汰黄标车、老旧车 4.7 万辆,改造老旧小区 580 万平方米,改造城镇污水厂 36 个,城市绿地面积比率提升至 36.7%。[①] 人均城市绿色面积增长率达到 4.75%。智慧、绿色出行城市建设由点及面铺开,家庭宽带接入户数增长率达到 45.56%,万人拥有公共交通车辆增长率达到 13.29%。在农村地区,展开“百村示范、千村整治”工程,推进农

① 咸辉. 2018 年宁夏回族自治区政府工作报告(2018 年 1 月 26 日宁夏回族自治区第十二届人民代表大会第一次会议)[R]. (2018-02-06)[2020-09-23]. 宁夏回族自治区人民政府网站. http://www.nx.gov.cn/zzsl/zfgzbg/201808/t20180830_1025073.html

村生活污水处理和改厕，以及太阳能利用工程，改造建设美丽村庄。农村卫生厕所普及增长率达到8.47%。但宁夏在环保生活方面，仍面临着垃圾增量上涨，生活用水增加的挑战。人均城市生活垃圾清运量和人均生活用水量2017年有明显增加，下降率均为负值。

江苏环保生活发展指数为78.33分，在各省中排名最靠后，在东部省份的环保生活建设进展中较为具有代表性。江苏省以城乡环境综合整治为抓手，在城市建成区绿化覆盖率、人均公园绿色面积等城镇绿色生活环境，以及绿色出行建设的硬件方面，水平在全国领先，也使得“百尺竿头，更进一步”面临较大的挑战和难度。[①] 2017年，江苏人均公园绿地面积增长率为1.08%，万人拥有公共交通车辆增长率为5.15%。农村卫生厕所普及率在全国也是名列前茅，2017年达到97.90%，同年提升率为0.51%。江苏与大部分省份一样面临着生活垃圾产生量、生活用水量快速增长的压力。人均城市生活垃圾清运量下降率、人均生活用水下降率分别为−10.62%和−3.88%。

表9-6 各省份环保生活发展指数

排名	省份	环保生活发展指数	等级
1	宁夏	94.17	1
2	云南	91.67	1
3	海南	90.83	1
4	甘肃	90.00	1
5	辽宁	90.00	1
6	广西	89.58	1
7	西藏	89.17	2
8	江西	88.75	2
9	安徽	88.75	2
10	新疆	87.5	2
11	福建	86.25	2
12	青海	85.83	2
13	山西	85.83	2
14	广东	85.83	2
15	吉林	85.42	2
16	四川	85.00	3

① 吴政隆. 江苏省政府2018年政府工作报告(2018年1月26日江苏省第十三届人民代表大会第一次会议)[R]. (2018-02-13)[2020-09-23]. 江苏省人民政府网站. http://www.jiangsu.gov.cn/art/2018/2/13/art_33720_7489314.html

（续表）

排名	省份	环保生活发展指数	等级
17	河北	85.00	3
18	河南	83.75	3
19	浙江	83.75	3
20	陕西	83.75	3
21	内蒙古	83.75	3
22	重庆	83.33	3
23	上海	82.92	3
24	贵州	82.08	3
25	湖南	81.25	3
26	湖北	81.25	3
27	天津	80.83	4
28	黑龙江	79.58	4
29	北京	79.17	4
30	山东	78.75	4
31	江苏	78.33	4

从发展速度来看，有 14 个省份的环保生活发展速度超过全国平均值。 2016—2017 年西藏在各省中环保生活建设发展速度最快，达到 16.31%。黑龙江发展速度为−0.42%，名列各省最后，与上一年度相比略有退步。环保生活建设发展速度出现负值的还有江苏和上海，分别为−0.17%和−0.38%（见图 9-15）。在人均生活垃圾产生量方面，江苏和上海有较大增幅，环境压力持续增大。此外，江苏在生活用水方面也面临增长压力。

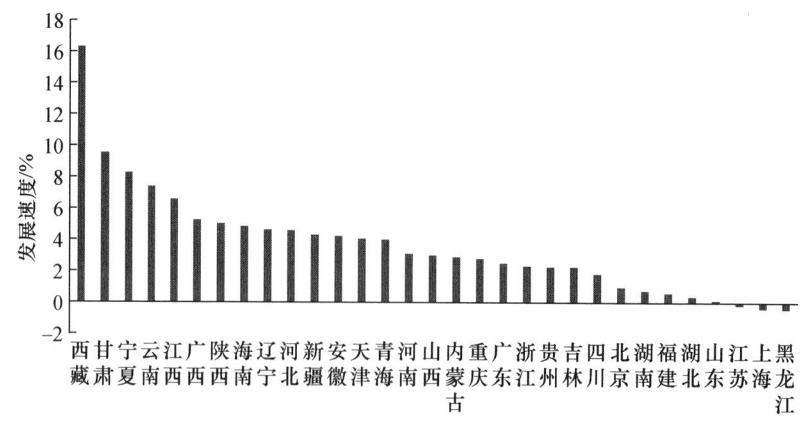

图 9-15　2016—2017 年环保生活建设发展速度

在环保生活具体建设领域上，除生活废弃物减量、利用和资源节约建设压力较大外，大部分领域进展顺畅。随着城镇化速度的加快，一些省份城市环保生活的配套硬件设施上的推进，还有待与城镇人口的增加齐头并进。例如，在西藏、吉林、湖南等省份，出现了人均公园绿地面积的负增长；在湖南、新疆、贵州等省份，万人拥有公交车辆数量也有所下降，需要从做好规划等角度切实推进相应建设，在交通、能源、水利、市政等基础设施建设中，以环保生活方式转型为导向，提供更为优质的市政、公共服务。

环保生活建设领域中，大部分省份在生活垃圾与生活用水方面的进展表现不够令人满意。陕西人均城市生活垃圾清运量下降率表现不俗，达到 29.23%。但有 22 个省份的人均生活垃圾清运量在增长。2016—2017 年福建和上海的人均生活垃圾清运量增长最大，增幅均达到 18%以上。除这两个省份外，还有江苏、四川、湖南、海南、江西、安徽、天津 7 省份增幅达 10%以上（见图 9-16）。此外，除上海、黑龙江、吉林、福建和广东外，有 26 个省份的人均生活用水量在增长。增长幅度最大是天津，达到 9.28%（见图 9-17）。

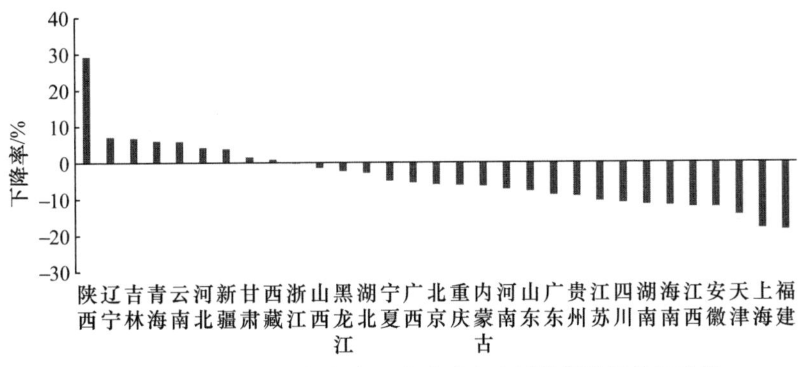

图 9-16　2016—2017 年各省份人均城市生活垃圾清运量下降率

综合美好生活与环保生活两方面来看，各省份生活方式质量提升与环保节约水平推进的不均衡普遍存在，环保生活建设进展相对较慢。从绿色生活发展指数来看，各省在美好生活的质量提升和生活方式的环保节约推进方面并非普遍同步。除云南在美好生活发展指数和环保生活发展指数上均排名第 2 以外，其他省份的发展指数排名在两个指数上均存在差异。两个绿色生活发展指数得分第 1 的西藏，美好生活发展指数排名第 1，环保生活发展指数排名第 7。两个二级发展指数排名差异超过 20 名以上的省份有贵州，湖南，宁夏和辽宁。贵州和湖南美好生活发展指数排名靠前，环保生活发展指数排名靠后；宁夏和辽宁则是美好生活发展指数排名靠后，环保生活发展指数排名靠前。另有 11 个省份两个发展指数

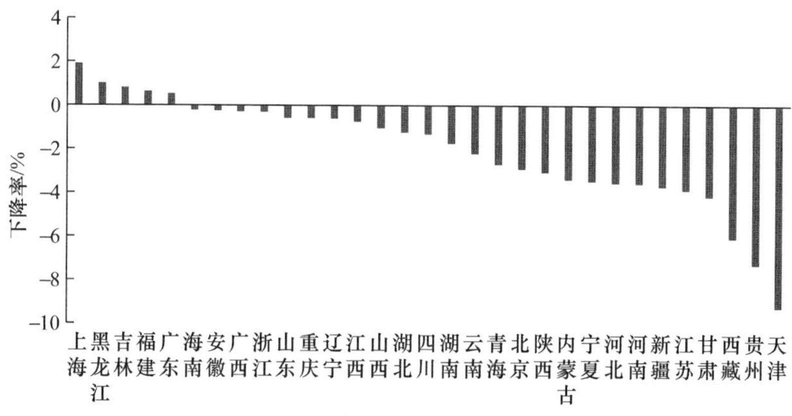

图 9-17　2016—2017 年各省份人均生活用水量下降率

的排名差值大于 10 位。

在发展速度上，与美好生活的进展相较，环保生活进展相对较慢。各省份美好生活 2016—2017 年平均值为 7.09%，环保生活平均值为 3.67%。江苏、上海和黑龙江的环保生活发展速度出现了负值。

二、各省份绿色生活建设发展类型

根据各省份 2016—2017 年绿色生活发展指数及 2017 年绿色生活建设指数，即发展速度和发展水平，可以将各省份的绿色生活建设发展类型划分为领跑型、追赶型、前滞型、后滞型和中间型五种类型。领跑型省份数量只有 1 个，是宁夏；追赶型省份的数量为 11 个；前滞型省份有 8 个；后滞型省份为 5 个；中间型省份有 6 个。追赶型省份数量最多，与绿色生活建设发展加速的整体特征相符，也显示了绿色生活建设势头。前滞型省份多为东部地区省份。后滞型省份数量不多，一定程度上表明从综合状况来看，省份之间的整体差距并不是特别大。中间型省份数量也不多，表明绿色生活建设在各省之间特点各异，相对而言特点不突出的省份不占多数。

三、绿色生活建设发展态势和影响因素分析

以 2015—2017 年连续三年数据为基础，分析绿色生活建设发展的短期态势可见，全国绿色生活建设在这三年期间出现加速发展的平稳态势，美好生活和环保生活建设整体上均实现了加速发展，其中环保生活进展最为显著。在美好生活建设相关指标领域中，人均可支配收入不断提升，支出消费结构在逐步优化，卫

生、教育投入和人均获得量不断增长，恩格尔系数下降幅度不断增大，可用于生活质量提升的收入比重提高。人均消费水平还有待保持提升态势。环保生活加速发展特征明显，尤其体现在智能化基础设施和绿色公共交通系统基础设施方面。城镇生活垃圾管理和生活水资源消耗方面建设的趋势向好，人均生活垃圾清运量下降率和人均生活用水量下降率的速度进步率均为正值。

有 18 个省份的绿色生活建设在三年期间加速发展，绿色生活加速发展的范围占全国各省份一半以上。各省份中美好生活建设加速发展的为 15 个，环保生活建设加速发展的省份为 22 个。

对绿色生活评价得分的相关性分析可以看到，美好生活发展指数与绿色生活发展指数为显著正相关关系，表明在这一阶段中提升生活质量、优化消费结构、促进民生福祉在绿色生活建设发展中的主导作用明显。在美好生活建设相关指标中，人均可支配收入增长的基础性地位最显著，与美好生活发展指数的相关性最显著。环保生活的发展状况受到农村人居环境改善、公共交通设施完备状况的影响最显著。美好生活领域的建设和环保生活领域的建设呈正相关关系，显示了两个主要建设领域良性互动的发展状况。

四、绿色生活建设发展评价的启示

我国正进入全面开启建设社会主义现代化国家新征程的时期。创建绿色生活，推进人与自然和谐共生的现代化，是第十四个五年规划绿色发展的重要内容。根据上述我国整体和各省绿色生活的量化评价结果，可以得到如下推进绿色生活建设发展的启示。

1. 坚持以生活水平的高质量发展为绿色生活建设的推进力

绿色生活方式的普及应以生活水平的高质量发展为根本推进力，激发人民群众发挥能动性、创造力参与绿色生活建设。人民群众是历史的创造者，是社会生活的主体，是绿色生活方式的践行者。绿色生活的普及必然要从人民群众的需求出发，以人民为中心，将人民至上和生态优先有机融合在一起。中华人民共和国成立以来，人民生活状况发生了天翻地覆的变化，从求温饱走向求环保，从求生存走向求生态，从温饱不足迈向全面小康。进入中国特色社会主义建设的新时代，人民生活开始向质量优先的新阶段迈进，社会发展的主要矛盾已经转变为人民群众日益增长的美好生活需要和不平衡不充分发展之间的矛盾。

生活水平的高质量发展是多维和广泛的，物质生活的丰裕、精神生活的丰富、政治生活的民主、社会生活的保障健全都能为绿色生活的建设提供积极驱动。[①]物质生活方面，收入水平的提高能为消费提供多样性的选择，促进绿色消费需求的增长和消费结构的优化，反过来推动绿色生产方式的转型。[②] 精神生活方面，优质教育、科学、生态文化产品的提供，能有效提升民众的生态环境素养，为绿色生活提供价值引领。政治生活方面，保障人民的生态、环境权益，保障言论自由、公平正义，能促进人民主体意识的提升，有效参与、监督绿色生活建设。社会生活方面，各类公共服务的完善、群众基本生活的保障是根本要求。此外，优美良好的生态环境，也是高质量的生活水平的重要内容。

2. 建立长效机制重点推进生活方式环境负面影响的减轻

绿色生活建设的发展旨在实现生活方式环境负面影响的减小，资源利用效率的提升。垃圾分类、水资源节约是绿色生活建设推进中尚需重点提升建设成效的两个领域。从全国层面来看，人均城市生活垃圾清运量下降率和人均生活用水量下降率两个指标在 2016—2017 年均为负值（－3.03％和－1.47％），表明人均生活垃圾清运量和人均生活用水量均有不同程度的增长。在各省中，2016—2017 年人均生活垃圾清运量和人均生活用水量不降反增的省份比例达到 71％和 83％以上，在城镇人口不断增加，城市生活垃圾管理需要日益精细化、城市用水资源趋于相对紧张的背景下，是十分需要关注和重点考核的。

在绿色生活方式的废物处置、资源节约、能源利用等领域，长效机制的建立尤为重要。以城市生活垃圾处置为例，实施垃圾分类是从源头解决生活垃圾产生总量不断增长的重要途径，而这个途径的完备和实际生效需要较长时间。2000 年我国建设部就已经将北京、上海等 8 个城市确立为垃圾分类试点城市，2015 年住房和城乡建设部等部门发布《关于公布第一批生活垃圾分类示范城市（区）的通知》。可以看到，近年来环保生活建设领域中人均城市生活垃圾清运量下降率和人均生活用水量下降率虽然一直为负值，但负增长幅度在减小，2013—2017 年分别呈现出 V 形和 U 形的走势，显现了建设的初步成效。在 2014—2015 年出现了 5 年中负增长的峰值，之后负增长逐渐减缓。这表明在“十三五”规划时期，相应领域的工作得到了进一步的加强，为实现生活垃圾零增长及和水资源生活利用总量控制奠定了较好的基础，仍需常抓不懈。

3. 以乡村振兴为契机推进农村绿色生活建设快速发展

绿色生活需要格外重视农村的相关建设推进。我国城乡人口比 2018 年约为

---

① 林坚. 以高质量发展提升人民生活品质[J]. 国家治理，2018(5)：40—42.

② 陈凯，高歌. 绿色生活方式内涵及其促进机制研究[J]. 中国特色社会主义研究，2019(6)：92—98.

6∶4，城镇人口占总人口比重59.58%，农村人口比重为40.42%，有5.6亿人生活在农村。广大农村区域的绿色生活建设、众多农村居民的绿色生活方式普及是生态文明建设不可忽略的重要任务。当前，新时代中国特色社会主义主要矛盾中的不平衡、不充分发展，突出体现在城乡发展的不平衡、农村发展的不充分等方面。党的十九大为此提出实施乡村振兴战略，强调乡村现代化融入"两个一百年"奋斗目标的重大意义，为绿色生活建设融入乡村建设提供了总的引领。

当前乡村绿色生活建设的抓手是农村人居环境的改善，美丽宜居环境的打造。《乡村振兴战略规划（2018—2022年）》中明确，农村垃圾、污水治理和村容村貌提升是农村人居环境改善的主攻方向。乡村绿色生活建设的推进，具体又落实在建立健全农村生活垃圾收集处理保洁体系、生活污水治理、卫生厕所建设和改造、乡村绿化、乡村水环境治理等方面。[①]《农村人居环境整治三年行动方案》特别指出："改善农村人居环境，建设美丽宜居乡村，是实施乡村振兴战略的一项重要任务，事关全面建成小康社会，事关广大农民根本福祉，事关农村社会文明和谐。"[②]习近平总书记也强调，"建设好生态宜居的美丽乡村，让广大农民在乡村振兴中有更多获得感、幸福感。"[③]乡村绿色生活建设应成为绿色生活建设的重点。

五、绿色生活建设评价思路与指标体系

课题组在GLPI 2016的基础上，基于量化评价的科学性、可比性、导向性，数据的可获得性等原则，进一步调整和完善了绿色生活建设发展评价指标体系（表9-7），以把握我国整体和各省绿色生活建设发展的状况。

1. 绿色生活建设发展评价

绿色生活方式的建立和普及是新时代生态文明建设的要求。生活方式从广义上来看，是基于一定社会历史条件形成的，反映人们价值观念的，满足主体自身需要的各类活动的总体特征。从狭义上来看，指人们日常的衣食住行用活动的形式和特征。首先，基于生活方式的上述涵义，绿色生活应是满足人需要的一种生活方式，是以人为本的；其次，基于生态文明建设人与自然和谐共赢的内涵，绿色生活同时也应是助力于生态环境保护的生活方式，是生态优先的。

---

① 中共中央 国务院印发《乡村振兴战略规划（2018—2022年）》[EB/OL].（2018-09-26）[2020-12-12]. http://www.gov.cn/xinwen/2018-09/26/content_5325534.htm.

② 中共中央办公厅. 农村人居环境整治三年行动方案[EB/OL].（2018-09-26）[2020-12-12]. http://www.gov.cn/zhengce/2018-02/05/content_5264056.htm

③ 习近平. 建设好生态宜居的美丽乡村 让广大农民有更多获得感幸福感[N]. 人民日报，2018-04-24(01).

表 9-7　绿色生活发展指数评价指标体系(GLPI 2021)

一级指标	二级指标	考察领域	三级指标	指标性质	三级指标权重分	三级指标权重值/%
绿色生活发展指数(GLPI)	美好生活(50%)	收入水平	1. 人均可支配收入增长率	正指标	5	10.87
		富裕程度	2. 恩格尔系数下降率	正指标	6	13.04
		支出水平	3. 人均消费水平增长率	正指标	6	13.04
		健康医疗	4. 人均卫生总费用增长率	正指标	3	6.52
		教育文化	5. 人均教育经费增长率	正指标	3	6.52
	环保生活(50%)	绿色社区	6. 人均公园绿地面积增长率	正指标	4	8.33
		环保居所	7. 农村卫生厕所普及增长率	正指标	5	10.42
		信息智能	8. 家庭宽带接入户数增长率	正指标	3	6.25
		绿色出行	9. 万人拥有公共交通车辆增长率	正指标	3	6.25
		绿色消费	10. 人均生活垃圾清运量下降率	正指标	5	10.42
		绿色家庭	11. 人均生活用水量下降率	正指标	4	8.33

从以人为本和生态优先的两个维度出发，绿色生活建设发展的任务是在居民生活水平提高、消费结构升级、民生福祉增长的同时，打造健康宜居的生活环境，形成环境友好的、资源节约的生活模式；在促进人自由而全面的发展的同时，实现人的生活方式与自然协调、平衡。也即实现美好生活的质量提升和生活方式的环保节约。

习近平总书记在党的十九大报告中指出，中国共产党永远把人民对美好生活的向往作为奋斗目标。随着中国特色社会主义建设的不断推进，美好生活的内涵，从基本温饱的满足，到全面建成小康社会，已经发生了巨大变化。美好生活的底色是绿色，“环境就是民生，青山就是美丽，蓝天也是幸福”①，生态美好铸就生活幸福。绿色生活需要美好生活作为基本保障。生活水平的提高，深化了人们对美好生活的认知，人们对良好生态环境的需求不断提升，人们选择环保生活的能力和主动性得到加强。

美好生活发展考察居民生活质量提升的速度，是绿色生活建设高质量发展的重要衡量指标。较高的收入水平能为绿色生活的培育提供基础保障，优化消费结构，提供更加多样化、个性化的选择。恩格尔系数的降低能反映居民生活水平，以

① 习近平. 在省部级主要领导干部学习贯彻党的十八届五中全会精神专题研讨班上的讲话(2016 年 1 月 18 日)单行本. 北京：人民出版社，2017:19.

及消费支出结构的优化程度。消费水平的提升切实反映居民生活质量的高低，也为绿色生产提供动力。医疗卫生条件状况是居民生活质量提高的重要影响因素。教育投入是民生普惠的关键要素。

环保生活考察绿色生活与环境、资源的关系，是绿色生活建设发展效率的重要衡量指标。完善的基础设施是生活方式亲近自然、环境友好、低碳节约的客观要求。良好的生态环境本身就是普惠的民生福祉。社区环境、居住条件、硬件设施、公共交通的绿色化，都有助于推动绿色生活方式的形成。在生活习惯方面，日常生活资源占用是否节约高效，生活污染物排放形成的环境压力是否趋于减小是考察的重点内容①。

2. 算法和分析方法

GLPI 2021 与 ECCPI 2021 和 GPPI 2021 在算法和分析方法上保持一致。绿色生活发展指数的计算采用相对评价法，计算得到各省发展指数得分和排名。

(1) 相对评价算法

绿色生活发展指数的测算采用相对评价算法。将具体指标的原始数据标准化后，剔除大于和小于 3 倍标准差的数据，以等级分 6 直接替换大于 3 倍标准差的数据，以等级分 1 替换小于 3 倍标准差的数据，其余数据根据 −3 至 3 的区间分别赋予 1～6 等级分。三级指标等级分加权求和得到二级指标 Z 分数，Z 分数(10＋50＝T 分数。二级指标得分加权求和得到一级指标得分。一级指标的 T 分数即发展指数，二级指标的 T 分数即美好生活指数和环保生活指数。

各指标的权重基于德尔菲法确定。

(2) 分析方法

在相对评价测算以外，本研究测算了各省绿色生活建设 2016—2017 年的发展速度，并对 2016—2017 年的发展速度与 2015—2016 年的发展速度进行了比较，获得绿色生活建设发展速度进步率。进步率为正值，表明绿色生活建设在加速；进步率为负值，表明绿色生活建设在减速。

本研究还展开了聚类分析和相关性分析。基于绿色生活建设水平指数和发展指数的测算，采取聚类分析考察各省份绿色生活建设的类型，划分出领跑型、追赶型、前滞型、后滞型和中间型 5 种建设类型。相关性分析考察绿色生活建设发展指标体系中各指标之间的相互关系，以探讨绿色生活建设的相关影响因素。

① 环保生活还应考察生活污染物包括废水、废气排放，例如污水主要污染物氨氮、化学需氧量，废气的主要污染成分二氧化硫、氮氧化物和烟(粉)尘带来的环境压力是否趋于减小。但《中国统计年鉴》《中国环境统计年鉴》中统一公开发布的各省相关统计数据在 2016 年变更了统计口径，2015 年数据与 2016 年数据不可直接比较，故在 GLPI 2020 中舍弃了上述评价指标。

第十章　绿色生活建设发展类型分析

着力推进生活方式绿色化，是生态文明建设融入经济、政治、文化和社会建设的重要举措。绿色生活建设的发展过程不是一蹴而就的，需要时间和过程。各地区的建设速度快慢、绿色生活建设水平不一，构成不同的建设发展类型。本章以各省份绿色生活建设的2016—2017年发展速度和2017年绿色生活建设水平为坐标，对各省份绿色生活建设的发展类型进行分析定位，以便更好地把握现状，找准发展重点，以绿色生活推进绿色发展，构建绿色发展新格局。

一、绿色生活建设发展类型概况

基于绿色生活发展指数GLPI 2021和绿色生活水平指数GLI 2021(Green Living Index 2021)得分的等级划分，绿色生活建设发展可以划分出5种类型，即领跑型、追赶型、前滞型、后滞型和中间型(表10-1)。分析显示，领跑型省份只有宁夏1个省份。追赶型省份数量较2016年6个省份有增加，包括安徽、广西、贵州、海南、河南、湖南、四川、西藏、新疆、云南、重庆11个省份。前滞型省份包含北京、福建、江苏、内蒙古、山东、上海、天津、浙江8个省份，与2016年相比增加了6个省份。后滞型包含黑龙江、湖北、吉林、山西、陕西5个省份。中间型包括广东、河北、江西、辽宁、青海、甘肃6个省份。从数量上看，追赶型和前滞型省份占据大多数，领跑型和后滞型省份数量较小。从空间上看，各种类型的地区分布较为分散，无明显的区域性特点。

表10-1　各省份绿色生活建设水平、发展速度得分、等级和类型　(单位:分)

省份	绿色生活水平指数	水平指数等级分	绿色生活发展指数	发展指数等级分	类型组合	发展类型
宁夏	89.09	3	86.87	3	3-3	领跑型
北京	98.33	3	81.97	1	3-1	前滞型
福建	90.33	3	83.78	1	3-1	前滞型
江苏	95.20	3	80.25	1	3-1	前滞型
内蒙古	90.49	3	80.57	1	3-1	前滞型
山东	91.21	3	82.42	1	3-1	前滞型

（单位：分）（续表）

省份	绿色生活水平指数	水平指数等级分	绿色生活发展指数	发展指数等级分	类型组合	发展类型
上海	92.74	3	82.76	1	3-1	前滞型
天津	96.63	3	77.81	1	3-1	前滞型
浙江	93.41	3	84.27	1	3-1	前滞型
安徽	85.13	1	87.42	3	1-3	追赶型
广西	79.95	1	90.66	3	1-3	追赶型
贵州	80.64	1	88.43	3	1-3	追赶型
海南	80.20	1	91.72	3	1-3	追赶型
河南	82.80	1	88.18	3	1-3	追赶型
湖南	85.19	1	87.58	3	1-3	追赶型
四川	83.75	1	88.80	3	1-3	追赶型
西藏	73.69	1	96.32	3	1-3	追赶型
新疆	83.44	1	86.36	3	1-3	追赶型
云南	82.74	1	93.44	3	1-3	追赶型
重庆	84.30	1	86.67	3	1-3	追赶型
黑龙江	83.62	1	78.92	1	1-1	后滞型
湖北	82.33	1	83.67	1	1-1	后滞型
吉林	84.69	1	81.19	1	1-1	后滞型
山西	83.15	1	81.83	1	1-1	后滞型
陕西	84.34	1	81.66	1	1-1	后滞型
广东	90.68	3	85.31	2	3-2	中间型
河北	87.26	2	88.15	3	2-3	中间型
江西	86.15	2	91.98	3	2-3	中间型
辽宁	87.39	2	78.26	1	2-1	中间型
青海	86.77	2	83.13	1	2-1	中间型
甘肃	82.13	1	86.09	2	1-2	中间型

二、领跑型省份绿色生活进展

领跑型省份绿色生活建设发展的总特征是绿色生活建设水平较高，绿色生活建设发展速度相对较快。数据显示，宁夏绿色生活建设发展水平指数不断提升，绿色生活建设发展态势整体向好。2016—2017 年，宁夏的绿色生活建设发展速度为 5.56%，建设推进成效明显；绿色水平指数 89.09，均高于全国平均水平。从三级指标来看,人均可支配收入增长率、人均卫生总费用增长率和人均教育经费增长率是质量优化的助推力。农村卫生厕所普及增长率、家庭宽带接入户数增长率、万人拥有公共交通车辆增长率等助推环保生活提升较快。而人均消费水平提升和生活垃圾、人均用水量降低等三个方面均低于全国平均水平(见表 10-2),是未来宁夏绿色生活建设的生长点。

表 10-2　领跑型省份绿色生活建设发展的基本状况

省份	美好生活发展速度/%	环保生活发展速度/%	绿色生活建设发展速度/%	绿色生活水平指数/分
宁夏	6.12	5.01	5.56	89.09
全国均值	5.38	7.09	3.67	86.38

宁夏在美好生活建设方面逐步走向一个新阶段,经济基础进步较快,生态经济和旅游经济发展较快,人均卫生总费用增长率呈明显上升趋势,人均可支配水平呈上升趋势,为绿色消费经济提供良好基础。但消费水平增长速度有所下降,与实现绿色消费发展目标存在一定的差距。教育经费投入比重不断提升,同时卫生经费投入明显提升,利于人民生活品质的提升(见表 10-3)。智能化环保生活方式发展方面,宁夏家庭宽带接入户数增长率显著提升,远超全国平均水平。同时,人均公园绿地面积明显增加、公共交通供给速度快,增长水平远高于全国平均水平。但人均生活垃圾排放量仍在增长中,人均生活垃圾清运量与 2015—2016 年一样,未实现减量化,与全国整体趋势一致(见表 10-3)。宁夏绿色生活的物质基础发展有了较大提升,生活方式的绿色化同时需要消费结构优化升级。宁夏文化、卫生消费支出的不断增加,是消费升级的重要标志。同时也需要继续推动绿色生活的消费水平达到小康生活水平之上,进一步推动精神文化类、服务类产品等发展性需求的支出比重的提升。

表 10-3　领跑型省份绿色生活建设发展三级指标得分情况　　(单位:%)

二级指标	三级指标	宁夏	全国均值
美好生活	1. 人均可支配收入增长率	9.18	9.04
	2. 恩格尔系数下降率	0.00	2.58
	3. 人均消费水平增长率	2.57	7.08
	4. 人均卫生总费用增长率	17.50	12.89
	5. 人均教育经费增长率	9.28	8.87

（单位：%）（续表）

二级指标	三级指标	宁夏	全国均值
环保生活	6. 人均公园绿地面积增长率	4.75	2.26
	7. 农村卫生厕所普及增长率	8.47	1.74
	8. 家庭宽带接入户数增长率	45.56	18.56
	9. 万人拥有公共交通车辆增长率	13.29	6.40
	10. 人均生活垃圾清运量下降率	−5.05	−3.03
	11. 人均生活用水量下降率	−3.47	−1.47

三、追赶型省份绿色生活进展

追赶型省份包括安徽、广西、贵州、海南、河南、湖南、四川、西藏、新疆、云南、重庆11个省份，是四种类型中省份最多的。追赶型省份绿色生活建设发展的总体特征是绿色生活建设水平相对靠后，水平指数得分均值为81.98，低于全国平均水平，但有较快的绿色生活建设发展速度，均值为7.19%，高于全国平均水平（见表10-4）。与2015—2016年相较，海南、新疆、西藏保持了追赶态势，安徽、广西、贵州、河南、湖南、四川、云南、重庆成为新的追赶型省份。

追赶型省份的绿色生活建设在美好生活方面质量提升势头强劲，得到消费升级的有力拉动，绿色生活发展指数高于全国平均水平（见表10-5）。从区域分布来看，追赶型地区的西部地区较多，包含四川、贵州、云南、西藏、新疆、广西、内蒙古、重庆等8个省份。在西部地区中，西藏、贵州两省份的绿色生活消费升级对区域绿色生活建设和发展的带动作用明显。中部地区中，安徽、河南、湖南三个省份也是新增的追赶型省份，说明中部地区的绿色生活建设也在加快发展。海南是东部地区唯一的追赶型省份，具备良好的生态环境基础，本年度在加强医疗卫生投入方面进展突出，体现在人均卫生总费用的增长上。

表10-4　追赶型省份绿色生活建设发展的基本状况

省份	美好生活发展速度/%	环保生活发展速度/%	绿色生活建设发展速度/%	绿色生活水平指数/分
安徽	7.08	4.29	5.69	85.13
广西	6.16	8.28	7.22	79.95
贵州	9.09	4.82	6.96	80.64
海南	8.73	6.57	7.65	80.20
河南	8.05	4.57	6.31	82.80
湖南	8.56	3.08	5.82	85.19
四川	9.09	4.82	6.96	83.75

（续表）

省份	美好生活发展速度/%	环保生活发展速度/%	绿色生活建设发展速度/%	绿色生活水平指数/分
西藏	11.52	16.31	13.91	73.69
新疆	7.37	2.80	5.08	83.44
云南	8.62	7.40	8.01	82.74
重庆	6.82	4.22	5.52	84.30
追赶型均值	8.28	6.11	7.19	81.98
全国均值	5.38	7.09	3.67	86.38

追赶型省份在生活方式环保节约化方面的推进，同样有力拉动了绿色生活建设（见表 10-6）。各省份的自然、经济、社会条件不同，在环保生活方面的建设发展有着各自的特点。从数据上看，西藏在环保型、节约型生活方式建设方面中具有明显优势，农村卫生厕所普及增长率、家庭宽带接入户数增长率、万人拥有公共交通增长率方面表现不错，在人均生活垃圾清运下降率上也有进步，人均公园绿地面积增长率有待提升。西藏要保持追赶态势，一方面要在政府的支持下，大力发展旅游业等有利于绿色生活建设发展的特色产业，另一方面也要进一步加强城镇化发展和人居环境建设的同步发展，推进生态环境保护项目。促进西藏绿色生活不断发展。

人均公园绿地面积是城市居民绿色生活环境和生活质量的晴雨表。从数据中得知，该项指标的增长率，河南、新疆和广西进步速度较快，在全国排在前列。而湖南出现负增长，四川的增长率也不高，低于全国均值。这需要湖南和四川两省份在城乡绿色规划发展力度方面下功夫，让绿色生活建设与经济增长协同发展。"厕所革命"是改善城乡人居环境的重要组成部分。这种变化，关系到绿色生活建设和文明程度。河南、新疆和重庆在此项指标中低于全国均值，影响了绿色生活建设发展的速度，需要特别注意。

信息化水平与生活方式的可持续发展相互支撑，关系紧密。在家庭宽带接入户数增长率中，追赶型省份增长速度十分明显。在人均生活垃圾清运量下降率和人均生活用水量下降率上，追赶型省份整体表现较差，只有西藏、新疆和云南在人均生活垃圾清运量下降率上是正值。追赶型省份在这两个指标的整体平均值都低于全国均值，减量化未取得实质性进展。

表 10-5　追赶型省份美好生活建设发展情况　（单位：%）

省份	1. 人均可支配收入增长率	2. 恩格尔系数下降率	3. 人均消费水平增长率	4. 人均卫生总费用增长率	5. 人均教育经费增长率
安徽	9.33	1.57	7.07	9.25	10.23
广西	8.74	4.57	9.18	11.52	7.91
贵州	10.47	1.92	8.7	17.96	19.98
海南	9.2	4.25	7.9	20.7	9.4
河南	9.36	4.78	8	10.81	13.66
湖南	9.41	4.56	8.95	10.96	9.43
四川	9.42	2.93	9.04	13.65	8.86
西藏	13.33	4.56	10.75	9.26	26.24
新疆	8.83	4	7.26	10.99	6.08
云南	9.74	4.64	7.56	14.35	11.14
重庆	9.62	3.04	9.24	9.85	6.05
追赶型均值	9.77	3.71	8.51	12.66	11.73
全国均值	9.04	2.58	7.08	12.89	8.87

表 10-6　追赶型省份环保生活建设发展情况　（单位：%）

省份	6. 人均公园绿地面积增长率	7. 农村卫生厕所普及增长率	8. 家庭宽带接入户数增长率	9. 万人拥有公共交通车辆增长率	10. 人均生活垃圾清运量下降率	11. 人均生活用水量下降率
安徽	2.14	7.11	25.99	13.93	−12.32	−0.24
广西	5.52	7.01	22.59	9.93	−5.58	−0.29
贵州	1.8	11.21	25.14	−2.97	−9.28	−7.29
海南	1.16	8.15	24.18	19.26	−11.82	−0.22
河南	15.05	−5.78	18.38	12.9	−7.36	−3.58
湖南	−5.49	3.9	32.95	−4.6	−11.6	−1.73
四川	0.08	3.09	17.35	12.07	−11.1	−1.32
西藏	−25.38	29.46	53.65	68.17	0.91	−6.08
新疆	8.27	1.55	23.64	−4.3	3.81	−3.72
云南	1.5	13.43	24.65	3.25	5.9	−2.21
重庆	1.13	−2.5	28.77	7.51	−6.27	−0.59
追赶型均值	0.53	6.96	27.03	12.29	−5.88	−2.48
全国均值	2.26	1.74	18.56	6.40	−3.03	−1.47

四、前滞型省份绿色生活进展

前滞型省份包括北京、福建、江苏、内蒙古、山东、上海、天津、浙江 8 个省份。绿色生活建设水平基础好,但在绿色生活建设发展推进速度上不占突出优势。在地域分布上看,8 个省份中有 7 个处在东部地区,内蒙古是前滞型中唯一处于西部地区的省份。

从绿色生活建设发展速度的二级指标来看,前滞型省份在环保生活方面进展低于全国水平,但在美好生活建设进展方面则高于全国平均水平,尤其是内蒙古、上海、浙江优势明显(见表 10-7)。在绿色生活建设发展速度上,北京、福建、山东、上海、浙江表现出良好的发展优势,速度高于其他前滞型省份和全国平均水平。这说明前滞型地区虽然在环保生活发展速度上优势不明显,但是在美好生活及其具体建设领域上,发展实力不容忽视。

表 10-7 前滞型省份绿色生活建设发展的基本状况

省份	美好生活发展速度/%	环保生活发展速度/%	绿色生活建设发展速度/%	绿色生活水平指数/分
北京	5.52	2.89	4.20	98.33
福建	5.15	4.05	4.60	90.33
江苏	6.06	0.60	3.33	95.20
内蒙古	6.59	0.14	3.37	90.49
山东	4.15	4.62	4.39	91.21
上海	6.55	2.31	4.43	92.74
天津	6.27	−0.42	2.92	96.63
浙江	6.77	2.50	4.63	93.41
前滞型均值	5.88	2.09	3.99	93.54
全国均值	5.38	7.09	3.67	86.38

从人均可支配收入数据可知,前滞型省份整体收入水平较高。从消费结构优化的角度来看,北京居民的恩格尔系数下降率进步幅度较大,消费升级势头迅猛,福建、江苏、上海、天津和浙江则低于全国均值 2.58%,在消费结构调整上进展幅度较小(见表 10-8)。推进低碳消费、服务消费和过程消费,促进消费从高速发展迈向高质量发展相匹配,都将是相关省份的着力点。

美好生活对应的三级指标中,天津和浙江的人均公共教育经费增长十分明显,这一点是难能可贵的。在环保生活的硬件建设和行为养成方面,人均公园绿地面积增长率,前滞型省份整体表现好于全国均值。但其他环保生活建设领域,尤其是人均生活垃圾清运量,与全国进展差距较大(见表 10-9)。从平均值来看,全国呈现普遍退步的状况，而前滞型省份退步更显著。在推进生活垃圾减量和生活用水减量化方面，前滞型省份还需要加强建设。前滞型省份在农村卫生厕所普及增长率、公共交通和宽带接入推进方面，进步步幅较小，拉低了环保生活建设的发展速度，绿色生活建设水平和发展速度的协调程度有待提升。

表 10-8　前滞型省份美好生活建设发展情况　（单位：%）

省份	1. 人均可支配收入增长率	2. 恩格尔系数下降率	3. 人均消费水平增长率	4. 人均卫生总费用增长率	5. 人均教育经费增长率
北京	8.95	6.11	5.67	7.18	4.95
福建	8.84	0.89	5.36	11.53	7.73
江苏	9.21	1.8	6.05	9.45	7.67
内蒙古	8.64	3.94	4.83	11.01	−0.66
山东	9.09	3.21	8.5	5.81	6.16
上海	8.62	1.51	6.23	13.62	7.98
天津	8.65	−1.18	6.55	4.91	9.4
浙江	9.13	1.45	6.08	8.51	11.46
前滞型均值	8.89	2.22	6.16	9.00	6.84
全国均值	9.04	2.58	7.08	12.89	8.87

表 10-9　前滞型省份环保生活建设发展情况　（单位：%）

省份	6. 人均公园绿地面积增长率	7. 农村卫生厕所普及增长率	8. 家庭宽带接入户数增长率	9. 万人拥有公共交通车辆增长率	10. 人均生活垃圾清运量下降率	11. 人均生活用水量下降率
北京	1.19	−1.7	13.81	9.23	−6.08	−2.92
福建	8.03	1.17	18.36	3.88	−18.56	0.65
江苏	1.08	0.51	14.08	5.15	−10.62	−3.88
内蒙古	−0.56	9.1	20.35	3.79	−6.54	−3.4
山东	−0.39	0.22	12.14	3.05	−7.89	−0.57
上海	4.6	0.1	8.58	9.78	−18.16	1.91
天津	33.62	−1.27	17.55	8.59	−14.43	−9.28
浙江	1.14	0.31	13.29	4.05	−0.27	−0.31
前滞型均值	6.09	1.05	14.77	5.94	−10.32	−2.23
全国均值	2.26	1.74	18.56	6.4	−3.03	−1.47

五、后滞型省份绿色生活进展

后滞型省份包括黑龙江、湖北、吉林、山西、陕西 5 个省份。这些省份绿色生活进展也在积极推进中，但相对缓慢，绿色生活建设水平排名较靠后，在发展速度上攀爬前行。

后滞型省份包含东北地区省份、中部地区省份和西部省份。5 个省份的美好生活建设和绿色生活建设发展速度都超过了全国平均值，相对较好。环保生活整体建设发展速度则相对较慢(见表 10-10)。促进美好生活的发展与环保生活发展共同发展，是绿色生活建设的重要内容，同时也关系到中国生态文明建设的整体状况。后滞型省份在环保生活领域方面需要投入更多人力物力，完善基础设施和制度保障。

表 10-10 后滞型省份绿色生活建设发展的基本状况

省份	美好生活发展速度/%	环保生活发展速度/%	绿色生活建设发展速度/%	绿色生活水平指数/分
黑龙江	6.71	−0.38	3.16	83.62
湖北	6.00	2.99	4.49	82.33
吉林	6.93	0.37	3.65	84.69
山西	5.70	2.26	3.98	83.15
陕西	6.60	0.97	3.79	84.34
后滞型均值	6.39	1.24	3.81	83.63
全国均值	5.38	7.09	3.67	86.38

在美好生活建设领域，后滞型省份相应的建设领域，从三级指标数值来看，绝大部分都处于进步之中，除陕西在恩格尔系数下降率方面有略微退步。但除医疗卫生领域外，后滞型省份美好生活建设的其他领域建设发展速度平均值均低于全国平均水平(见表 10-11)。这表明后滞型省份在经济发展过程中，消费观念的开放、消费结构的合理化等方面，还需要进一步提升实力。尤其是在人均教育经费增长上，整体发展速度与全国平均状况差距较大。公共教育的投入是各省份积极创建美丽中国、营造美好生活的有力途径，同时也为生态文化的培育、消费结构升级和排放优化的观念的普及提供良好的社会氛围，需要加以重视。

各省在建设过程中有不同挑战。如吉林在人均公园绿地增长率方面表现不尽如人意。但同时也可以看到，智慧社区的建设、家庭智能化推进的建设方面，从家庭宽带接入户数增长率来看，吉林的建设进展是引人注目的。在环保生活建设其他指标方面，后滞型省份整体建设低于全国平均水平(见表 10-12)。伴随着各省经济增长的同时，如何平衡经济收入与公民绿色交通出行方式、改善公民需求消费支出结构，提高公民环境意识，这是后滞型省份在绿色生活水平建设和管理工作方面的着力点。

表 10-11　后滞型省份美好生活建设发展状况　（单位：%）

省份	1. 人均可支配收入增长率	2. 恩格尔系数下降率	3. 人均消费水平增长率	4. 人均卫生总费用增长率	5. 人均教育经费增长率
黑龙江	6.89	2.34	7.83	13.06	3.13
湖北	9.04	2.92	6.6	13.1	5.94
吉林	7.02	0.83	5.82	15.82	2.88
山西	7.2	0.39	7.74	10.86	6.87
陕西	9.33	−0.05	6.86	13.42	4.34
后滞型均值	7.9	1.29	6.97	13.25	4.63
全国均值	9.04	2.58	7.08	12.89	8.87

表 10-12　后滞型省份环保生活建设发展情况　（单位：%）

省份	6. 人均公园绿地面积增长率	7. 农村卫生厕所普及增长率	8. 家庭宽带接入户数增长率	9. 万人拥有公共交通车辆增长率	10. 人均生活垃圾清运量下降率	11. 人均生活用水量下降率
黑龙江	−1.09	−10.07	13.69	3.77	−2.35	1.01
湖北	0.09	0.36	11.61	−2.95	−2.87	−1.23
吉林	−14.96	1.12	15.1	8.63	6.78	0.82
山西	1.01	3.91	16.53	3.42	−1.51	−1.04
陕西	2.76	−18.06	24.24	−2.39	29.23	−3.06
后滞型均值	−2.44	−4.55	16.23	2.1	5.86	−0.70
全国均值	2.26	1.74	18.56	6.4	−3.03	−1.47

六、中间型省份绿色生活进展

中间型省份地区包括广东、河北、江西、辽宁、青海和甘肃 6 省份。中间型省份的绿色生活建设在水平和进展得分上大都处于中等水平。总体来看，中间型省份绿色生活水平指数略高于全国平均水平；绿色生活建设发展速度快于全国平均水平，其中，美好生活建设进展要优于环保生活建设进展，美好生活建设发展速度平均值快于全国平均水平，而环保生活领域建设发展的速度与全国平均水平有明显差距（见表 10-13）。在区域分布上，6 省份分布较为分散，既有东部省份广东，又有东北省份辽宁，还有中部和西部省份。

中间型的 6 个省份呈现三种类型。第一类是辽宁和青海，这两个省份在环保生活建设方面，进展不显著，绿色生活建设进展主要靠美好生活建设拉动。第二类是江西，江西的绿色生活建设发展与其他中间型省份不同在于，环保生活建设的发展速度较快，达到 9.54%，显著高于其他中间型省份，也高于全国平均水平。

第三种类型的是其他中间型省份，都是美好生活建设发展速度要快于环保生活建设发展速度，并且环保生活建设发展速度相对较慢。

表 10-13 中间型省份绿色生活建设发展的基本状况

省份	美好生活发展速度/%	环保生活发展速度/%	绿色生活建设发展速度/%	绿色生活水平指数/分
广东	8.11	1.80	4.95	90.68
河北	10.00	2.26	6.13	87.26
江西	5.92	9.54	7.73	86.15
辽宁	6.28	−0.17	3.06	87.39
青海	8.23	0.74	4.48	86.77
甘肃	6.08	3.98	5.03	82.13
中间型均值	7.44	3.03	5.23	86.73
全国均值	5.38	7.09	3.67	86.38

表 10-14 中间型省份美好生活建设发展状况 (单位：%)

省份	1. 人均可支配收入增长率	2. 恩格尔系数下降率	3. 人均消费水平增长率	4. 人均卫生总费用增长率	5. 人均教育经费增长率
广东	8.94	1.97	5.85	8.48	12.91
河北	8.92	5.44	8.35	7.79	11.47
江西	9.56	3.61	9.05	14.45	11.20
辽宁	6.90	0.36	3.08	8.39	5.05
青海	9.82	0.66	4.93	11.64	7.44
甘肃	9.14	1.91	7.07	7.13	5.04
中间型均值	8.88	2.32	6.39	9.65	8.85
全国均值	9.04	2.58	7.08	12.89	8.87

从美好生活建设对应的三级指标数据来看，青海、江西、甘肃人均可支配收入提升速度较高。但青海、辽宁、广东和甘肃的人均消费水平增长速度都明显慢于人均可支配收入增长率，其他省份则差别不大（见表 10-14）。在医疗卫生保障方面，江西和青海进步幅度均超过 11%，人均教育经费增长方面则是广东、河北和江西提升幅度都超过了 10%，表现优秀。

在环保生活对应的三级指标建设领域上，中间型省份在人居环境优化、美化，智慧生活基础设施建设等方面整体保持了进步态势（见表 10-15）。除青海在公共交通方面略有退步外，人均公园绿地面积增长率、农村卫生厕所普及增长率和家庭宽带接入户数增长率，中间型省份都取得一定进步。在生活垃圾处理方面，除广东、江西人均生活垃圾清运量有明显增长，其余省份的人均生活垃圾清运量都有所降低，为生活垃圾的分类、减量、回收利用管理的推进提供了较好的基础。但除广东以外，其他省份人均生活用水量均有不同程度的上升，水资源的节约利用、节水意识的培养、节水用具的普及仍然要重视。

表 10-15　中间型省份环保生活建设发展状况　（单位：%）

省份	6. 人均公园绿地面积增长率	7. 农村卫生厕所普及增长率	8. 家庭宽带接入户数增长率	9. 万人拥有公共交通车辆增长率	10. 人均生活垃圾清运量下降率	11. 人均生活用水量下降率
广东	2.07	1.81	20.58	7.75	−8.92	0.54
河北	1.47	0.14	20.01	12.16	4.17	−3.56
江西	2.4	5.39	20.25	41.65	−12.3	−0.75
辽宁	6.53	2.99	9.69	2.48	7.15	−0.60
青海	3.71	0.00	21.33	−0.80	6.00	−2.71
甘肃	6.67	2.11	51.93	14.89	1.6	−4.18
中间型均值	3.81	2.07	23.96	13.02	−0.38	−1.88
全国均值	2.26	1.74	18.56	6.4	−3.03	−1.47

七、绿色生活建设发展类型分析小结

从各省份绿色生活建设推进形成的不同类型来看，可以获得如下启示。

1. 生活垃圾处理制约绿色生活建设水平的提升

从各类型省份来看，生活垃圾减量化已经成为大部分省份建设提速的关键，相关建设成效对提升绿色生活建设水平和速度具有直接的重要影响。从各省份具体情况分析可见，唯一领跑型省份宁夏，呈现出来的特点是经济发展活跃，消费结构不断优化，生活质量不断提升，绿色生活建设基础好。宁夏不论是美好生活还是环保生活，大部分指标对应的建设领域都取得了显著的进展和成效。但三级指标中，人均生活垃圾清运量下降率和人均生活用水量下降率均为负值，拉低了建设进展速度。全国其他省份的绿色生活建设进展中，也存在相似状况。除后滞型省份因陕西表现优异，使得整个类型的省份在人均生活垃圾清运量下降率上平均值为正值，其他类型省份在此领域的建设，都不同程度地面临着生活垃圾人均量不断增加的建设压力。其中，又以前滞型省份的人均生活垃圾清运量增长平均速度最快。这表明，城镇生活垃圾的减量化处理已经成为大部分省份需迫切解决的问题。压力一方面与城镇人口不断增长相关；另一方面，也与居民生活水平提升、生活垃圾量产生量迅速增长相关。各省份需要从城镇化进程、城市经济发展水平、居民收入与消费结构等方面综合考虑，增强居民环保意识，普及垃圾分类，完善城市垃圾减量化处置各环节的管理，通过加大分类管制和疏解整治实现垃圾利用的规模控制，寻求生活垃圾减量化、资源化、无害化的解决途径。

2. 各类型省份在人居环境建设力度方面的差距较为明显

在发展进入新常态的背景下，节约环保是绿色生活建设的重点。中间型省份和后滞型省份在环保生活建设领域面临的压力最大。城市经济水平与消费升级在提高的同时，节约资源，提高能源使用效率；实现人均生活垃圾产生量减少，直至推动生活垃圾产生总量减少；实现生活废水和废气污染物排放降低，提高空气质量、地表水体质量和人居环境质量，形成改善和提升的良好循环，是各类型省份绿色生活方式发展过程需要突破的重点。不同类型省份面临的压力既聚焦于生活方式环保化实效的提升，具体情况又不尽相同，后滞型省份和追赶型省份相较而言建设提升压力较大。后滞型省份的人居环境建设提升压力较为突出，面临着经济增长和绿色发展的双层压力。在消费升级领域发展速度虽然进步明显，但总体绿色生活建设水平基础较薄弱。在环保生活领域，后滞型省份的人居环境优化方面还有较大提速空间，人均公共绿地面积增长率整体表现有些力不从心，落后于全国平均水平，黑龙江和吉林的负增长值得警惕；农村卫生厕所普及增长率也不尽人意。追赶型省份在城镇人居环境优化方面的压力略有不同，人均公园绿地面积增长率整体上看低于全国平均进展，而其中各省情况各异，湖南和西藏退步明显，河南和新疆进步显著。但追赶型省份在农村卫生厕所普及增长率方面整体表现较好。在城乡一体化建设、城镇化进程快速推进的过程中，人居环境的建设和改造需要协同并进。

3. 生活水资源节约利用与绿色生活建设目标存在一定差距

生活水资源的利用情况是反映绿色生活方式建设成效的重要内容。从环保生活的各项三级指标数据来看，在人均生活用水下降率方面，只有后滞型省份的状况略优于全国平均水平。但从全国范围来看，后滞型省份与其他类型的省份一样，都面临着人均生活用水量不断增加的压力。从整个社会范围来看，生活用水量是不断增加的。2016—2017 年，31 个省份中仅有 5 个省份实现了人均生活用水量下降。在社会发展主要矛盾发生转变的背景下，居民生活用水量的增加与生活质量的提升和生活水平的提高之间还将保持一定时间内的同步态势。如何平衡生产、生活领域，农业、工业和消费领域之间的用水量，促进经济科学发展，同时保持水资源的持续供给，是经济社会发展面临的重大课题。我国虽然已经通过南水北调工程等，极力缓解水资源分布不均给区域发展、居民生活水平提升带来的限制，但从根本上推进水资源的节约利用，才能有效地将水资源的可持续利用落在实处。同时，在用水和污水排放方面，政府需要实施更加严格的控制，将具体防护和治理措施落地，降低水污染的风险和可能性。

第十一章　绿色生活建设发展态势和驱动分析

绿色生活建设发展态势和驱动分析是课题组采用绿色生活发展指数指标体系(Green Life Progress Index,GLPI),对2015—2017年三年内31个省份的绿色生活建设发展情况进行计算和分析,最终得出三年内每个省份绿色生活建设发展态势情况的评价。本章基于对31个省份相关数据的计算和分析,对各省份绿色生活建设发展态势和驱动因素进行探讨,明确我国绿色生活的发展状况。

一、绿色生活建设发展态势分析

课题组采用绿色生活发展指数指标体系对我国31个省份进行比较。该指标体系下设2个二级指标和11个三级指标,分别从美好生活和环保生活两方面对全国和各省份绿色生活建设发展状况进行描述和分析。三级指标进步率的计算步骤为:先计算出各省份各指标两个年度的发展速度,然后用后一年的发展速度同前一年相减,即得各省份各指标的进步率。一、二级指标进步率分别由二、三级指标进步率加权求和得出。课题组采用进步率表示各省份的绿色生活建设发展状况,以进行态势分析;用相关性表示各指标间的相关程度,以进行驱动分析。

1. 全国绿色生活建设加速发展态势平稳

生态文明建设离不开绿色生活建设。2015—2017年,全国绿色生活建设进步率为0.53%,绿色生活建设发展速度进步率呈加速增长趋势,但是发展态势平稳。就二级指标来看,美好生活和环保生活发展速度进步率均呈加速发展趋势,分别为0.17%和0.88%,但发展势头均有放缓趋势(见表11-1,图11-1)。

表11-1　2015—2017年全国绿色生活建设发展速度进步率　(单位:%)

	美好生活发展速度进步率	环保生活发展速度进步率	绿色生活建设发展速度进步率
全国	0.17	0.88	0.53

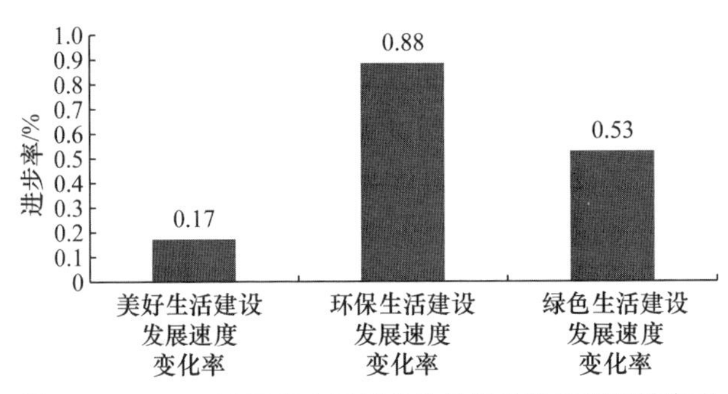

图 11-1 2015—2017 年全国绿色生活建设发展速度进步率

(1) 美好生活领域加速发展,各三级指标增速放缓

2015—2017 年,我国美好生活领域发展速度放缓,其发展速度进步率为 0.17%。其中,人均可支配收入增长率、恩格尔系数下降率和人均卫生总费用增长率增速放缓,发展态势较为平稳,进步率分别为 0.59%、0.83%和 0.45%;人均消费水平增长率发展速度减速明显,进步率为-1.82%;人均教育经费增长率增速较为明显,进步率为 1.86%,整体提升了美好生活领域的发展速度(表 11-2)。

表 11-2 2015—2017 年全国美好生活进步率

三级指标	进步率/%
人均可支配收入增长率	0.59
恩格尔系数下降率	0.83
人均消费水平增长率	-1.82
人均卫生总费用增长率	0.45
人均教育经费增长率	1.86

(2) 环保生活发展增速较明显,但内部各指标差异较大

2015—2017 年,我国环保生活领域发展速度进步率为 0.88%,增速比美好生活领域更快。在环保生活领域各三级指标中,家庭宽带接入户数增长率、万人拥有公共交通车辆增长率和人均生活用水量下降率增速较大,进步率分别为 3.77%、2.26%和 1.47%;人均生活垃圾清运量下降率增速平稳,进步率为 0.42%;人均公园绿地面积增长率和农村卫生厕所普及增长率出现减速发展态势,进步率分别为-0.36%和-0.68%。

表 11-3 2015—2017 年全国环保生活进步率

三级指标	进步率/%
人均公园绿地面积增长率	−0.36
农村卫生厕所普及增长率	−0.68
家庭宽带接入户数增长率	3.77
万人拥有公共交通车辆增长率	2.26
人均生活垃圾清运量下降率	0.42
人均生活用水量下降率	1.47

2. 各省份绿色生活建设发展态势分析

2015—2017 年,我国 18 个省份绿色生活进步率呈加速发展态势(见图 11-2,表 11-4)。其中,西藏因其得天独厚的优势位居第 1,绿色生活进步率为 18.08%,加速明显。海南和江西分别位列第 2 和第 3 名,其绿色生活进步率分别为 5.49% 和 5.46%,数据相差不大。有 13 个省份绿色生活进步率呈减速发展态势,但减速发展态势不明显。

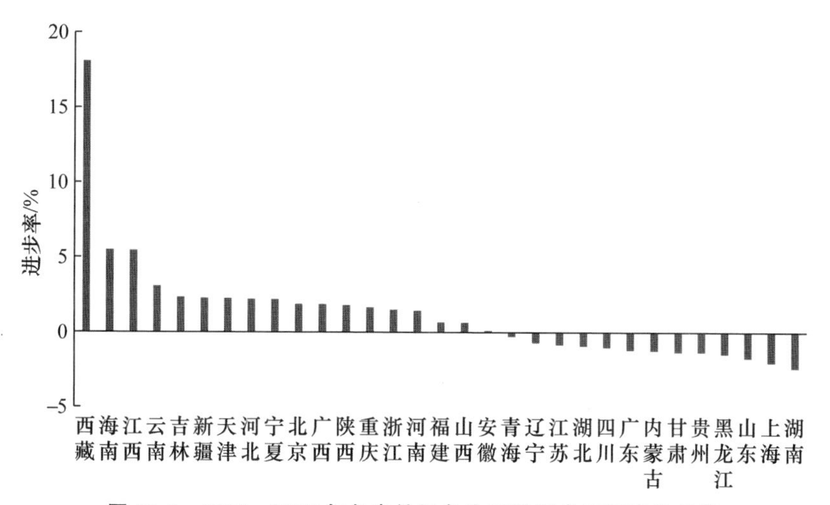

图 11-2 2015—2017 年各省份绿色生活建设发展速度进步率

(1) 美好生活平稳发展,减速发展省份较多

2015—2017 年各省份美好生活发展情况中,加速发展的省份有 15 个,减速发展的省份为 16 个(见图 11-3)。其中,西藏、海南和河南位列前三名,其美好生活进步率分别为 4.62%、3.29% 和 2.48%(见表 11-5),但总体来说,各省份在美好生活领域发展较为平稳,总体进步态势差距不大。

表 11-4 2015—2017 年各省份绿色生活建设发展速度进步率及排名

排名	地区	绿色生活建设发展速度进步率/%	排名	地区	绿色生活建设发展速度进步率/%
1	西藏	18.08	17	山西	0.66
2	海南	5.49	18	安徽	0.12
3	江西	5.46	19	青海	−0.28
4	云南	3.07	20	辽宁	−0.69
5	吉林	2.35	21	江苏	−0.83
6	新疆	2.27	22	湖北	−0.90
7	天津	2.25	23	四川	−0.99
8	河北	2.21	24	广东	−1.17
9	宁夏	2.19	25	内蒙古	−1.21
10	北京	1.88	26	甘肃	−1.30
11	广西	1.87	27	贵州	−1.31
12	陕西	1.81	28	黑龙江	−1.45
13	重庆	1.66	29	山东	−1.71
14	浙江	1.53	30	上海	−2.01
15	河南	1.46	31	湖南	−2.39
16	福建	0.67			

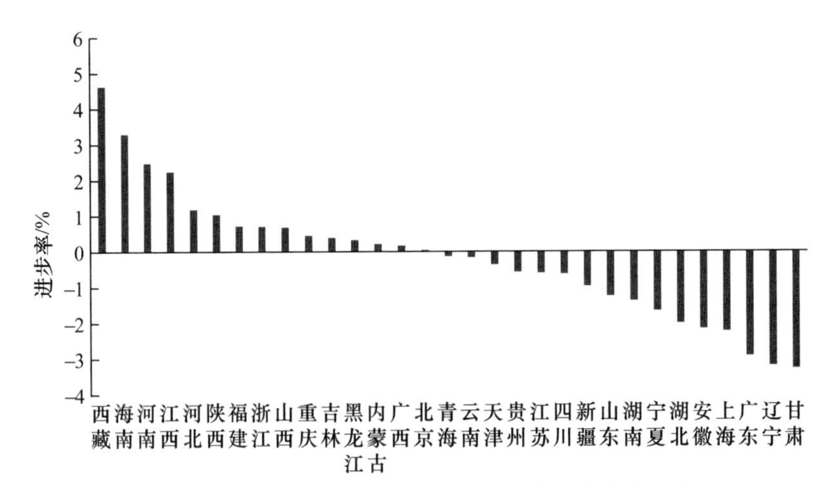

图 11-3 2015—2017 各省份美好生活发展速度进步率

表 11-5　2015—2017 年各省份美好生活发展速度进步率及排名

排名	地区	美好生活发展速度进步率/%	排名	地区	美好生活发展速度进步率/%
1	西藏	4.62	17	云南	－0.17
2	海南	3.29	18	天津	－0.37
3	河南	2.48	19	贵州	－0.57
4	江西	2.24	20	江苏	－0.60
5	河北	1.18	21	四川	－0.63
6	陕西	1.05	22	新疆	－0.97
7	福建	0.72	23	山东	－1.25
8	浙江	0.70	24	湖南	－1.37
9	山西	0.68	25	宁夏	－1.66
10	重庆	0.45	26	湖北	－2.00
11	吉林	0.39	27	安徽	－2.16
12	黑龙江	0.32	28	上海	－2.23
13	内蒙古	0.21	29	广东	－2.92
14	广西	0.17	30	辽宁	－3.20
15	北京	0.04	31	甘肃	－3.28
16	青海	－0.14			

从各省份来看，加速发展最快的西藏美好生活进步率有 4.62%，主要得益于西藏在美好生活领域各项指标表现出的优异成绩，其中人均教育经费增长率增速最快，其进步率达到 31.51%，极大提升了整个美好生活领域的发展速度。而减速最快的甘肃进步率为－3.28%，其美好生活领域五项指标中除人均可支配收入增长率有微弱进步外，其余四项指标都出现了不同程度的减速发展，尤其是人均卫生总费用增长率和人均消费水平增长率两项指标的发展速度进步率分别为－7.70%和－4.84%，对甘肃美好生活领域建设的发展速度提升有很大影响。

(2) 环保生活领域表现良好，加速发展省份占据主导地位

2015—2017 年，环保生活领域加速发展的省份有 22 个，减速发展的省份有 9 个。其中，西藏表现最为抢眼，其环保生活进步率为 31.54%，其次是江西和海南，分别排在第 2 名和第 3 名，其进步率分别为 8.68%和 7.68%，黑龙江和湖南两个省份排名最后，其发展速度进步率分别为－3.22%和－3.40%（见图 11-4，表 11-6）。

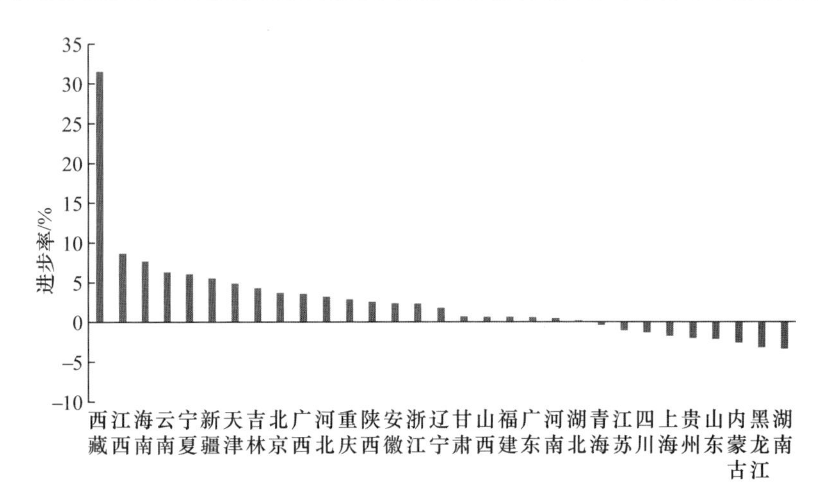

图 11-4　2015—2017 年各省环保生活发展速度进步率

表 11-6　2015—2017 年各省份环保生活发展速度进步率及排名

排名	地区	环保生活发展速度进步率/%	排名	地区	环保生活发展速度进步率/%
1	西藏	31.54	17	甘肃	0.68
2	江西	8.68	18	山西	0.64
3	海南	7.68	19	福建	0.63
4	云南	6.32	20	广东	0.58
5	宁夏	6.05	21	河南	0.44
6	新疆	5.52	22	湖北	0.19
7	天津	4.87	23	青海	−0.43
8	吉林	4.30	24	江苏	−1.06
9	北京	3.72	25	四川	−1.36
10	广西	3.58	26	上海	−1.79
11	河北	3.23	27	贵州	−2.05
12	重庆	2.87	28	山东	−2.17
13	陕西	2.57	29	内蒙古	−2.63
14	安徽	2.40	30	黑龙江	−3.22
15	浙江	2.35	31	湖南	−3.40
16	辽宁	1.81			

从各省份排名来看，环保生活领域依然是西藏遥遥领先，发展增速最快，主要得益于其万人拥有公共交通车辆增长率和人均城市生活垃圾清运量下降率的增速发展，其发展速度进步率分别达到了 99.66%和 37.95%；其次是江西和海南，依

次位列第2和第3。排名倒数第1的湖南环保生活领域的发展主要受到了人均公园绿地面积增长率和万人拥有公共交通车辆增长率两项指标的影响，其发展进步率分别为－11.29％和－15.52％，说明湖南还需要加强绿色设施和绿色出行方面的建设。

二、绿色生活建设发展驱动分析

绿色生活建设发展驱动分析主要考察绿色生活建设进步率各级指标之间的相关性。根据绿色生活进步率一级指标与二级指标得分、二级指标与三级指标得分、一级指标与三级指标得分之间的相关性分析，考察各级指标之间的相互影响，进而尝试分析发展原因以及解决方法。驱动分析对探寻驱动绿色生活建设发展速度的主要因素，明确未来绿色生活建设的重点和难点具有重要作用。

1.美好生活领域发展显著驱动绿色生活建设发展

从相关性分析来看，绿色生活发展指数与美好生活和环保生活两个领域的发展指数之间都呈正相关，其中美好生活与绿色生活建设发展呈显著正相关，相关系数为0.549；环保生活与绿色生活呈不显著的正相关，相关系数为0.122；但从两个二级指标的相关性来看，美好生活与环保生活呈高度显著正相关，相关系数为0.896。这说明，2015—2017年的绿色生活建设发展中，美好生活成为绿色生活的主要驱动，对绿色生活建设发展做出了重要的贡献，而生活质量的优化也离不开环保生活领域的努力，要积极为两者的良性互动创设更多条件。

表11-7　绿色生活发展指数及其二级指标相关性

	绿色生活发展指数	美好生活发展指数	环保生活发展指数
绿色生活发展指数	1	0.549**	0.122
美好生活发展指数		1	0.896**
环保生活发展指数			1

绿色生活的发展主要体现美好生活和环保生活的双驱动发展，如鸟之两翼，缺一不可。绿色生活理念既体现了以人民为中心的美好生活理想，同时也强调了要以生态为基础的环保思想。我们要努力实现人民生活质量的优化、人居环境的和谐宜居，以及生活方式的资源节约、环境友好，从而促进绿色生活的加速发展。

2.美好生活与其大部分三级指标均呈显著正相关

二级指标美好生活发展指数与其下的五个三级指标均呈正相关关系。其中，美好生活与人均可支配收入增长率、恩格尔系数下降率、人均消费水平增长率和人均教育经费增长率四个三级指标呈显著正相关，相关系数分别为 0.696、0.568、0.603 和 0.672；与人均卫生总费用增长率呈不显著的正相关，相关系数为 0.337。这说明对美好生活的追求离不开人的收入水平和消费水平的提升，以及对教育水平的提升和社会公平的追求。

表 11-8　美好生活发展指数及其三级指标相关性

	美好生活发展指数	人均可支配收入增长率	恩格尔系数下降率	人均消费水平增长率	人均卫生总费用增长率	人均教育经费增长率
美好生活发展指数	1	0.696**	0.568**	0.603**	0.337	0.672**
人均可支配收入增长率		1	0.335	0.465**	0.02	0.757**
恩格尔系数下降率			1	0.523**	−0.017	0.191
人均消费水平增长率				1	0	0.464**
人均卫生总费用增长率					1	0.07
人均教育经费增长率						1

** 在 0.01 水平(双侧)上显著相关。

* 在 0.05 水平(双侧)上显著相关。

3. 改善人居环境与加强绿色出行成为驱动环保生活发展的关键

对环保生活发展指数与其三级指标进行分析可见，环保生活与农村卫生厕所普及增长率、家庭宽带接入户数增长率和万人拥有公共交通车辆增长率三个三级指标的发展指数呈显著正相关，相关系数分别是 0.488、0.380 和 0.491。人均公园绿地面积增长率与环保生活发展指数呈显著负相关，表明城市建设发展过程中，人居环境的优化还没有同步提升。其余两个三级指标，人均城市生活垃圾清运量下降率和人均生活用水量下降率则与环保生活发展指数相关性不显著。这与现阶段各省份在这两个指标相对应领域的建设成效仍有待提升有关。

表 11-9　环保生活发展指数及其三级指标发展指数相关性

	环保生活发展指	人均公园绿地面积增长率	农村卫生厕所普及增长率	家庭宽带接入户数增长率	万人拥有公共交通车辆增长率	人均城市生活垃圾清运量下降率	人均生活用水量下降率
环保生活发展指数	1	−0.372*	0.488**	0.380*	0.491**	−0.207	−0.131
人均公园绿地面积增长率		1	−0.439*	−0.274	−0.398*	−0.225	−0.279
农村卫生厕所普及增长率			1	0.500**	0.587**	−0.253	−0.235

（续表）

	环保生活发展指	人均公园绿地面积增长率	农村卫生厕所普及增长率	家庭宽带接入户数增长率	万人拥有公共交通车辆增长率	人均城市生活垃圾清运量下降率	人均生活用水量下降率
家庭宽带接入户数增长率				1	0.491**	0.130	−0.406*
万人拥有公共交通车辆增长率					1	−0.136	−0.145
人均城市生活垃圾清运量下降率						1	−0.108

由相关性分析可见，改善我们的居住环境和绿色出行对于现阶段环保生活的发展具有显著的驱动作用。绿化水平是城市生态活力建设的重要内容，也直接反映城市的宜居水平。绿色社区不仅可以满足城市居民日常休息娱乐、观赏等需求，还有利于促进人与自然的和谐。生活方式的绿色化包括居住、出行方式的绿色化，其中，绿色建筑的推广、交通工具能源使用结构的调整和公共交通基础设施的完善都是建设绿色社区和绿色出行的重要手段，建设绿色社区和环保居所是打造优质的人居环境、提升宜居水平的重点工作，也是绿色生活建设发展的重要驱动因素。

4. 环保生活推动绿色生活建设发展

从相关性分析来看，绿色生活发展指数与三级指标中的农村卫生厕所普及增长率、家庭宽带接入户数增长率和万人拥有公共交通车辆增长率呈显著正相关，相关系数分别是 0.492、0.528 和 0.371。这与环保生活及其三级指标的相关性分析结果不谋而合，说明绿色生活的发展需要每个公民都践行环保生活精神，建设绿色的人居环境，坚持绿色出行，从而推动绿色生活的发展。

表 11-10　GLPI 与三级指标相关性

	人均可支配收入增长率	恩格尔系数下降率	人均消费水平增长率	人均卫生总费用增长率	人均教育经费增长率	人均公园绿地面积增长率	农村卫生厕所普及增长率	家庭宽带接入户数增长率	万人拥有公共交通车辆增长率	人均城市生活垃圾清运量下降率	人均生活用水量下降率
绿色生活发展指数	0.140	−0.033	−0.132	0.348	0.202	−0.080	0.492**	0.528**	0.371*	0.177	0.077

绿色生活方式倡导生活中自然资源的高效、循环利用，旨在协调人与自然关系，是全体人民在实现美好生活进程中最基本的生活方式要求。绿色发展不仅要强调经济的健康可持续发展和民生福祉的普惠，更体现在贫富差距的缩小，社会福利的提升，优质公共产品的供给等方面，即坚持美好生活和环保生活相结合。因此，绿色生活建设要坚持以人为本原则，既要切实实现社会发展成果为人民所共享，又要努力创造公平公正的外部环境。

三、总结与展望

绿色生活建设为提升生活质量和改善生态环境提供了重要的保证，是我国经济社会发展和生态文明建设的强大动力。绿色生活建设是推动绿色科技逐步发展的强劲动力，是解决当前我国面临的经济、社会和生态若干重大问题的根本良策。

当前，我国绿色生活建设虽然已取得较大进步，但在具体实践过程中也遇到一些困境：

(1) 现阶段人民对美好生活和环保生活的需要与人民生活的物质基础之间还存在矛盾。美好生活体现了人民对物质文化和社会公平发展提出的要求，环保生活则是保护生态环境的重要手段。对美好生活和环保生活的向往是绿色生活建设的目标和驱动力。总体而言，我国民众的生活物质基础还不均衡，地区之间绿色生活建设基础水平也不同，还需要有针对性地加强建设。

(2) 当前我国绿色科技创新还存在很多问题，对绿色生活建设发展的助力还不足。从产品到服务，绿色生活建设离不开绿色科技创新。我国绿色科技创新水平面临的主要有成本障碍、人才障碍和技术障碍，具体表现为我国绿色科技创新存在资金不足、自主研发创新能力不高、环保产品绿色技术含量不高、绿色科技创新人才缺乏和技术创新政策不足的问题，这些问题的存在影响了我国绿色生活的发展。

(3) 绿色生活建设方面的法律法规不够完善，存在部分建设领域对应的法律法规缺失的现象。虽然《中华人民共和国环境保护法》(2014 年修订)中规定，单位和个人都有保护环境的义务，但我国仍需要更多具体的法律法规引导绿色生活建设的展开。例如在与绿色生活紧密相关的生产和消费领域，通过立法推动绿色产品的供应，推动绿色消费市场的形成，引导民众形成合理消费的习惯。

(4) 部分公众绿色生活意识薄弱。公众对于绿色生活的认识不深刻，绿色消费意识较差，导致绿色生活方式推进困难。公众兼顾监督者和消费者的双重身份，其生态环保意识对推动绿色生活的发展具有重要作用。目前，我国部分公众的绿色生活意识还较为薄弱，同时还存在着环保意识和环保行为难以知行合一的状况。这些都是阻碍绿色生活建设发展的重要因素。

要解决以上这些绿色生活建设发展的困境，首先，我们需要努力发展经济，提高居民的收入水平和绿色消费水平，提升居民的生活质量，这是绿色生活建设的基础。

其次，我们还应加强生态文明教育，做好绿色生活宣传，优化社会环境以增强公众绿色生活意识，引导民众树立绿色增长、共建共享的理念，倡导居民使用绿色产品，倡导民众参与绿色志愿服务，建设绿色的人居环境，提倡绿色交通，建设环保生活。

再次，制定绿色生活相关法律法规，使绿色消费、绿色出行、绿色居住成为人们的自觉行动，让人们在充分享受绿色发展所带来的便利和舒适的同时，履行好应尽的可持续发展责任的方法，实现广大人民按自然、环保、节俭、健康的方式生活。

最后，倡导绿色科技创新，使绿色科技融入绿色生活的各个方面。绿色发展的关键是绿色创新，绿色创新的核心又在于绿色科技创新。绿色科技创新不仅有利于推进清洁生产、发展绿色产业，还有助于优化资源配置，促进社会公正，从根本上保护生态环境。加强绿色科技创新有利于驱动绿色生活的发展。

生活的理想就是为了理想的生活，美好生活和环保生活是我们每个公民都追求的理想生活，目前我们国家也正在倡导绿色的生活方式，来满足人们对理想生活的追求。绿色生活是我们每个公民应该追求的生活状态，绿色生活建设可以解决当前中国特色社会主义新时代的主要矛盾，是人与自然和谐的生活方式，通过善用资源、善待环境、保护生态，实现人与自然的可持续发展，从而实现我们美好生活和环保生活的梦想，对于个人、社会乃至全人类都具有重要的意义！

附录一　ECPI 2021 指标解释与数据来源

最新完善后的生态文明发展指数（ECPI 2021）评价体系，包括生态保护、环境改善、社会进步和协同发展 4 项二级指标、22 项三级指标。所有指标均有国家相关职能部门发布的权威数据支撑，数据分别来自《中国统计年鉴》《中国环境统计年鉴》《中国能源统计年鉴》《中国城市建设统计年鉴》《中国环境状况公报》《中国水资源质量年报》，经整理计算得出。各指标具体含义、设置依据、计算公式如下。

1. 生态保护考察领域

（1）森林面积增长率：指标数据采用当年新增造林面积占森林面积的比例。

$$计算公式：Y=\frac{x}{h}\times 100\%$$

其中，Y 为森林生态建设指标值，x 为造林面积，h 为森林面积。

（2）草原面积增长率：指标数据采用当年新增种草面积占草原总面积的比例。

$$计算公式：Y=\frac{x}{h}\times 100\%$$

其中，Y 为草原生态建设指标值，x 为当年新增种草面积，h 为草原总面积。

（3）湿地资源增长率：指标数据采用湿地面积增长率。

$$计算公式：Y=\frac{h-x}{x}\times 100\%$$

其中，Y 为湿地生态保护指标值，x 为上年湿地面积，h 为本年湿地面积。

（4）自然保护区面积增长率：指标数据采用自然保护区面积增长率。

$$计算公式：Y=\frac{h-x}{x}\times 100\%$$

其中，Y 为自然保护区建设指标值，x 为上年自然保护区面积，h 为本年自然保护区面积。

（5）生态修复：复合指标，指标数据采用本年新增水土流失治理面积占水土流失总面积的比例与本年矿山环境恢复治理面积占矿业开采累计占用损坏土地的比例加权之和。

$$计算公式：Y=\frac{x_1}{h_1}\times 100\%\times\frac{2}{3}+\frac{x_2}{h_2}\times 100\%\times\frac{1}{3}$$

其中，Y 为生态修复指标值，x_1 为本年新增水土流失治理面积，h_1 为水土流失总面积，x_2 为本年矿山环境恢复治理面积，h_2 为矿业开采累计占用损坏土地面积。复合指标内部权重分配采用德尔菲法，专家赋分得出。

2. 环境质量改善领域

(1) 空气质量改善：指标数据采用省会城市空气质量达到及好于二级的天数比例增长率。

$$计算公式：Y=\frac{h-x}{x}\times 100\%$$

其中，Y 为空气质量改善指标值，x 为上年省会城市空气质量达到及好于二级的天数比例，h 为本年省会城市空气质量达到及好于二级的天数比例。

(2) 地表水体质量改善：复合指标，指标数据采用主要河流Ⅰ～Ⅲ类水质河长比例增长率与主要河流劣Ⅴ类水质河长比例下降率加权之和。

$$计算公式：Y=\frac{h_1-x_1}{x_1}\times 100\%\times\frac{2}{3}+\frac{x_2-h_2}{x_2}\times 100\%\times\frac{1}{3}$$

其中，Y 为地表水体质量改善指标值，x_1 为上年主要河流Ⅰ～Ⅲ类水质河长比例，h_1 为本年主要河流Ⅰ～Ⅲ类水质河长比例，x_2 为上年主要河流劣Ⅴ类水质河长比例，h_2 为本年主要河流劣Ⅴ类水质河长比例。复合指标内部权重分配采用德尔菲法，专家赋分得出。

(3) 城市绿化建设：复合指标，指标数据采用建成区绿化覆盖率增长率与人均公园绿地面积增长率加权之和。

$$计算公式：Y=\frac{h_1-x_1}{x_1}\times 100\%\times\frac{1}{2}+\frac{h_2-x_2}{x_2}\times 100\%\times\frac{1}{2}$$

其中，Y 为城乡绿化建设指标值，x_1 为上年建成区绿化覆盖率，h_1 为本年建成区绿化覆盖率，x_2 为上年人均公园绿地面积。h_2 为本年人均公园绿地面积。复合指标内部权重分配采用德尔菲法，专家赋分得出。

(4) 城乡环境治理：复合指标，指标数据采用污水集中处理率增长率、生活垃圾无害化处理率提高率和农村卫生厕所普及率提高率加权之和。

$$计算公式：Y=\frac{h_1-x_1}{x_1}\times 100\%\times\frac{1}{3}+\frac{h_2-x_2}{x_2}\times 100\%\times\frac{1}{3}+\frac{h_3-x_3}{x_3}\times 100\%\times\frac{1}{3}$$

其中，Y 为城乡环境治理指标值，x_1 为上年污水集中处理率，h_1 为本年污水集中处理率，x_2 为上年生活垃圾无害化处理率，h_2 为本年生活垃圾无害化处理率，x_3 为上年农村卫生厕所普及率，h_3 为本年农村卫生厕所普及率。复合指标内部权重分配采用德尔菲法,专家赋分得出。

(5) 农业面源污染防治:复合指标,指标数据采用单位农作物播种面积化肥施用量下降率、单位农作物播种面积农药施用量下降率加权之和。

$$计算公式:Y=\frac{x_1/m_1-h_1/m_2}{x_1/m_1}\times 100\%\times\frac{1}{2}+\frac{x_2/m_1-h_2/m_2}{x_2/m_1}\times 100\%\times\frac{1}{2}$$

其中,Y 为农村面源污染防治指标值,x_1 为上年化肥施用量,h_1 为本年化肥施用量,x_2 为上年农药施用量,h_2 为本年农药施用量,m_1 为上年农作物播种面积,m_2 为本年农作物播种面积。复合指标内部权重分配采用德尔菲法,专家赋分得出。

3. 社会进步考察领域

(1) 经济增长:指标数据采用人均地区生产总值增长率。

$$计算公式:Y=\frac{h-x}{x}\times 100\%$$

其中,Y 为经济增长指标值,x 为上年人均地区生产总值,h 为本年人均地区生产总值。

(2) 产业结构优化:指标数据采用第三产业产值占地区 GDP 比例增长率。

$$计算公式:Y=\frac{h-x}{x}\times 100\%$$

其中,Y 为产业结构优化指标值,x 为上年第三产业产值占地区 GDP 比例,h 为本年第三产业产值占地区 GDP 比例。

(3) 城镇化建设:指标数据采用城镇人口占总人口比例增长率。

$$计算公式:Y=\frac{h-x}{x}\times 100\%$$

其中,Y 为城镇化建设指标值,x 为上年城镇人口比重,h 为本年城镇人口比重。

(4) 城乡均衡发展:复合指标,指标数据采用居民人均可支配收入增长率和城乡居民人均可支配收入比下降率加权之和。

$$计算公式:Y=\frac{h_1-x_1}{x_1}\times 100\%\times\frac{2}{3}+\frac{x_2-h_2}{x_2}\times 100\%\times\frac{1}{3}$$

其中,Y 为城乡均衡发展指标值,x_1 为上年居民人均可支配收入,h_1 为本年居民人均可支配收入,x_2 为上年城乡居民人均可支配收入,h_2 为本年城乡居民人均可支配收入。复合指标内部权重分配采用德尔菲法,专家赋分得出。

(5) 教育发展:复合指标,指标数据采用人均教育经费增长率、初中师生比下降率和小学师生比下降率加权之和。

$$计算公式:Y=\frac{h_1-x_1}{x_1}\times 100\%\times \frac{1}{2}+\frac{x_2-h_2}{x_2}\times 100\%\times \frac{1}{4}+\frac{x_3-h_3}{x_3}\times 100\%\times \frac{1}{4}$$

其中,Y 为教育发展指标值,x_1 为上年人均教育经费,h_1 为本年人均教育经费,x_2 为上年初中师生比,h_2 为本年初中师生比,x_3 为上年小学师生比,h_3 为本年小学师生比。复合指标内部权重分配采用德尔菲法,专家赋分得出。

(6) 医疗卫生与养老保障:复合指标,指标数据采用每千人口医疗卫生机构床位数增长率与每千老年人口养老床位数增长率加权之和。

$$计算公式:Y=\frac{h_1-x_1}{x_1}\times 100\%\times \frac{1}{2}+\frac{h_2-x_2}{x_2}\times 100\%\times \frac{1}{2}$$

其中,Y 为医疗卫生与养老保障指标值,x_1 为上年每千人口医疗卫生机构床位数,h_1 为本年每千人口医疗卫生机构床位数,x_2 为上年每千老年人口养老床位数,h_2 为本年每千老年人口养老床位数。复合指标内部权重分配采用德尔菲法,专家赋分得出。

4. 协同发展考察领域

(1) 能源消费优化:复合指标,指标数据采用能源消费总量下降率、单位地区生产总值能源消耗量下降率、煤炭消费量下降率加权之和。

$$计算公式:Y=\frac{x_1-h_1}{x_1}\times 100\%\times \frac{2}{3}+\frac{x_1/x_2-h_1/h_2}{x_1/x_2}\times 100\%\times \frac{1}{3}$$

其中,Y 为能源消费优化指标值,x_1 为上年能源消费总量,h_1 为本年能源消费总量,x_2 为上年地区生产总值,h_2 为本年地区生产总值,x_3 为上年煤炭消费量,h_3 为本年煤炭消费量。复合指标内部权重分配采用德尔菲法,专家赋分得出。

(2) 资源利用效率提升:复合指标,指标数据采用单位地区生产总值用水量下降率、节水灌溉面积提高率、城市水资源重复利用率增长率与工业固体废物综合利用率增长率加权之和。

$$计算公式:Y=\frac{x_1/x_2-h_1/h_2}{x_1/x_2}\times 100\%\times \frac{2}{7}+\frac{h_3-x_3}{x_3}\times 100\%\times \frac{1}{7}+\frac{h_4-x_4}{x_4}\times 100\%\times \frac{2}{7}+\frac{h_5/m_2-x_5/m_1}{x_5/m_1}\times 100\%\times \frac{2}{7}$$

其中,Y 为资源利用效率提升指标值,x_1 为上年用水总量,h_1 为本年用水总量,x_2 为上年地区生产总值,h_2 为本年地区生产总值,x_3 为上年节水灌溉面积,h_3 为本年节水灌溉面积,x_4 为上年城市水资源重复利用率,h_4 为本年城市水资源重复利用率，x_5 为上年工业固体废物综合利用量，h_5 为本年工业固体废物综合利用量，m_1 为上年工业固体废物产生量，m_2 为本年工业固体废物产生量。复合指标内部权重分配采用德尔菲法，专家赋分得出。

(3) 水资源开发强度优化：指标数据采用地区用水总量占水资源总量比例的年度下降率。

$$计算公式：Y=\frac{x_1/h_1-x_2/h_2}{x_1/h_1}\times 100\%$$

其中，Y 为水资源开发强度优化指标值，x_1 为上年用水总量，h_1 为上年水资源总量，x_2 为当年用水总量，h_2 为本年水资源总量。

(4) 环境污染治理投入：指标数据采用环境污染治理投资占 GDP 比重。

$$计算公式：Y=\frac{x}{h}\times 100\%$$

其中，Y 为环境污染治理投入指标值，x 为环境污染治理投资，h 为地区生产总值。

(5) 水体污染物排放效应优化：复合指标，指标数据采用化学需氧量排放总量下降率与辖区内未达到Ⅰ～Ⅲ类水质河流长度比例的比值（化学需氧量排放效应优化）和氨氮排放总量下降率与辖区内未达到Ⅰ～Ⅲ类水质河流长度比例的比值（氨氮排放效应优化）加权之和。

$$计算公式：Y=\frac{x_1-h_1}{x_1\times w}\times 100\%\times\frac{1}{2}+\frac{x_2-h_2}{x_2\times w}\times 100\%\times\frac{1}{2}$$

其中，Y 为水体污染物排放效应优化指标值，x_1 为上年化学需氧量排放总量，h_1 为本年化学需氧量排放总量，x_2 为上年氨氮排放总量，h_2 为本年氨氮排放总量，w 为辖区内未达到Ⅰ～Ⅲ类水质河流长度比例。复合指标内部权重分配采用德尔菲法，专家赋分得出。

(6) 大气污染物排放效应优化：复合指标，指标数据采用二氧化硫排放总量下降率与辖区内空气质量未达到二级天数比例的比值（二氧化硫排放效应优化）、氮氧化物排放总量下降率与辖区内空气质量未达到二级天数比例的比值（氮氧化物排放效应优化）和烟粉尘排放总量下降率与辖区内空气质量未达到二级天数比例的比值（烟粉尘排放效应优化）加权之和。

$$计算公式：Y=\frac{x_1-h_1}{x_1\times w}\times 100\%\times\frac{1}{3}+\frac{x_2-h_2}{x_2\times w}\times 100\%\times\frac{1}{3}+\frac{x_3-h_3}{x_3\times w}\times 100\%\times\frac{1}{3}$$

其中，Y 为大气污染物排放效应优化指标值，x_1 为上年二氧化硫排放总量，h_1 为本年二氧化硫排放总量，x_2 为上年氮氧化物排放总量，h_2 为本年氮氧化物排放总量，x_3 为上年烟粉尘排放总量，h_3 为本年烟粉尘排放总量，w 为辖区内空气质量未达到二级天数比例。复合指标内部权重分配采用德尔菲法，专家赋分得出。

附录二　GPPI 2021 指标解释与数据来源

GPPI 2021 评价体系由 3 项二级指标、14 项三级指标构成，各三级指标的具体含义、计算公式与数据来源如下。

1. 产业升级考察领域

(1) 第三产业产值占地区生产总值比重增长率：指行政区域内，第三产业产值占地区生产总值比例增长率。该指标主要用于考察地区产业结构布局。

计算公式：第三产业产值占地区生产总值比重增长率

$$=\left(\frac{\text{本年第三产业产值/本年地区生产总值}}{\text{上年第三产业产值/上年地区生产总值}}-1\right)\times 100\%$$

数据来源：国家统计局《中国统计年鉴》。

(2) 第三产业就业人数占地区就业总人数比重增长率：指行政区域内，第三产业就业人数占地区就业总人数比例增长率。第三产业是吸纳就业情况反映了地区就业结构和产业结构布局。

计算公式：第三产业就业人数占地区就业总人数比重增长率

$$=\left(\frac{\text{本年第三产业就业人数/本年地区就业总人数}}{\text{上年第三产业就业人数/上年地区就业总人数}}-1\right)\times 100\%$$

数据来源：国家统计局《中国劳动统计年鉴》。

(3) 研发投入强度增长率：指行政区域内，研发经费投入占地区生产总值比例增长率。研发投入强度是衡量国家和地区科技投入水平、科技创新能力的最为重要的指标。2%投入强度是创新型国家的门槛性标志。研发投入强度的差异，同样与各国、各地区的经济发展阶段关系密切。

计算公式：研发投入强度增长率

$$=\left(\frac{\text{本年研发经费支出/本年地区生产总值}}{\text{上年研发经费支出/上年地区生产总值}}-1\right)\times 100\%$$

数据来源：科技部《中国科技统计年鉴》。

(4) 高技术产值占地区生产总值比重增长率：指行政区域内，高新技术产业产值占地区生产总值比例增长率。该指标主要用于考察地区科技创新对经济的贡献。

计算公式:高技术产值占地区生产总值比重增长率

$$=\left(\frac{\text{本年高技术产值/本年地区生产总值}}{\text{上年高技术产值/上年地区生产总值}}-1\right)\times 100\%$$

数据来源:科技部《中国科技统计年鉴》、国家统计局《中国统计年鉴》。

2. 资源增效考察领域

(1) 单位工业产值能源消耗下降率:指一定时期,该行政区域内每生产一万元工业生产总值所消耗能源的下降率。

计算公式:单位工业产值能源消耗下降率

$$=\left(1-\frac{\text{本年工业能耗量/本年地区工业生产总值}}{\text{上年工业能耗量/上年地区工业生产总值}}\right)\times 100\%$$

数据来源:各省份的地方统计年鉴、国家统计局《中国统计年鉴》。

(2) 单位工业产值用水消耗下降率:指行政区域内,每生产一万元工业生产总值所消耗水资源量的下降率。

计算公式:单位工业产值用水消耗下降率

$$=\left(1-\frac{\text{本年工业用水消耗量/本年地区工业生产总值}}{\text{上年工业用水消耗量/上年地区工业生产总值}}\right)\times 100\%$$

数据来源:生态环境部《中国环境统计年鉴》、国家统计局《中国统计年鉴》。

(3) 单位农业产值用水消耗下降率:指行政区域内,每生产一万元农业生产总值所消耗水资源量的下降率。

计算公式:单位农业产值用水消耗下降率

$$=\left(1-\frac{\text{本年农业用水消耗量/本年地区农业生产总值}}{\text{上年农业用水消耗量/上年地区农业生产总值}}\right)\times 100\%$$

数据来源:生态环境部《中国环境统计年鉴》、国家统计局《中国统计年鉴》。

(4) 工业固体废物综合利用率增长率:指行政区域内,企业通过回收、加工、循环、交换等方式,从固体废物中提取或者使其转化为可以利用的资源、能源和其他原材料的固体废物量,占固体废物产生量比例的年度提高率。

计算公式:工业固体废物综合利用率增长率

$$=\left(\frac{\text{本年一般工业固体废物综合利用量/本年一般工业固体废物产生量}}{\text{上年一般工业固体废物综合利用量/上年一般工业固体废物产生量}}-1\right)\times 100\%$$

数据来源:国家统计局《中国统计年鉴》。

(5) 单位工业用地面积产值增长率:指行政区域内,每平方千米的工业用地面积所提高工业生产总值的增加率。

计算公式:单位工业用地面积产值增长率

$$=\left(\frac{\text{本年地区工业生产总值/本年工业用地面积}}{\text{上年地区工业生产总值/上年工业用地面积}}-1\right)\times 100\%$$

数据来源:国家统计局《中国统计年鉴》、住建部《中国城乡统计年鉴》。

3. 污染治理考察领域

(1) 工业废水排放强度下降率:指行政区域内,工业废水排放量与工业生产总值比值的年度下降率。

计算公式:工业废水排放强度下降率

$$=\left(1-\frac{\text{本年工业废水排放量/本年地区工业生产总值}}{\text{上年工业废水排放量/上年地区工业生产总值}}\right)\times 100\%$$

数据来源:生态环境部《中国环境统计年鉴》、国家统计局《中国统计年鉴》。

(2) 工业二氧化硫排放强度下降率:指行政区域内,工业二氧化硫排放量与工业生产总值比值的年度下降率。

计算公式:工业二氧化硫排放强度下降率

$$=\left(1-\frac{\text{本年工业二氧化硫排放量/本年地区工业生产总值}}{\text{上年工业二氧化硫排放量/上年地区工业生产总值}}\right)\times 100\%$$

数据来源:生态环境部《中国环境统计年鉴》、国家统计局《中国统计年鉴》。

(3) 农药施用强度下降率:指行政区域内,农药施用量与农作物总播种面积的比值年度下降率。

计算公式:农药施用强度下降率

$$=\left(1-\frac{\text{本年农药施用量/农作物总播种面积}}{\text{上年农药施用量/农作物总播种面积}}\right)\times 100\%$$

数据来源:国家统计局《中国统计年鉴》、《中国农村统计年鉴》。

(4) 化肥施用强度下降率:指行政区域内,化肥施用量与农作物总播种面积的比值年度下降率。

计算公式:化肥施用强度下降率

$$=\left(1-\frac{\text{本年化肥施用量/农作物总播种面积}}{\text{上年化肥施用量/农作物总播种面积}}\right)\times 100\%$$

数据来源:国家统计局《中国统计年鉴》。

附录三　GLPI 2021 指标解释和数据来源

绿色生活发展指数 2021(GLPI 2021)评价指标体系,包含 2 项二级指标,11 项三级指标。各指标具体含义、计算公式及数据来源如下。

1. 美好生活考察领域

(1) 人均可支配收入增长率:居民人均可用于自由支配的收入的年度增长率。可支配收入指居民可用于最终消费支出和储蓄的总和,包括现金收入和实物收入。

计算公式:$人均可支配收入增长率=\left(\frac{本年人均可支配收入}{上年人均可支配收入}-1\right)\times 100\%$

数据来源:国家统计局《中国统计年鉴》。

(2) 恩格尔系数下降率:居民人均用于食品烟酒支出占人均消费支出的年度下降率。

计算公式:恩格尔系数下降率

$$=\left[1-\left(\frac{本年人均食品烟酒支出}{人均消费支出}\right)\Big/\left(\frac{上年人均食品烟酒支出}{人均消费支出}\right)\right]\times 100\%$$

数据来源:国家统计局《中国统计年鉴》。

(3) 人均消费水平增长率:人均日常生活全部现金支出的年增长率。全部现金支出包括食品烟酒、衣着、居住、家庭用品及服务、交通通信、文教娱乐、医疗保健以及其他等八大类支出。

计算公式:$人均消费水平增长率=\left(\frac{本年人均消费支出}{上年人均消费支出}-1\right)\times 100\%$

数据来源:国家统计局《中国统计年鉴》。

(4) 人均卫生总费用增长率:行政区内居民人均卫生总费用年增长率。卫生总费用指为展开卫生服务活动从全社会筹集的卫生资源的货币总额,由政府卫生支出、社会卫生支出和个人卫生支出三大部分构成。卫生总费用反映了一定经济条件下,政府、社会和居民对卫生保健的重视程度和费用负担水平,以及卫生筹资模式的主要特征、卫生筹资的公平合理性。

计算公式:$人均卫生总费用增长率=\left(\frac{本年人均卫生总费用}{上年人均卫生总费用}-1\right)\times 100\%$

数据来源：国家卫生健康委员会《中国卫生和计划生育统计年鉴》、国家统计局《中国统计年鉴》。

(5) 人均公共教育经费增长率：行政区内居民人均公共财政教育经费年增长率。反映了中央和地方财政部门的预算中实际用于教育的人均费用变化情况。公共财政教育支出包括教育事业费、基建经费和教育费附加。

计算公式：人均公共教育经费增长率

$$=\left(\frac{\text{本年公共教育经费总数/本年人口总数}}{\text{上年公共教育经费总数/上年人口总数}}-1\right)\times 100\%$$

数据来源：教育部、国家统计局、财政部"全国教育经费执行情况统计公报"，国家统计局《中国统计年鉴》。

2. 环保生活考察领域

(1) 人均公园绿地面积增长率：城市居民人均拥有的公园绿地面积年增长率。公园绿地指的是向公众开放，以游憩为主要功能，兼具生态、景观、文教和应急避险等功能，有一定游憩和服务设施的绿地。

$$\text{计算公式：人均公园绿地面积增长率}=\left(\frac{\text{本年人均公园绿地面积}}{\text{上年人均公园绿地面积}}-1\right)\times 100\%$$

数据来源：国家统计局《中国统计年鉴》。

(2) 农村卫生厕所普及增长率：行政区域内使用卫生厕所的农村人口数占辖区内农村人口总数比例的年度增加率。

计算公式：农村卫生厕所普及增长率

$$=\left(\frac{\text{本年农村卫生厕所普及率}}{\text{上年农村卫生厕所普及率}}-1\right)\times 100\%$$

数据来源：国家统计局，生态环境部《中国环境统计年鉴》。

(3) 家庭宽带接入户数增长率：互联网宽带家庭接入用户数年增长率。

$$\text{计算公式：家庭宽带接入户数增长率}=\left(\frac{\text{本年家庭宽带接入户数}}{\text{上年家庭宽带接入户数}}-1\right)\times 100\%$$

数据来源：国家统计局《中国统计年鉴》。

(4) 万人拥有公共交通车辆增长率：城镇居民中每万人拥有的公共交通车辆数目年提高率。

计算公式：万人拥有公共交通车辆增长率

$$=\left(\frac{\text{本年万人拥有公共交通车辆数}}{\text{上年万人拥有公共交通车辆数}}-1\right)\times 100\%$$

数据来源：国家统计局《中国统计年鉴》。

(5) 人均生活垃圾清运量下降率：城镇居民人均生活垃圾清运量年下降率。生活垃圾指日常生活或为日常生活提供服务的活动中产生的固体废物，包括居民生活垃圾、商业垃圾、集市贸易市场垃圾、街道清扫垃圾、公共场所垃圾，以及机关、学校、厂矿等单位的生活垃圾。年生活垃圾清运量指年度收集和运送到生活垃圾处理厂（场）和生活垃圾最终消纳点的生活垃圾数量。

计算公式：人均生活垃圾清运量下降率

$$=\left(1-\frac{\text{本年城市生活垃圾清运量/本年城镇人口总数}}{\text{上年城市生活垃圾清运量/上年城镇人口总数}}\right)\times 100\%$$

数据来源：国家统计局《中国统计年鉴》。

(6) 人均生活用水量下降率：居民人均年生活用水使用量下降率。

计算公式：人均生活用水量下降率

$$=\left(1-\frac{\text{本年生活用水总量/本年人口总数}}{\text{上年生活用水总量/上年人口总数}}\right)\times 100\%$$

数据来源：国家统计局《中国统计年鉴》。

参 考 文 献

北京师范大学科学发展观与经济可持续发展研究基地等,2010.中国绿色发展指数年度报告——省际比较[M].北京:北京师范大学出版社.

本书编写组,2013.中共中央关于全面深化改革若干重大问题的决定辅导读本[M].北京:人民出版社.

陈佳贵,等,2007.中国工业化进程报告(1995—2005年):中国省域工业化水平评价与研究[M].北京:中国社会科学出版社.

陈凯,高歌.绿色生活方式内涵及其促进机制研究[J].中国特色社会主义研究,2019(06):92—98.

陈宗兴主编,2014.生态文明建设(理论卷/实践卷)[M].北京:学习出版社.

杜续,冯景瑜,吕少卿,石薇.基于随机森林回归分析的 $PM_{2.5}$ 浓度预测模型[J].电信科学,2017,33(07):66—75.

方匡南,吴见彬,朱建平,谢邦昌.随机森林方法研究综述[J].统计与信息论坛,2011,26(03):32—38.

谷树忠,谢美娥,张新华,2016.绿色转型发展[M].浙江:浙江大学出版社.

国家发展和改革委员会等."十三五"全民节能行动计划[EB/OL].(2017-01-05)[2020-09-14].http://www.gov.cn/xinwen/2017-01/05/content_5156903.htm

国家发展和改革委员会等.全民节水行动计划[EB/OL].(2016-10-23)[2020-09-13].http://www.gov.cn/xinwen/2016-10/31/5126615/files/1aeb49b94cb049c8aed267f15a5b3d56.pdf

国家林业和草原局.推进生态文明建设规划纲要(2013—2020年)[EB/OL].[2020-09-15].http://www.forestry.gov.cn/portal/xby/s/1277/content-636413.html

国家林业和草原局.中国荒漠化和沙化状况公报[EB/OL].[2020-09-21].http://www.forestry.gov.cn/main/69/content-831684.html

国家林业和草原局.中国湿地资源(2009—2013年)[EB/OL].[2020-09-23].http://www.forestry.gov.cn/main/58/content-661210.html,2014

国家林业局经济发展研究中心,国家林业局发展规划与资金管理司,2014.国家林业重点工程社会经济效益监测报告2013[M].北京:中国林业出版社.

国务院办公厅. 国务院办公厅关于转发国家发展改革委住房城乡建设部生活垃圾分类制度实施方案的通知[EB/OL].(2017-03-18)[2020-9-12]. http://www.gov.cn/zhengce/content/2017-03/30/content_5182124.htm

国务院发展研究中心,施耐德电气,2015. 以创新和绿色引领新常态:新一轮产业革命背景下中国经济发展新战略[M]. 北京:中国发展出版社.

郇庆治,2010. 重建现代文明的根基:生态社会主义研究[M]. 北京:北京大学出版社.

教育部. 中国教育概况——2017年全国教育事业发展情况[EB/OL].(2018-10-18)[2020-9-12]. http://www.moe.gov.cn/jyb_sjzl/s5990/201810/t20181018_352057.html

解振华,1997. 中国环境执法全书[M]. 北京:红旗出版社.

金瑞林,1985. 环境法——大自然的护卫者[M]. 北京:时事出版社.

经济合作组织统计数据库[DB/OL].[2020-09-23]. http://data.oecd.org/

李建平,李闽榕,王金南,2015. 全球环境竞争力报告(2015)[M]. 北京:社会科学文献出版社.

李士,方虹,刘春平,2011. 中国低碳经济发展研究报告[M]. 北京:科学出版社.

李周,包晓斌. 中国环境库兹涅茨曲线的估计[J]. 科技导报,2002(04):25,57—58.

厉以宁,吴敬琏,周其仁,等,2015. 读懂中国改革3:新常态下的变革与决策[M]. 北京:中信出版社.

联合国统计数据库[DB/OL].[2020-09-23]. http://data.un.org/

梁涵玮,倪玥琦,董亮,等. 经济增长与资源消费的脱钩关系——基于演化视角的中日韩美比较研究[J]. 中国人口·资源与环境, 2018, 28(05):8—16.

廖福霖,2001. 生态文明建设理论与实践[M]. 北京:中国林业出版社.

林坚. 以高质量发展提升人民生活品质[J]. 国家治理,2018(05):40—42.

林黎,2012. 中国生态补偿宏观政策研究[M]. 四川:西南财经大学出版社.

刘思华,1989. 理论生态经济学若干问题研究[M]. 南宁:广西人民出版社.

刘湘溶,1999. 生态文明论[M]. 长沙:湖南教育出版社.

卢风,等,2013. 生态文明新论[M]. 北京:中国科学技术出版社.

吕薇,等,2015. 绿色发展:体制机制与政策[M]. 北京:中国发展出版社.

马丽梅,张晓. 中国雾霾污染的空间效应及经济、能源结构影响[J]. 中国工业经济,2014(04):19—31.

美国人口普查局统计数据库[DB/OL].[2020-09-25]. http://www.census.

gov/data. html

牛文元,2015. 2015 世界可持续发展年度报告[M]. 北京:科学出版社.

农业农村部. 全国草原保护建设利用总体规划[EB/OL]. [2020-09-26]. http://www. moa. gov. cn/govpublic/XMYS/201006/t20100606_1534928. htm

潘家华,2015. 中国的环境治理与生态建设[M]. 北京:中国社会科学出版社.

清华大学气候政策研究中心,2014. 中国低碳发展报告(2014)[M]. 北京:社会科学文献出版社.

曲格平,1989. 中国环境问题及对策[M]. 北京:中国环境科学出版社.

全国绿化委员会办公室. 2017 年中共国土绿化状况公报[EB/OL]. (2018-03-13)[2020-9-13]. http://www. forestry. gov. cn/gzsl/4681/20180312/1082049. html

生态环境部,国家统计局,农业农村部. 第二次全国污染源普查公报[EB/OL]. [2020-09-19]. https://www. mee. gov. cn/xxgk2018/xxgk/xxgk01/202006/W020200610353985963290. pdf

世界银行统计数据库[DB/OL]. [2020-09-25]. http://data. worldbank. org/

世界自然基金会(WWF). 中国生态足迹报告 2012:消费、生产与可持续发展[EB/OL]. [2020-09-26]. http://www. wwfchina. org/wwfpress/publication/

谭崇台,1999. 发展经济学的新发展[M]. 武汉:武汉大学出版社.

滕泰,范必,2015. 供给侧改革[M]. 北京:东方出版社.

汪秀琼,彭韵妍,吴小节,李双玫. 中国生态文明建设水平综合评价与空间分异[J]. 华东经济管理,2015,29(04):52—56,146.

王会,王奇,詹贤达. 基于文明生态化的生态文明评价指标体系研究[J]. 中国地质大学学报(社会科学版),2012,12(03):27—31,138—139.

吴明红. 论生态危机根源及我国生态文明建设主要任务[J]. 理论探讨,2017(03):43—47.

吴小节,谌跃龙,汪秀琼,黄山. 中国 31 个省级行政区环境友好型社会发展状况综合评价与空间分异[J]. 干旱区资源与环境,2015,29(04):7—12.

吴小节,彭韵妍,汪秀琼. 中国生态文明发展状况的时空演变与驱动因素[J]. 干旱区资源与环境,2016,30(08):1—9.

习近平. 决胜全面建成小康社会 夺取新时代中国特色社会主义伟大胜利——在中国共产党第十九次全国代表大会上的报告[R]. (2017-10-18)[2020-09-19]. 北京:人民出版社.

习近平. 在省部级主要领导干部学习贯彻党的十八届五中全会精神专题研讨班上的讲话[R]. (2016-01-18). 北京:人民出版社.

习近平. 推动我国生态文明建设迈上新台阶[J]. 求是,2019,(03).

习近平.建设好生态宜居的美丽乡村 让广大农民有更多获得感幸福感[N].人民日报,2018-4-24(1).

新华社. 中共中央 国务院印发《"健康中国 2030"规划纲要》[EB/OL].(2016-10-25)[2020-9-12]. http://www.gov.cn/xinwen/2016-10/25/content_5124174.htm

亚里士多德,1965.政治学[M].吴寿彭译.北京:商务印书馆.

严耕,吴明红,樊阳程,等,2015.中国生态文明建设发展报告 2014[M].北京:北京大学出版社.

严耕,林震,杨志华,等,2010.中国省域生态文明建设评价报告(ECI 2010)[M].北京:社会科学文献出版社.

严耕,杨志华,吴明红,等,2011.中国省域生态文明建设评价报告(ECI 2011)[M].北京:社会科学文献出版社.

严耕,林震,吴明红,等,2012.中国省域生态文明建设评价报告(ECI 2012)[M].北京:社会科学文献出版社.

严耕,吴明红,杨志华,等,2013.中国省域生态文明建设评价报告(ECI 2013)[M].北京:社会科学文献出版社.

严耕,吴明红,林震,等,2014.中国省域生态文明建设评价报告(ECI 2014)[M].北京:社会科学文献出版社.

严耕,吴明红,樊阳程,等,2015.中国省域生态文明建设评价报告(ECI 2015)[M].北京:社会科学文献出版社.

严耕,王景福主编,2013.中国生态文明建设[M].北京:国家行政学院出版社.

严耕,杨志华,2009.生态文明的理论与系统建构[M].北京:中央编译出版社.

严耕,吴明红,樊阳程,等,2017.中国生态文明建设发展报告 2016[M].北京:北京大学出版社.

英国国家统计局数据库[DB/OL].[2020-09-23]. https://www.gov.uk/government/statistics

余谋昌,2009.生态文明论[M].北京:中央编译出版社.

臧洪,丰超,周肖肖.绿色生产技术、规模、管理与能源利用效率——基于全局 DEA 的实证研究[J].工业技术经济,2015,34(01):145—154.

中共中央 国务院.关于进一步加强城市规划建设管理工作的若干意见[EB/OL].(2016-02-21)[2020-9-13]. http://www.gov.cn/zhengce/2016-02/21/content_5044367.htm

中共中央 国务院.乡村振兴战略规划(2018—2022 年)[EB/OL].[2020-12-12]. http://www.gov.cn/xinwen/2018-09/26/content_5325534.htm

中共中央办公厅.农村人居环境整治三年行动方案[EB/OL].[2020-9-12].http://www.gov.cn/zhengce/2018-02/05/content_5264056.htm

中共中央宣传部编,2014.习近平总书记系列重要讲话读本[M].北京:学习出版社,人民出版社.

中国环境监测总站.2019中国生态环境状况公报[EB/OL].[2020-09-13].http://www.cnemc.cn/jcbg/zghjzkgb/

中国科学院可持续发展战略研究组,2010.2010中国可持续发展战略报告:绿色发展与创新[M].北京:科学出版社.

中国科学院可持续发展战略研究组,2015.2015中国可持续发展报告:重塑生态环境治理体系[M].北京:科学出版社.

中国人民大学气候变化与低碳经济研究所,2011.中国低碳经济年度发展报告(2011)[M].北京:石油工业出版社.

中国社会科学院工业经济研究所,2014.2014中国工业发展报告:全面深化改革背景下的中国工业[M].北京:经济管理出版社.

中华人民共和国生态环境部.关于加快推动生活方式绿色化的实施意见[S].环发[215]135号.(2015-11-17)[2020-09-23].http://www.gov.cn/xinwen/2015-11/17/content_5013482.htm

Bob Hall, Mary Lee Kerr,1991.1991-1992 Green Index: A State-by-State Guide to the Nation's Environmental Health [M]. Washington, DC: Island Press.

Michael Common, Sigrid Stagl,2012.生态经济学引论[M].北京:高等教育出版社.

Organization for Economic Co-operation and Development. OECD Work on Sustainable Development [EB/OL]. [2020-09-05]. http://www.oecd.org/greengrowth/47445613.pdf

United Nations Department of Economic and Social Affairs. Indicators of Sustainable Development: Framework and Methodologies[EB/OL]. [2020-09-10]. http://www.un.org/esa/sustdev/csd/csd9_indi_bp3.pdf

后　　记

《中国生态文明建设发展报告 2021》是从动态视角考察生态文明建设发展状况的系列年度发展报告的延续。在完善生态文明发展指数(ECPI)、绿色生产发展指数(GPPI)、绿色生活发展指数(GLPI)三套建设发展评价指标体系的基础上,考察分析了全国及各省份生态文明建设推进的总体情况、绿色生产和绿色生活建设推进的实际成效。

本书是课题组集体研究的成果,课题研究工作和全书框架拟定在严耕的主持下完成,樊阳程、吴明红、张连伟等参与了研究与撰写工作,并由樊阳程对全书进行了统稿和润色。

全书包含三个部分,由课题组成员分工协作完成撰写。第一部分生态文明建设发展评价报告,由第一章至第五章组成:第一章中国生态文明建设发展年度评价报告,由吴明红、周书屹撰写;第二章 ECPI 评价体系及算法完善,由周书屹、吴明红撰写;第三章各省生态文明建设发展类型分析,由于仕兴、吴明红撰写;第四章生态文明建设发展驱动分析,由钱雁、吴明红撰写;第五章中国生态文明建设发展的国际比较,由李杨、樊阳程撰写。第二部分绿色生产建设发展评价报告,由第六至第八章组成:第六章绿色生产建设发展年度评价报告由陈婷婷撰写,第七章绿色生产建设发展类型分析由张连伟撰写,第八章绿色生产建设发展态势与驱动分析由刘阳撰写。第三部分绿色生活建设发展评价报告,由第九章至第十一章组成:第九章绿色生活建设发展评价年度报告由樊阳程撰写,第十章绿色生活建设发展类型分析由陈慧、樊阳程撰写,第十一章绿色生活建设发展态势和驱动分析驱动由刘贝贝、樊阳程撰写。

硕士研究生张兆年、李浩宇参与了部分资料搜集和数据整理、文稿整理的研究工作,谨此致谢!

部分重要指标,由于缺乏国家发布的权威数据支撑,暂未能纳入评价分析中;一些生态环境监测数据也存在发布不同步的情况,暂未能纳入本书的量化评价分析中。加之作者水平所限,研究中定有不足之处,恳请读者批评指正。

本书课题组

2022 年 1 月